广州铁路职业技术学院资助出版

城市轨道交通机电技术系列规划教材

单片机原理及应用

（C 语言版）

主　编　万学春　　亓晓彬

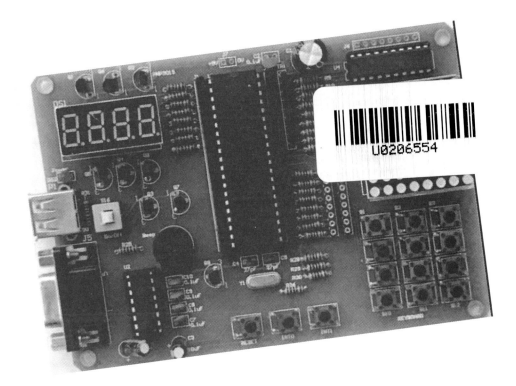

西南交通大学出版社

·成 都·

图书在版编目（ＣＩＰ）数据

单片机原理及应用：C语言版 / 万学春，亓晓彬主编. —成都：西南交通大学出版社，2019.1
城市轨道交通机电技术系列规划教材
ISBN 978-7-5643-6648-3

Ⅰ. ①单… Ⅱ. ①万… ②亓… Ⅲ. ①单片微型计算机－职业教育－教材 Ⅳ. ①TP368.1

中国版本图书馆 CIP 数据核字（2018）第 290793 号

城市轨道交通机电技术系列规划教材

**单片机原理及应用
（C语言版）**

主编　万学春　亓晓彬

责任编辑	李晓辉
助理编辑	李华宇
封面设计	何东琳设计工作室

出版发行	西南交通大学出版社
	（四川省成都市金牛区二环路北一段 111 号
	西南交通大学创新大厦 21 楼）
邮政编码	610031
发行部电话	028-87600564　　　028-87600533
网址	http://www.xnjdcbs.com
印刷	四川煤田地质制图印刷厂

成品尺寸	185 mm×260 mm
印张	20.75
字数	530 千
版次	2019 年 1 月第 1 版
印次	2019 年 1 月第 1 次
书号	ISBN 978-7-5643-6648-3
定价	46.00 元

课件咨询电话：028-87600533
图书如有印装质量问题　本社负责退换
版权所有　盗版必究　举报电话：028-87600562

以前，采用汇编语言，单片机的学习是一件非常困难的事情，入门难，精通更难。随着单片机 ISP（In-System Programming）在线编程技术的应用，特别是大量单片机都支持高级编程语言 C51 后，单片机的学习与编程变得非常容易。

学生通过在自己亲手制作的"单片机实训电路板"上完成教材的全部内容，即可完成"单片机原理及应用"课程的学习。教材共 8 个学习项目，从整体过程上看，完全贯彻了由基础到综合、由简单到复杂、由入门到精通的学习理念。

项目 1：单片机实训电路板制作。本项目围绕单片机实训电路板电路原理图，指引学生将一个个的电子元器件通过焊接，组装出一块贯穿整个单片机学习的硬件平台。单片机实训电路板的 PCB 板可以委托印刷电路板商家小批量制作（本教材提供制作 PCB 板的文件），也可以联系编者提供。

项目 2：单片机开发环境。本项目学习单片机的编程平台 Keil uVision 的操作与使用，将提供的源程序文件通过 C 语言编译、连接，并下载到项目 1 制作的单片机实训电路板中运行测试，同时也检验单片机实训电路板制作的正确性。

项目 3：学习单片机硬件系统。本项目正式开始学习单片机的上电复位基本电路、引脚、存储器、并行端口等基础知识，并通过"一个 LED 发光二极管的闪烁控制"和"汽车模拟转向灯控制"两个任务，将学习到的单片机理论知识在实际操作中进行深入理解与应用。

项目 4：单片机并行 I/O 端口应用。本项目以"8 个 LED 发光二极管同步闪烁控制""按键控制的花样流水灯""简易八音符声光电子琴控制""基于 PWM 的可调光台灯设计"4 个任务为载体，系统学习 C 语言的基本知识及单片机 I/O 端口的灵活控制。

项目 5：显示和键盘技术应用。八段码 LED 数码管是单片机控制系统中最常用的显示元件。本项目以完成"带位指示的 4 位 LED 数码管循环显示数字控制""8 路抢答器设计""用 4 位 LED 数码管实现的日期滚动显示""8×8 点阵 LED 显示器循环显示数字 0～9"4 个任务为目标，学习 C 语言的数组、单片机外围显示与驱动的单片机应用技术。以"4×3 矩阵键盘键值查询与按键计数显示"的控制任务为依托，系统学习键盘的扫描硬件电路与软件编程控制的方法，并初步熟悉单片机小型综合应用系统的设计与开发技术。

项目 6：定时与中断系统设计。定时和中断是单片机系统中经常要使用的功能。本项目通过"长计时显示系统设计""模拟交通灯控制系统设计"两个任务，系统学习单片定时与中断系统及其应用。

项目 7：串行通信技术应用。本项目通过"简易动态密码获取系统设计""增强型动态密码获取系统设计""移动中断数据上传系统设计"3 个任务的学习，介绍单片机串行通信技术的基本使用。在项目 8 的第 4 个任务，基于串行通信技术的密码输入系统中，分别利用了查询方式和中断方式，灵活处理单片机串行的应用需求，更加系统性、综合性地学习单片机串行通信技术的应用。

项目 8：单片机综合应用。本项目通过完成"数字时钟系统设计""简易数字电压表设计""带音调指示灯的电子音乐播放器设计""基于串行通信技术的密码输入系统设计"4 个较复杂单片机应用的实例，培养学生综合运用单片机基本知识、设计单片机应用硬件系统、编制单片机控制程序的能力。

本教材最大的特点就是使用了"单片机实训电路板"（从教师角度，也可称为"单片机教学实训板"）。在一个简单的单片机实践操作平台上，完成整个单片机学习的过程。从进行单片机简单的单引脚操作、单并口使用，到复杂的定时、中断、串行通信技术应用，从完成"一个 LED 发光二极管的闪烁控制"简单任务开始，到最后实现"数字时钟系统设计"的综合应用实例开发，这些都可以在一个不到一手掌大的自制电路板上完美实现。

"单片机实训电路板"是编者设计并开发的一种简易 51 系列单片机实训电路板的专利产品，产品成本只需要 25 元左右，结构紧凑，体积小（长 × 宽 × 厚：12 cm×10 cm×3 cm），能完成许多专用单片机教学产品的教学与实训功能。它解决了传统单片机教学时实训设备价格高、体积大、携带不方便、故障死机概率高等问题，也解决了单项训练中采用万用板焊接单个电路而耗时、分散精力等缺陷。

本"单片机教学实训板"可用于 51 系列单片机课程的理论教学与实验实训，由单片机最小系统、程序下载接口电路、4×3 矩阵键盘电路、4 位 LED 八段码数码管显示电路、8×8 点阵LED 显示电路、蜂鸣器电路、LED 彩灯电路、驱动电路等组成。它能进行 51 系列单片机基础等课程的所有教学内容，支持丰富的单片机基础实训内容开发，如走马灯程序、交通灯程序、键盘扫描输入程序、定时中断程序、七段码静态显示程序、七段码动态显示程序、8×8 点阵 LED 显示程序、缓冲器使用程序、电子音乐程序、串行口通信类程序等。

"单片机教学实训板"一次焊接完成，可无限次使用。随着学习的深入，实训电路板上的硬件电路会不断被使用，让学生能真正理解单片机控制中软件和硬件相结合的奥妙。

本单片机实训电路板的电子元件全部采用直插式引脚，方便焊接，即使从来没使用过焊锡等工具的学生也能迅速地完成电路板的焊接工作，并制作出一块完美的单片机实训产品。学生只需配备一台计算机，就能随时进行单片机的深入学习。

本书特别适合于单片机的初学者，可作为高等职业院校教材，也可作为技工、中专学校、培训机构教材。

本书的出版得到了广州铁路职业技术学院的大力支持。全书由广州铁路职业技术学院万学春、亓晓彬主编，广州铁路职业技术学院万学春统稿。

由于编者水平有限、时间仓促，书中难免存在不足之处，恳请广大读者批评指正！

编　者

2018 年 7 月

目录 CONTENTES

项目 1

单片机实训电路板制作

本章以制作一块单片机实训电路板为目的，让学生从根本上理解单片机控制系统工作的原理与过程，通过识别简单的电路图，将一个个简单的电子元器件，亲手组装成一个功能强大的单片机控制应用实训电路板。这样既完成了一个实训设备的制作，又为后续建立在硬件基础上的单片机程序编制（软件）创造了坚实的基础。

教学导航

教	知识重点	1．常用电子元件的识别； 2．简单电路图的识别； 3．三极管、电容的原理与使用； 4．锡焊的操作
	知识难点	单片机实训电路板原理
	推荐教学方式	从工作任务入手，讲练结合，学生为主，教师为辅，在实际焊接训练中，现场纠正与解答
	建议学时	4 学时
学	推荐学习方法	大体看懂电路板原理图的基础上，进行电路板的焊接操作，在焊接过程中，理解三极管、电容的使用
	必须掌握的理论知识	1．常用电子元件的识别； 2．芯片的引脚顺序； 3．原理图的简单识别
	必须掌握的技能	单片机实训电路板的制作及调试

任务 1-1　制作一块单片机实训电路板

【任务目的】

根据给定的电路原理图，在双层印刷电路板（PCB）上，通过手工焊接电子元器件、插接 IC

芯片等，制作出一个单片机实训电路板并测试通过。

该单片机实训电路板是本教材后续各项目完成的基础，用于后续单片机所有内容的学习和使用。

【任务要求】

制作的单片机实训电路板要求元件布置整齐、规则、稳固，焊点力求大小一致，外观圆滑，无虚焊、漏焊，元件引脚方向正确，下载电路板验证程序后，能完全正常工作。

【实训电路板及其特点】

完整的单片机实训电路板如图 1.1 所示。

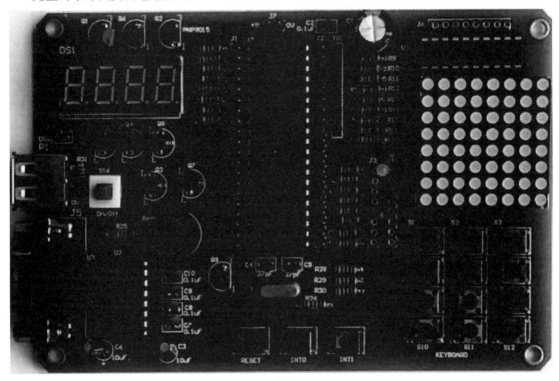

图 1.1 单片机实训电路板外观图

该电路板具有以下特点：

（1）该单片机实训电路板制作成本低（约为 25 元），非常适合初学者尽快掌握单片机的功能与使用。使用者把一个个电子元器件组装成电路板，再在电路板上进行学习与训练，能较容易地掌握单片机软 / 硬件的控制过程与原理。

（2）体积小，功能强。

电路板为双面印刷，体积小，外观尺寸（长 × 宽 × 厚）为 12 cm×10 cm×3 cm。

本实训电路板用于单片机课程的理论教学与实验实训，由单片机最小系统、程序下载接口电路、键盘电路、七段码显示电路、点阵 LED 显示电路、蜂鸣器电路、LED 彩灯电路、驱动电路等组成。

它能进行 51 系列单片机基础课程的所有教学内容，包含简单 I/O（输入 / 输出）接口、串行口通信、键盘扫描、定时与计数、中断、静态和动态七段 LED 显示、ISP 程序下载、外部扩展等，并支持丰富的单片机基础实训内容开发，如走马灯程序、交通灯程序、键盘扫描输入程序、定时中断程序、七段码静态显示程序、七段码动态显示程序、LED 点阵显示程序、缓冲器使用程序、电子音乐程序、串行口通信类程序等。

（3）使用简单方便。

只需一台计算机和本实训板，就能进行单片机程序的设计与调试。

工作时，使用通用的 USB 对拷线（两头都为 USB 插头）从计算机或者其他设备的 USB 接口获取 5 V 左右的直流电源，使用 9 针串口接头将计算机的串口和本实训电路板的串口连接，利用 ISP 软件，可以随意反复从计算机上下载调试单片机程序。

（4）结构紧凑，设计精巧。

P0 口经 200 Ω 限流电阻后，连接 74HC573 锁存器和 8×8 点阵 LED 显示器，依靠 P2.7 控制锁存器的锁存功能，分时从 P0 口输出 8×8 点阵 LED 的行信号和列信号，用于复杂字符的输出显示程序设计与调试。

P1 口经过三极管的驱动放大后，连接 4 位共阴极 LED 八段数码管的字形码接点，再利用 P2.0、P2.1、P2.2、P2.3 口作为八段数码管的位选码连接节点，能进行 4 位 LED 八段数码管的各种静态和动态显示程序设计与调试。

P2 口可以作为通用 I/O（输入 / 输出）接口使用，通过 200Ω 电阻后，连接至圆孔插座，另一插孔座提供 5 V 电源。利用这一开放的 P2 口插孔，可以随意设计单片机输入或者输出程序。例如，通过提供的插孔，在插孔里面插接红绿 LED 发光二极管，就能进行交通灯、走马灯、流水灯等输出程序的设计与调试。如果在插孔里面插接连接线，使用面包板，可以连接外部按钮或者传感器等输入元原件（本实训电路板不含这些原件），就能进行输入程序的设计与调试。同时，利用本插孔，还可以进行输入输出混用的程序设计调试。

当 P2 口不作为通用 I/O（输入 / 输出）接口使用时，其 P2.0、P2.1、P2.2、P2.3 口可提供 4 位共阴极 LED 八段数码管位选地址，当需要驱动某位八段数码管时，拔下相应插孔的红绿发光二极管等元件即可；其 P2.4、P2.5、P2.6 口可提供键盘输入的列扫描信号；其 P2.7 口可提供 8×8 点阵 LED 显示器前面 74HC573 锁存器的锁存信号。

P3 口多功能复用。P3.0 RXD 口除了进行程序下载和串口通信的标准功能外，还连接了蜂鸣器电路，既能用于程序下载时的声音提示，又能用于电子音乐播放；P3.1 口可进行上电复位和按键复位；P3.2、P3.3 口串接微型按键，合用部分单片机复位电路，作为外部中断 0 和外部中断 1 的信号源；P3.4、P3.5、P3.6、P3.7 连接微型键盘电路，作为键盘输入的行扫描信号，配合 P2.4、P2.5、P2.6 的列扫描信号，能进行键盘输入程序的设计与调试。

【电路板原理图】

单片机实训电路板整体上包含下载电路、单片机系统电路、4 位 LED 数码管驱动电路、8×8 点阵 LED 数码管显示器驱动电路、4×3 矩阵键盘电路等，具体如图 1.2 所示。

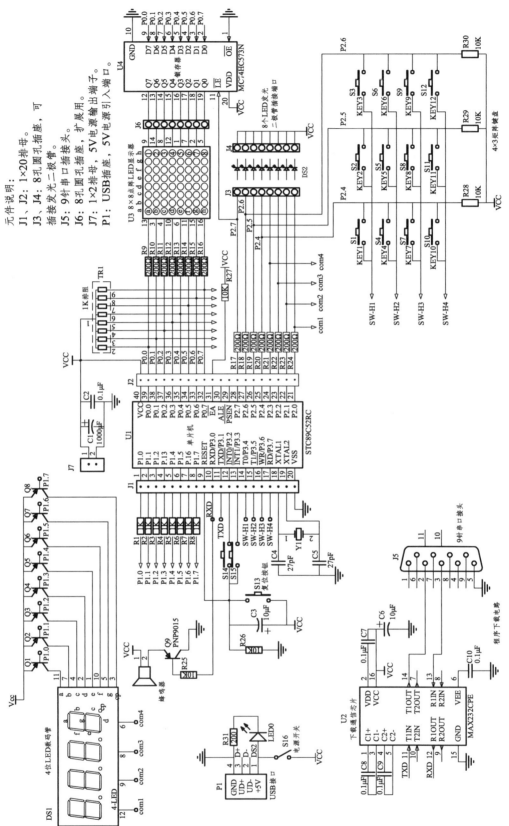

图 1.2 单片机实训电路板原理图

【电路板焊接元器件列表】

单片机实训电路板使用的元器件种类和数量如表 1.1 所示。

表 1.1 单片机实训电路板元器件列表

序号	元件代号	规格	数量	说明
1	R1 ~ R8	1×（1±10%）kΩ；1/4 W	8 个	电阻
2	R9 ~ R24，R31	200×（1±10%）Ω；1/4 W	17 个	电阻
3	R25 ~ R30	10×（1±10%）kΩ；1/4 W	6 个	电阻
4	TR1	电阻排；1 kΩ	1 个	阻排
5	C1	1000（1±20%）μF/25 V	1 个	电解电容
6	C3，C6	10×（1±20%）μF/25 V	2 个	电解电容
7	C2，C7 ~ C10	0.1×（1±10%）μF	5 个	瓷片电容
8	C4，C5	27×（1±10%）pF	2 个	瓷片电容
9	Y1	石英晶体振荡器	1 个	12 MHz
10	Q1 ~ Q9	晶体三极管	9 个	PNP9015
11	LS1	无源蜂鸣器	1 个	5 V
12	U1	STC89C52RC 单片机	1 块	Flash 闪存（2Kb）
13		IC 座（双列共 40 pin）	1 个	单片机插座
14	U2	MAX232 接口芯片	1 块	程序下载
15		IC 座（双列共 16 pin）	1 个	232 接口插座
16	U3	8×8 点阵 LED 显示器（1088BS）	1 块	共阳极
17	U4	74HC573 锁存器	1 块	/
18		IC 座（双列共 20 pin）	1 个	锁存器插座
19	DS1	4 位八段数码管（QF3461AS）	1 块	共阴极
20	DS2	发光二极管（红 5 只、绿 4 只）	9 只	电源指示灯 1 红
21	S1 ~ S15	微动按键 KPT1105E	15 个	6 mm×6 mm×5 mm
22	S16	自锁按键	1 个	6 mm×6 mm×12 mm
23	J5	9 针串口接头	1 个	/
24	J1，J2	1×20 单排针（或单排母）	2 条	可用 1×40 排针折断
	J7	1×2 排针	1 个	
25	J3，J4，J6	1×8 圆孔座	3 条	用 1×40 圆孔座折断
	8×8 点阵 LED	1×8 圆孔座	2 条	
	4-LED	1×6 圆孔座	2 条	
26	P1	USB 接口插座	1 个	/
27	/	USB 对拷线（公）	1 条	两头均为 USB 插头
28	/	PCB 双面印刷电路板	1 块	140 mm×90 mm
29	/	锡焊耗材、电烙铁、斜口钳等工具	一套	/

【电路板元件型号图片】

单片机实训电路板使用的元器件如表 1.2 所示。

表 1.2　单片机实训电路板元器件图表

名　称	图　片	名　称	图　片
PCB 板 （130 mm×90 mm）		电阻排	
电阻		微动按键 （6 mm×6 mm×5 mm）	
瓷片电容		电解电容	
石英晶振 （12 MHz）		三极管	
8×8 点阵（共阳极）		74HC573 锁存器	
蜂鸣器（无源）		单片机 STC 89S52RC	
4 位八段码数码管		发光二极管	

名　称	图　片	名　称	图　片
IC 座（40 pin）		IC 座（20 pin）	
MAX232		IC 座（16 pin）	
自锁按键		9 针串口接头	
（单）排针		圆孔座	
USB 接口		USB 对拷线	

【电路板制作方法与步骤】

在 PCB 印刷电路板上焊接电子元件。为了方便焊接时元件定位，整体上遵循先焊接高度矮的元件，再焊接高的元件。所有元件放置于有文字的一面（正面），在另一面（背面）进行锡焊。

（1）焊接电阻 R1 ~ R31：电阻焊接时不分正反，将电阻引脚 90° 折弯后穿过对应焊孔，几个一起同时焊接，焊接完后用斜口钳剪掉长的引脚线。根据电路原理图，需焊接电阻共 31 个。其中，R1 ~ R8 为 1 kΩ 电阻，共 8 个；R9 ~ R24，R31 为 200 Ω 电阻，共 17 个；R25 ~ R30 为 10 kΩ 电阻，共 6 个。

（2）焊接微动按钮 S1 ~ S15：根据电路原理图，需焊接微动按钮共 16 个，S1 ~ S12 键盘用的 "KEYBOARD" 区 3 列 4 行 12 个，S13 单片机复位按钮 "RESET" 1 个，S14 ~ S15 模拟外部中断信号按钮 "INT0" 和 "INT1" 共 2 个。微动按钮共 4 个引脚，本电路板只用其中的 2 个常开引脚。焊接时，根据电路板焊孔放入即可，无正反之分。（注意，正确焊接完的按钮引脚金属片应是竖直的。用万用表测量左上引脚和右下引脚应是常开）

（3）焊接 USB 电源接头 P1：此电源接头连接 USB 线后，可以方便地从计算机 USB 接口取电，非常方便。USB 电源接头焊接时，直接将接头引脚插入 6 个焊孔中即可。注意，两侧两个大的引脚为接头固定之用，焊接时要焊牢固。USB 电源接头共 1 个。

（4）焊接 IC 插座 U1、U2 和 U4：与 IC 芯片下面对应的直插式 IC 插座，方便芯片的更换和应用扩展。通过在单片机插座 U1 上装不同的单片机，本电路板适应多种 40 引脚双列直插式单片机的使用。根据电路原理图，需焊接单片机 IC 插座 U1、MAX232 接口芯片 IC 插座 U2、74HC573 锁存器 IC 插座 U4，总共 3 个。IC 插座焊接时，方向不能焊反，注意插座的缺口要与 PCB 上的丝印（图案）一致。同时，本 PCB 上元件的焊孔，也已按照标准，第一引脚采用方形焊盘，其余引脚采用圆形焊盘，按照引脚顺序也能轻易判断正反。

（5）焊接瓷片电容：瓷片电容不分正负，将引脚插入对应焊孔进行焊接即可。根据电路原理图，需焊接 C2，C7 ~ C10 共 5 个 0.1 μF 的瓷片电容（一般标记为"104"），需焊接 C4，C5 共 2 个 27 pF 的瓷片电容（一般标记为"27 pF"）。

（6）焊接晶振 Y1：晶振不分正负，将引脚插入对应焊孔进行焊接即可，共 1 个。

（7）焊接圆孔插座：根据电路原理图，四位八段数码管 DS1 插座需要 2 条 1×6 孔的圆孔插座，8×8 点阵数码管 U3 插座需要 2 条 1×8 孔的圆孔插座，锁存器引出接头 J6 需要 1 条 1×8 孔的圆孔插座，LED 发光二极管插座 J3 和 J4 需要 2 条 1×8 孔的圆孔插座。

将 1×40 的圆孔座分别掰开成需要的孔数，然后进行焊接，1×8 孔共 5 条，1×6 孔共 2 条。

（8）焊接晶体三极管 Q1 ~ Q9：三极管焊接时，根据焊孔位置，将 PNP 三极管 3 只引脚稍微掰开，插入焊孔后进行焊接。注意，方向不能插反，三极管的外形要与 PCB 板上的丝印一致。共需焊接三极管 9 只。

（9）焊接蜂鸣器 LS1：蜂鸣器有正负之分，焊接时，蜂鸣器上标"＋"的一边要与 PCB 板上丝印标"＋"的孔对应。

（10）焊接电阻排 TR1：电阻排单列共 9 个引脚，有正反之分，将电阻排上标"？"的引脚与电路板上 TR1 的 1 号插孔对应。

（11）焊接发光二极管 DS2：该发光二极管为电源指示灯。发光二极管有正负之分，长的引脚为正极，焊接时，将发光二极管长的那支引脚插入 DS2 的第 1 引脚（即方形焊盘那个），短的引脚插入另一焊孔进行焊接。

（12）焊接 9 针串口接头 J5：9 针串口接头用于单片机程序下载。焊接时，按照形状插入对应引脚焊接即可。注意，两侧两个大的引脚为接头固定之用，焊接时要焊牢固。9 针串口接头共 1 个。

（13）焊接单排针（或单排母）J1、J2 和 J7：单排针（或单排母）J1、J2 用于单片机串行通信、扩展应用时接线，基本使用时可以不焊接，排针 J7 用于提供一个 5 V 的电源接头。焊接排针时，根据排针的脚数，将长条的排针掰断使用，焊接时，将短针的一边插入焊孔进行焊接。根据电路原理图，共需焊接 1×20 排针（或排母）2 个（J1、J2），1×2 排针 1 个（J7）。

（14）焊接电解电容 C3 和 C6：电解电容 C3 和 C6 为 10 μF 电容，有正负之分，长脚的为正极，短脚的为负极，焊接时，将正极的引脚（长脚）插入 PCB 板的"＋"丝印标志的焊孔，负极引脚插入另一焊孔进行焊接。共 2 个。

（15）焊接电解电容 C1：电解电容 C1 为 1 000 μF 电容，有正负之分，长脚的为正极，短脚的为负极，焊接时，将正极的引脚（长脚）插入 PCB 板的"＋"丝印标志的焊孔，负极引脚插入另一焊孔进行焊接。共 1 个。

小提示:

　　芯片引脚顺序的识别方法:手持芯片,正面对着自己(即引脚的一面远离自己),U形缺口朝上,左上角第一个引脚号为 1,依次往下递增为 2、3、4……,至左下角后,逆时针到右下角,然后依次往上,右上角的引脚为最后一号引脚。

【单片机实训电路板使用与测试】

　　为避免后续使用中,出现意想不到的问题,单片机实训电路板焊接完毕后,必须进行测试。

　　如图 1.3 所示,将 STC89S52RC 单片机、Max232CP 芯片、74HC573 锁存器、4 位 LED 数码管、8×8 点阵 LED 数码管插入电路板响应的插座,连接 USB 电源线和串口通信线,下载下面的"单片机实训电路板测试程序 example1-1.c"至单片机中(具体下载方法,参考项目 2 中的"单片机程序的下载"),测试运行,观察是否运行正常(注意,测试运行时,不能插接 J3 和 J4 间的 LED 发光二极管)。

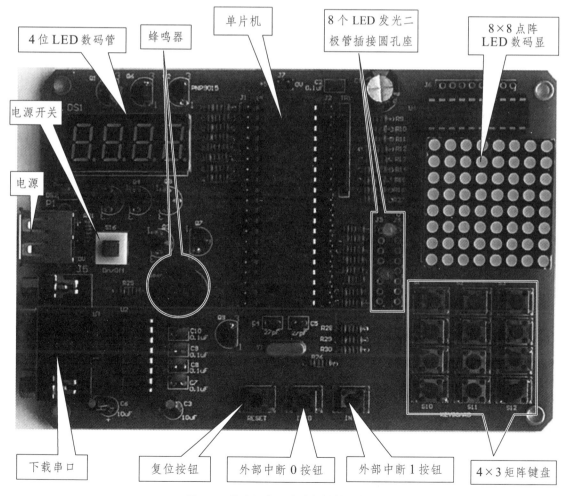

图 1.3　单片机实训电路板结构示意图

参考测试程序代码：

```
/************** 单片机实训电路板测试程序 ***************************
程序：example1-1.c
程序功能：单片机实训电路板测试
*1. 上电后，8×8点阵LED显示器上循环显示数字0～9；同时，4位LED数码管上显示"9900"4个数字。
*2. 按下矩阵键盘的按键，4位LED数码管的前两位显示"00～11"按键的键值，后两位对按键的
次数进行计数显示。
*3. 按下外部中断0按钮，4位LED数码管立即循环显示为0～9递增的4个相同数字；同时，8×8
点阵LED显示器从上到下逐行点亮，3遍后退出。
*4. 按下外部中断1按钮，4位LED数码管立即循环显示为0～9递减的4个相同数字；同时，8×8
点阵LED显示器的4个点从下到上逐行点亮，3遍后退出。
*5. 任何时刻，按下复位按钮，系统立即复位为上电时的状态。
*****************************************************************/
#include "STC89.H"
void delay(unsigned char i);              // 延时函数
unsigned char scan_key(void);             // 键盘扫描函数
/******************** 外部中断0函数 ****************************
*****************************************************************/
void int_0() interrupt 0                  // 按下外部中断0按钮时执行的程序
{
  unsigned char i=0, j=0;
  unsigned char seg7[]={0x3f, 0x06, 0x5b, 0x4f, 0x66, 0x6d, 0x7d, 0x07, 0x7f, 0x6f};
  while(j<3)
    {    j + + ; P2=P2&0xf0;
         for(i=0; i<8; i + + )
           { P1=~seg7[i];
             P27=1; P0=0x01<<i; P27=0; P0=0x00;
             delay(500); }
    }
}
/******************** 外部中断1函数 ****************************
*****************************************************************/
void int_1() interrupt 2                  // 按下外部中断1按钮时执行的程序
{
  unsigned char i=0, j=0;
  unsigned char seg7[]={0x3f, 0x06, 0x5b, 0x4f, 0x66, 0x6d, 0x7d, 0x07, 0x7f, 0x6f};
```

```
        while(j<3)
        {       j + + ；P2=P2&0xf0；
                for(i=0；i<8；i + + )
                        { P1=~seg7[9-i]；
                         P27=1；P0=0x80>>i；P27=0；P0=~0x66；
                         delay(500)；}
        }
}
```

/**************************** 主程序 main****************************
**/

```
void main()
{ //数字 0 ~ 9 的点阵码表值
  unsigned char code led[]={0x18, 0x24, 0x24, 0x24, 0x24, 0x24, 0x24, 0x18,       //0
                        0x00, 0x18, 0x1c, 0x18, 0x18, 0x18, 0x18, 0x18,       //1
                        0x00, 0x1e, 0x30, 0x30, 0x1c, 0x06, 0x06, 0x3e,       //2
                        0x00, 0x1e, 0x30, 0x30, 0x1c, 0x30, 0x30, 0x1e,       //3
                        0x00, 0x30, 0x38, 0x34, 0x32, 0x3e, 0x30, 0x30,       //4
                        0x00, 0x1e, 0x02, 0x1e, 0x30, 0x30, 0x30, 0x1e,       //5
                        0x00, 0x1c, 0x06, 0x1e, 0x36, 0x36, 0x36, 0x1c,       //6
                        0x00, 0x3f, 0x30, 0x18, 0x18, 0x0c, 0x0c, 0x0c,       //7
                        0x00, 0x1c, 0x36, 0x36, 0x1c, 0x36, 0x36, 0x1c,       //8
                        0x00, 0x1c, 0x36, 0x36, 0x36, 0x3c, 0x30, 0x1c};      //9
  unsigned int i, j, k;
  unsigned temp, counter=0, show=99, a=0;
  unsigned char seg7[]={0x3f, 0x06, 0x5b, 0x4f, 0x66, 0x6d, 0x7d, 0x07, 0x7f, 0x6f};
  EA=1；                     // 开放总中断允许位
  EX0=1；                    // 开外部中断 0 中断允许位
  IT0=1；                    // 设置外部中断 0 为下降沿触发
  EX1=1；                    // 开外部中断 1 中断允许位
  IT1=1；                    // 设置外部中断 1 为下降沿触发
while(1 )
{ //下为点阵显示
    for(k=0；k<10；k + + )   // 字符个数控制变量
    { j=0；
      while(j<40 )           // 每个字符显示 40 次
      { j + +；
```

```
        for(i=0；i<8；i + + )
             { P27=1；                              // 打开锁存器，用 P0 口向点阵输入行选择信号
              P0=0x01<<i；
             P27=0；                                // 行数据送 P1 口
              P0=~led[k*8 + i]；                     // 用 P0 口向点阵输入每列信息
                                                    // 下面为键盘输入显示
                      temp=scan_key()；
                      if(show!=temp）a=1；
                      if(a==1&&temp!=99）{show=temp；a=0；counter + + ；}
                      P2=0x0f&(~(0x01<<(i%4)))；
                 if(i==0||i==4）P1=~seg7[show/10]；          // 用前两位显示按键的顺序号
                 if(i==1||i==5）P1=~seg7[show%10]；
                 if(i==2||i==6）P1=~seg7[counter/10]；        // 用后两位显示按键的次数
                 if(i==3||i==7）P1=~seg7[counter%10]；
            // 键盘输入显示结束
          delay(4)；
        }
      }
    }
  }
}
```

```
/*************************** 延时函数 delay*****************************
*********************************************************************/
void  delay(unsigned char i)              // 延时函数，无符号字符型变量 i 为形式参数
{
  unsigned char j，k；                      // 定义无符号字符型变量 j 和 k
  for(k=0；k<i；k + + )                      // 双重 for 循环语句实现软件延时
    for(j=0；j<255；j + + )；
}
```

```
/******************** 键盘扫描函数 scan_key*****************************
*********************************************************************/
unsigned char scan_key(void）   //4 行 3 列的键盘扫描程序，P25~P27 逐列加低电，逐行扫描 P35~P37，
                               // 低电平表示改行有按键输入
{ unsigned i，temp，m，n；
 bit find=0；
```

```
    for(i=0；i<3；i + + )
    {if(i==0）{P24=0；P25=1；P26=1；}
    if(i==1）{P24=1；P25=0；P26=1；}
    if(i==2）{P24=1；P25=1；P26=0；}
    temp=~P3；
    temp=temp&0xf0；
    while(temp!=0x00)
    {m=i；find=1；
      switch(temp)
      {case 0x10:n=0；break；
      case 0x20:n=1；break；
      case 0x40:n=2；break；
      case 0x80:n=3；break；
      default:break；
      } break；
    }
    }
    if(find==0）return 99；
      else return(n*3 + m + 1)；
    }
```

参照图 1.3 完成下列测试内容：

（1）上电后，8×8 点阵 LED 显示器上循环显示数字 0 ~ 9；同时，4 位 LED 数码管上应显示 "9900" 4 个数字（前面的数字 "99" 表示没有按键时键值为 99，后面的 "00" 表示当前按键次数为 0 次）。

（2）按下 4×3 矩阵键盘的任一按键，4 位 LED 数码管的前两位显示 "00 ~ 11" 按键的键值，后两位对按键的次数进行计数（持续压住按键只表示 1 次）。

（3）按下外部中断 0 按钮，4 位 LED 数码管立即循环显示为 0 ~ 9 递增的 4 个相同数字；同时，8×8 点阵 LED 显示器从上到下逐行点亮，3 遍后退出。

（4）按下外部中断 1 按钮，4 位 LED 数码管立即循环显示为 0 ~ 9 递减的 4 个相同数字；同时，8×8 点阵 LED 显示器的 4 个点从下到上逐行点亮，3 遍后退出。

（5）任何时刻，按下复位按钮，系统立即复位为上电时的状态。

如果测试能达到上面的所有功能，则说明单片机实训电路板制作成功。

项目 2

单片机的开发环境
——C51 与 ISP 软件的使用

利用 C 语言进行单片机应用系统的开发，必须先利用 C 程序编译软件编写、编辑单片机源程序，再进行编译与链接，生成可执行的二进制代码程序，再利用 ISP 软件将二进制代码程序下载到单片机中。

本项目以任务 1-1 中的"参考测试程序 example1-1.c"为例，介绍单片机程序编译、连接、下载的过程与步骤，同时介绍单片机调试中要掌握的两个软件 C51 与 ISP 的使用。

教学导航

<table>
<tr><td rowspan="4">教</td><td>知识重点</td><td>1．C51 软件的使用；
2．ISP 软件的使用</td></tr>
<tr><td>知识难点</td><td>单片机程序编译、链接、下载的方法</td></tr>
<tr><td>推荐教学方式</td><td>以实践为主，按照工作任务中给出的单片机程序调试方法，引导学生自己动手完成任务，遇到问题引导学生找到解决问题的方法，从实践中积累调试程序的经验</td></tr>
<tr><td>建议学时</td><td>2 学时</td></tr>
<tr><td rowspan="3">学</td><td>推荐学习方法</td><td>刚接触单片机开发系统，只需要熟悉本项目内容，在后续的使用中再逐渐掌握</td></tr>
<tr><td>必须掌握的理论知识</td><td>单片机 C 程序编译、链接、下载的方法</td></tr>
<tr><td>必须掌握的技能</td><td>C51 和 ISP 软件的使用</td></tr>
</table>

任务 2-1 单片机 C 程序的编译连接与下载

【任务目的】

（1）通过对任务 1-1 中"单片机实训电路板测试程序 example1-1.c"的编译、连接和调试，了解单片机程序的编译、调试、下载的方法。

（2）初步掌握单片机系统开发经常使用的两个软件 Keil uVision 和 STC-ISP 的基本使用方法。

【任务要求】

（1）掌握 Keil uVision 和 STC-ISP 两个软件的基本使用方法；

（2）在 Keil uVision 中建立单片机 C 程序编译环境，并把任务 1-1 中给出的源程序 example1-1.c 进行编译、连接；

（3）利用 STC-ISP 将生成的可执行代码下载到单片机实训电路板中；

（4）测试运行 example1-1.c 程序的功能，检验自己制作的单片机实训电路板；

（5）反复编译、连接、下载、运行，能比较熟练地运用单片机开发环境。

2.1   单片机实训电路板的连接与使用

单片机实训电路板与计算机的连接如图 2.1 和图 2.2 所示。

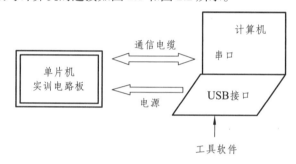

图 2.1   单片机实训电路板与计算机连接原理图

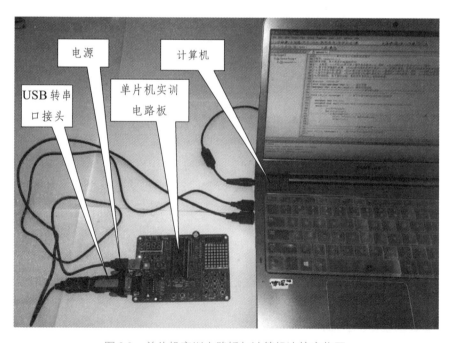

图 2.2   单片机实训电路板与计算机连接实物图

（1）连接程序下载用的数据线。

单片机实训电路板采用串口通信的方法与计算机相连，使用时，用9针串口通信电缆将实训电路板与计算机的串口（即 COM 端口）相连，如果是笔记本电脑，没有串口，就要使用"USB 转串口"的接头进行连接（图 2.2 便是使用了"USB 转串口"接头的连接方法）。

（2）连接电源线

参照图 2.2 所示，单片机实训电路板使用 5 V 的直流电源，工作时，用 USB 对拷线（两头都是 USB 的插头）连接计算机的 USB 接口，利用 USB 接口提供单片机实训电路板的工作电源（说明：USB 接口实际有 4 条线，两条电源线和两条数据线，单片机实训电路板只使用了其中两条电源线，而两条数据线是空置的）。

也可以自己制作 USB 对拷线：用两条常用的废旧 USB 连接线，剪断后取其有 USB 插头的一截，剥开电缆后，里面有 4 根线，其中第 1，4 根为电源线（一般为红色和黑色），第 2，3 根为数据线，将两 USB 线的第 1 根和第 1 根相连，第 4 根和第 4 根相连即可，即只取电源线连接。

小提示：

1．程序设计语言

单片机程序设计语言包括机器语言、汇编语言和高级语言。

机器语言是单片机唯一能够识别等语言，程序的设计、输入、修改和调试都很麻烦，只能用来开发一些非常简单的单片机应用系统。

汇编语言具有使用灵活、实时性好等特点，是单片机应用系统设计常用的程序设计语言。但是采用汇编语言编写程序，要求编程员必须对单片机的指令系统非常熟悉，并具备一定的程序设计经验，才能编制出功能复杂的应用程序，且汇编语言程序的可读性和可移植性都较差。

高级语言的通用性好，程序设计人员只要掌握开发系统所提供的高级语言使用方法，就可以直接编写程序。MCS-51 系列单片机的编译型高级语言有 PL/M51、C51、MBASIC-51 等。高级语言对不熟悉单片机指令系统的用户比较适用，且具有较好的可移植性，是目前单片机编程语言的主流，本书采用的是 C51 编程语言。

2．程序编译

几乎所有的单片机开发系统都能与 PC 连接，允许用户使用 PC 的编程程序编写汇编语言或高级语言，生成汇编语言或高级语言的源文件；然后利用开发系统提供的交叉汇编或编译系统，将源程序编译成可在目标机上直接运行的目标程序；再通过 PC 的串口或并口直接传输到单片机的 RAM 中。

一些单片机的开发系统还提供反汇编功能，并可提供用户宏调用的子程序库，以减少用户软件研制的工作量。

2.2　程序创建与编译连接

单片机程序的设计、编译与连接需要使用到单片机的编译软件，这里使用 Keil uVision。

2.2.1　Keil uVision 软件的使用

　　Keil uVision 软件是目前最流行的开发 MCS-51 系列单片机的软件。Keil uVision 提供了包括 C 编译器、宏汇编、链接器、库管理和一个功能强大的仿真调试器等在内的完整开发方案，并通过一个集成开发环境（uVision）将它们组合在一起。掌握这一软件的使用，对于 MCS-51 系列单片机的开发人员来说是十分必要的。

　　Keil uVision 4 集成开发环境是 Keil Software Inc/Keil Elektronik GmbH 开发的基于 80C51 内核的微处理器软件开发平台，内嵌多种符合当前工业标准的开发工具，可以完成工程建立和管理、编译、链接，目标代码的准确性和效率方面达到了较高的水平，而且可以附加灵活的控制选项，开发大型项目非常理想。

　　由于 Keil uVision 本身是纯软件，还不能直接进行硬件仿真，必须挂接单片机仿真器硬件才可以进行仿真。

　　Keil uVision 创建单片机程序的使用步骤（见图 2.3）：

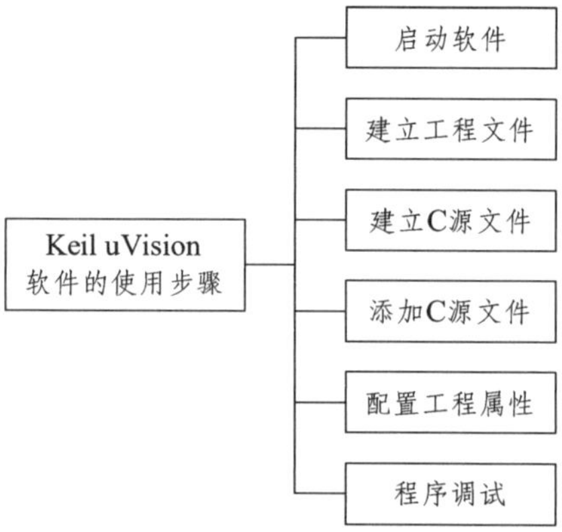

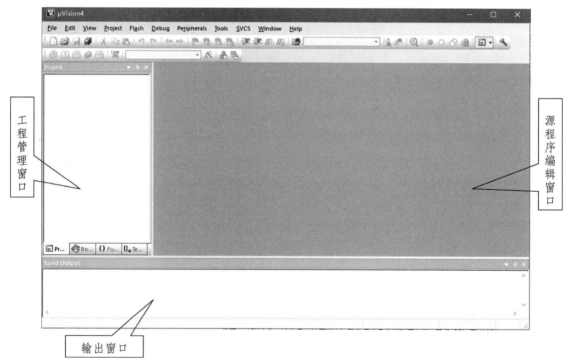

图 2.3　Keil uVision 软件的使用步骤

　　（1）首先启动 Keil uVision 软件的集成开发环境。从桌面上直接双击 keil uVision 图标以启动该软件，出现如图 2.4 所示的窗口。

图 2.4　Keil uVision 软件的集成开发环境

（2）建立工程文件。通常单片机应用系统软件包含多个源程序文件，Keil uVision 使用工程（Project）这一概念，将这些参数设置和所需的所有文件都加在一个工程中。因此，需要建立一个工程文件，并为这个工程选择 CPU，确定编译、汇编、链接的参数，指定调试的方式。

如图 2.5 所示，单击"Project"（工程）→"New Project"（新建工程）菜单，出现"Create New Project"（创建新工程）对话框，如图 2.6 所示。在"保存在"下拉列表框中选择工程的保存目录（如 D:\keil），并在"文件名"文本框中输入工程名（如 text），不需要扩展名，单击"保存"按钮，将出现如图 2.7 所示的"Select Device for Target'Target1'"（选择 CPU 芯片种类）对话框。

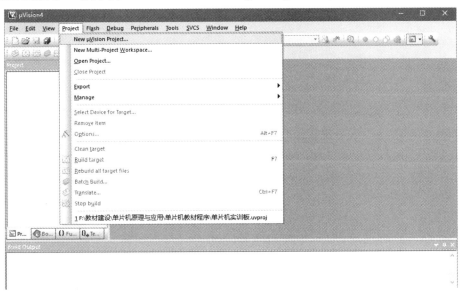

图 2.5 "Project"对话框

图 2.6 "Create New Project"对话框

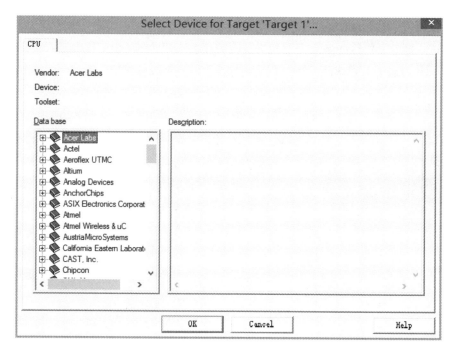

图 2.7　"Select Device for Target'Target1'"对话框

Keil uVision 支持的 CPU 型号很多，如图 2.8 所示，选择 STC89 芯片，单击"STC-STC89"前面的"＋"号，展开该层，单击其中的"STC89C52RC"，然后再单击"OK"按钮，弹出如图 2.9 所示的"Copy Standard 8051 Code…"对话框，询问是否复制一些标准文件到工程中，单击"否（N）"按钮，回到主界面。此时，一个工程文件已经建立，在软件的"Projict"窗口中添加了一个"Target 1"的目录，如图 2.10 所示。

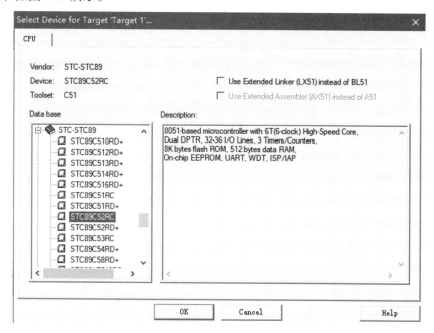

图 2.8　选择 CPU 种类

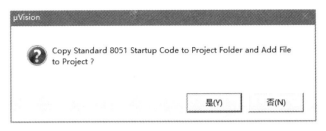

图 2.9 "Copy Standard 8051 Code…" 对话框

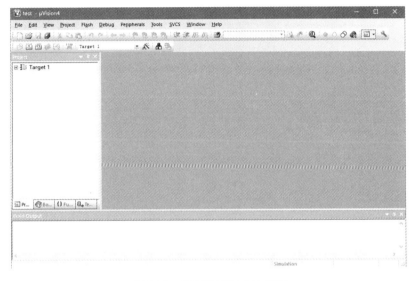

图 2.10 创建了工程后的界面

（3）建立 C 源文件。如图 2.11，使用菜单 "File" → "New" 或者单击工具栏的 "新建文件" 按钮，出现文本编辑窗口，如图 2.12 所示，在该窗口中输入新编制的 C51 单片机源程序（此时该程序文本不带有任何格式，为普通的文本文件）。

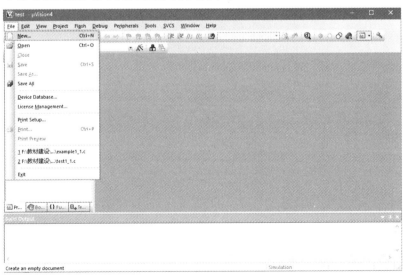

图 2.11 创建程序源文件

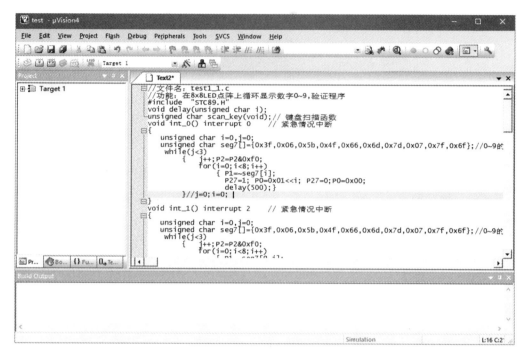

图 2.12   文本编辑窗口

　　将编制的源程序保存成 C 文件，如图 2.13，点击菜单"File"→"Save As…"，在弹出的"Save As"另存为窗口中，选择文件存放位置后，在"文件名"栏中输入以".c"为后缀名的文件名（如 test1-1.c），按"保存"按钮，如图 2.14 所示。此时，刚刚不带任何格式的文件变为 C 程序彩色显示格式。

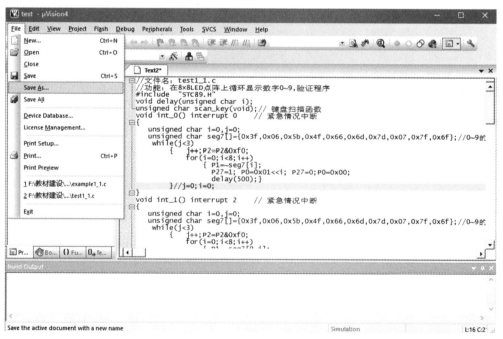

图 2.13   文本编辑窗口

图 2.14　保存成 C 文件

小提示：

在源文件名的后面必须加后缀名 ".c"，如 "example1-1.c"。源文件不一定要使用 Keil uVision 软件编写，也可以使用其他文本编辑器编辑完成后再复制过来。

前面介绍的操作步骤只是参考，也不是完全唯一的操作步骤。如果操作不一致甚至错误，都可以在菜单中进行相应的更改。

如果在（步骤）2 中，选择单片机芯片时，若选择项里面没有我们需要的 "STC89" 芯片，则说明在安装 Keil uVision 软件时，没有添加该 STC 制造商芯片的相关信息，需要完成以下安装：

① 将 STC 文件夹复制到 X:\Keil\c51\inc\ 文件夹下；

② 将 UV4.cdb 文件复制到 X:\Keil\uv4\ 文件夹下。

（4）添加 C 源文件。

如图 2.15 所示，在 "Project" 工程管理窗口中，单击将左边 "Target1" 前面的 "＋" 号展开，在 "Source Group 1" 上单击鼠标右键打开快捷菜单，再单击 "Add Files to Group'Group 1'" 选项，将出现如图 2.16 所示的选择添加文件界面。

在图 2.16 中，选择 "文件类型" 下拉列表框中的 "C Source file（*.c）"，找到前面新建的 test1-1.c 文件后，单击 "Add" 按钮加到工程中，完成后单击 "Close" 按钮关闭对话框。

此时，"Project" 工程管理窗口中的文件夹 "Source Group 1" 前面会出现一个 "＋" 号，单击 "＋"

号展开后，若出现一个名为"test1-1.c"的文件，则说明新文件的添加已完成，如图 2.17 所示。

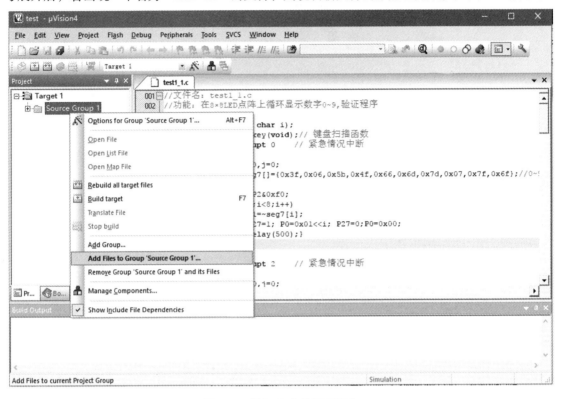

图 2.15   添加 C 文件到工程中

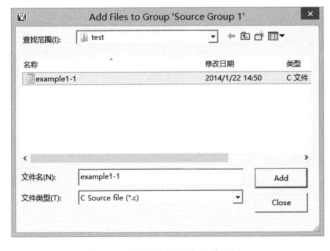

图 2.16   选择添加的文件类型

图 2.17 完成文件添加

（5）配置工程属性。

如图 2.18，将鼠标移到左边"Project"工程管理窗口的"Target 1"上，单击鼠标右键打开快捷菜单，再单击"Options for Target'Target 1'"选项，弹出工程属性设置对话框，如图 2.19 所示。

工程属性设置对话框能对本工程 CPU 型号、单片机仿真参数、输出文件、库文件、调试等内容进行设置。下面主要介绍"Device"设备、"Target"目标、"Output"输出三部分。

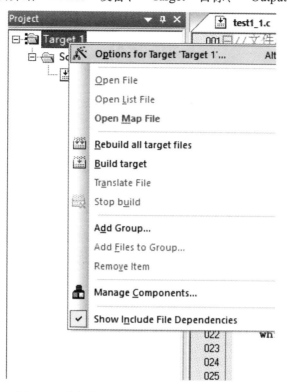

图 2.18 选择设置 "Options for Target'Target1'"

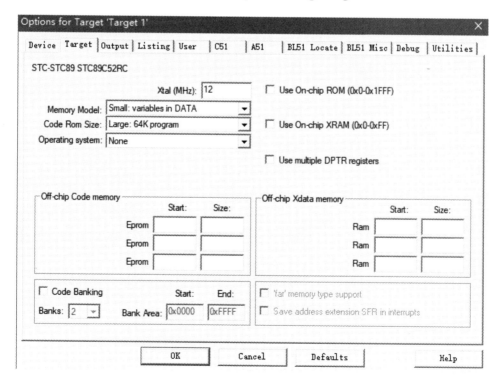

图 2.19 "Options for Target'Target1'" 工程属性设置对话框

①"Device"设备。

在图2.19工程属性设置对话框中，选择"Device"选项卡，切换到如图2.20"Device"设备选项卡所示的界面，在左侧的选择窗中，拖动滚动条和CPU设备名称前"＋"号，单击鼠标选择CPU的型号。当选中某个CPU后，在右边的窗口中显示该芯片的特性。（因为在步骤（2）建立工程文件时，已经选定了CPU的型号STC89C52RC，所以此处就已经显示了该CPU的属性）

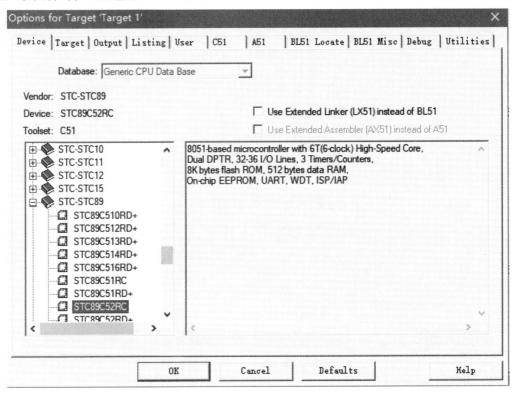

图2.20　"Device"设备选项卡

②"Target"目标。

在工程属性设置对话框中，选择"Target"选项卡后显示如图2.19所示的界面（默认选项卡）。各选项的含义如下：

● Xtal（晶振频率）：默认值是所示目标CPU的最高可用频率值，该值与最终产生的目标代码无关，仅用于软件模拟调试时显示程序的执行时间，正确设置该数值可使显示时间与实际所用时间一致，一般将其设置成实际硬件所用晶振频率。如果没有必要了解程序执行时间，也可以不设该项。

● Memory Model（存储器模式）：用于设置RAM使用模式，有以下3个选择项：

Small（小型）：所有变量都定义在单片机的内部RAM中。

Compact（紧凑）：可以使用一页（256 B）外部扩展RAM。

Large（大型）：可以使用全部（64 KB）外部扩展RAM。

● Code Rom Size（代码存储器模式）：用于设置ROM空间的使用，也有以下3个选择项：

Small（小型）：只使用低于 2 KB 程序空间。

Compact（紧凑）：单个函数的代码量不能超过 2 KB，整个程序可以使用 64 KB 程序空间。

Large（大型）：可以使用全部 64 KB 程序空间。

这些选择必须根据硬件来确定。

● Operating（操作系统）：Keil uVision 提供了 Rtx tiny 和 Rtx full 两种操作系统，通常不使用任何操作系统，即使用该项的默认值 None。

● Off-chip Code memory（片外代码存储器）：用于确定系统扩展 ROM 的地址范围，由于硬件确定，一般为默认值。

● Off-chip Xdata memory（片外 Xdata 存储器）：用于确定系统扩展 RAM 的地址范围，由硬件确定，一般为默认值。

③ "Output" 输出

在图 2.19 工程属性设置对话框中，选择 "Output" 选项卡，切换到如图 2.21 所示的界面进行设置。

在 "Name of Executable" 的输入框中，输入要生成的可执行文件名。例如，输入 "test1-1"，不需要输入后缀名，默认为与工程文件名一致。

在 "Create Executable" 选项下面的 "Create HEX File" 前面的小方框内打 "√"，确认已选中该项，再单击 "确定" 按钮。这样，下次编译链接后就会生成以 ".hex" 为后缀的可执行文件。

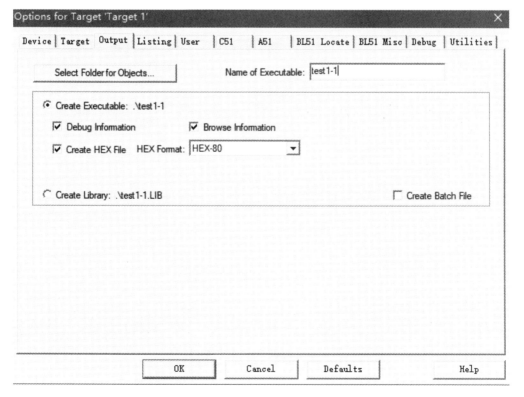

图 2.21　生成可执行文件

2.2.2　程序编译与链接

如图2.22所示，在主界面中，单击"Project"菜单项，在出现的子菜单中选择"Build target"项（或者直接按"F7"，工具栏上的编译按钮）。此时，在主窗口的下方"Build Output"窗口中，会显示编译、连接的信息，如果程序没有错误，完成编译连接后，会生成可执行文件（倒数第2行会显示"Creating hex file from …"字样，表示已经生成了可执行文件），如图2.23所示。

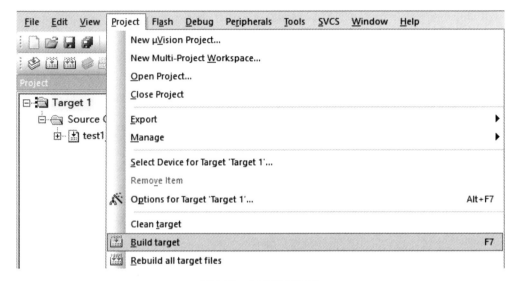

图 2.22　工程编译连接

图 2.23　编译连接信息输出窗口

小提示：

可执行文件就是单片机能直接执行的代码文件，由0和1二进制代码组成。

2.3　单片机程序的下载

经过 Keil uVision 编译连接后生成的是单片机的可执行代码（后缀名为 .hex），需要下载到单片机中。根据实训板使用的单片机型号，这里使用 ISP 软件进行单片机程序的下载。

ISP 软件的使用方法：

（1）启动 ISP 软件。在桌面上直接双击 STC-ISP 图标以启动该软件，将出现如图 2.24 所示的界面。

选择单片机型号　选择下载的串口　　　　选择可执行文件　　　　　　　　可执行代码

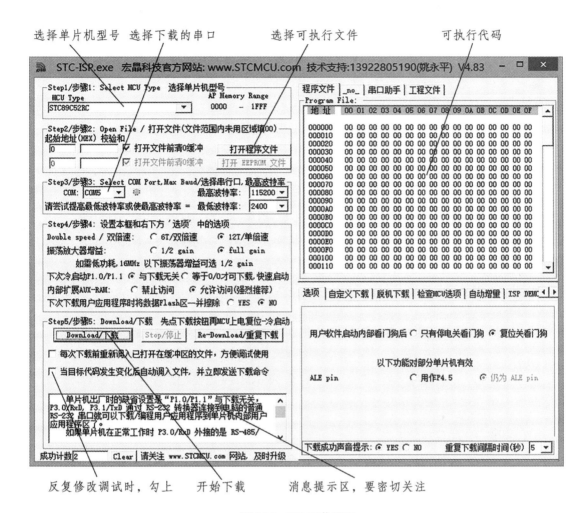

图 2.24　ISP 下载界面

反复修改调试时，勾上　　　开始下载　　　消息提示区，要密切关注

（2）设置下载参数。按照软件要求，分 5 步操作。

第一步：选择单片机型号。在"MCU Type"下方选择框内，选择单片机的型号"STC89C52RC"。

第二步：打开文件。单击"打开程序文件"按钮，在弹出的文件打开对话框中，找到并打开前面用 Keil uVision 软件生成的 16 进制可执行文件（后缀名为".hex"），主窗口右部的"程序文件"标签下显示该可执行文件的路径，下框中显示文件内容，如图 2.25 所示。

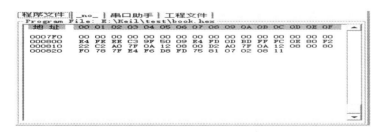

图 2.25　可执行文件代码

第三步：选择串行口、最高波特率：在"COM"选项栏中根据实际连接情况选择实训电路板与计算机连接的串口号 COM1、COM2……；在"最高波特率"和"最低波特率"选项栏中选择一个波特率，本单片机实训电路板两个选项都选择"2400"比较好。

说明：如果波特率选择不合适，在下载的时候下方信息框会有下载失败的信息提示及建议措施，在确认连接线没有问题的前提下，此时可以改变波特率进行测试。计算机的 USB 端口正常输出为 5 V 的直流电供单片机实训电路板使用，如果计算机的 USB 端口输出电压过低（例如只有 4.0 V），也能导致下载失败。

第四步：设置本框和右下方"选项"中的选项。采用默认设置即可，这里不一一介绍。

第五步：下载。点击"下载"按钮后，单片机实训电路板的蜂鸣器会发出断断续续的"吱吱"声，当蜂鸣器的声音停止，并且信息框最下面提示"仍在连接中，请给 MCU 上电……"时，如图 2.26 所示。此时，手动操作，断开→接通单片机实训电路板上电源开关一次后，开始下载程序，蜂鸣器继续发出断断续续的"吱吱"声，同时在下方信息框会显示下载的进度，如图 2.27 所示。当声音停止后，并且信息框最下面会提示"…已加密"，此时下载就成功完成了，如图 2.28 所示。

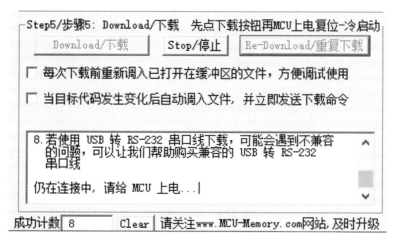

图 2.26　程序下载开始

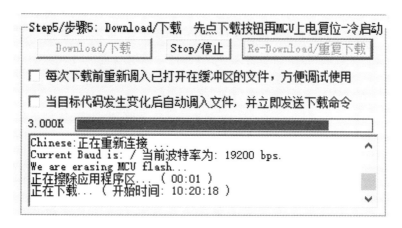

图 2.27　程序下载中

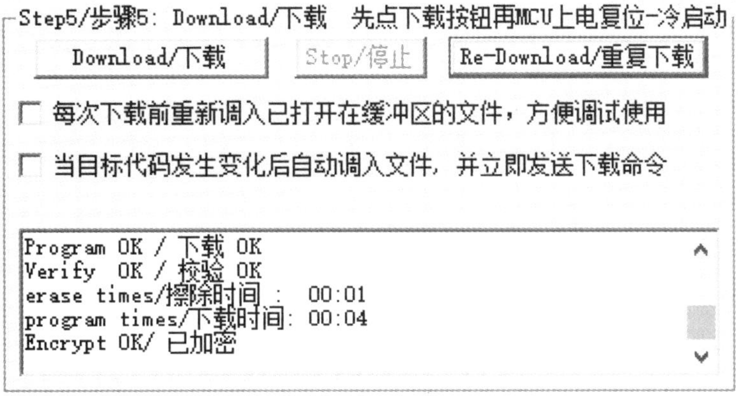

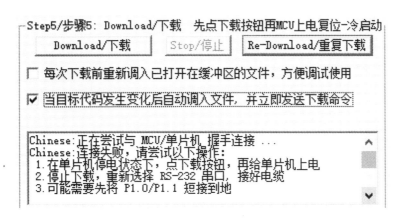

图 2.28 程序下载完成

在单片机程序编制调试时，通常将"step5/ 步骤 5：Download/ 下载"中的"当目标代码发生变化后自动调入文件，并立即发送下载命令"复选项前面的小方框内打"√"，如图 2.29 所示。这样，在 Keil uVision 软件编程调试时，重新编译连接后会自动下载已经打开的程序，省去每次切换打开文件的麻烦，方便反复调试。

图 2.29 程序反复调试时的设置

知识梳理与总结

本项目主要介绍了目前最流行的 MCS-51 系列单片机开发软件 Keil uVision 和单片机下载软件 STC-ISP 的使用方法。以检验前面自己制作的单片机实训电路板正确性为目标，采用项目任务的形式，建立了一个单片机的开发环境，完成了一个单片机系统 C51 程序的源程序创建、编译、连接及下载试运行的完整过程。

本任务主要的学习目标是熟练使用 Keil uVision 和 STC-ISP 两个软件。在本门课程的学习中，这两个软件要贯穿所有的学习和实操训练，随着多次使用，对这两个软件的操作也会逐渐熟悉。

作为初学者，在使用 Keil uVision 进行程序编制，使用 STC-ISP 进行程序下载的过程中，无须进行过多理解，按照前面介绍的步骤一步步操作即可。在后续的学习与使用中，对这两个软件的掌握会逐渐加深。

习题 2

2.1　单项选择题

（1）STC-ISP 软件的作用是 _____。

A. 将单片机可执行文件下载到单片机中　　　　　B. 编辑单片机可执行文件

C. 将单片机高级语言程序编译链接　　　　　　　D. 模拟运行单片机程序

（2）STC-ISP 软件能打开的文件是 _____。

A. .c　　　　　　　　　　　　　　　　　　　　B. .hex

C. .bin　　　　　　　　　　　　　　　　　　　D. .asm

（3）后缀名为 .hex 的文件是 _____。

A. 二进制文件　　　　　　　　　　　　　　　　B. 十进制文件

C. 十六进制文件　　　　　　　　　　　　　　　D. 文本文件

（4）单片机程序设计语言包括 _____。

A. 机器语言　　　　　　　　　　　　　　　　　B. 汇编语言

C. 高级语言　　　　　　　　　　　　　　　　　D. 以上都是

（5）要生成单片机能执行的可执行文件，Keil uVision 软件要进行 _____ 过程。

A. 编译　　　　　　　　　　　　　　　　　　　B. 连接

C. 编译与连接　　　　　　　　　　　　　　　　D. 调试

（6）使用 Keil uVision 软件编辑 C 语言程序时，首先应新建文件，该文件的扩展名是 _____。

A. .c　　　　　　　　　　　　　　　　　　　　B. .hex

C. .bin　　　　　　　　　　　　　　　　　　　D. .asm

（7）Keil uVision 软件是采用 _____ 方式来管理单片机程序的各相关文件的。

A. 文件组　　　　　　　　　　　　　　　　　　B. 文件夹

C. 项目　　　　　　　　　　　　　　　　　　　D. 压缩包

（8）Keil uVision 软件，能生成 *.HEX 可执行文件的前提条件是 _____。

A. 编写的单片机 C51 程序没有错误　　　　　　　B. 系统完成编译与连接

C. 在 "Opertions for Target…" 选项窗口中，勾选了 "Creat HEX File"

D. 以上都是

（9）单片机能够直接运行的程序是 _____。

A. 汇编源程序　　　　　　　　　　　　　　　　B. C 语言源程序

C. 高级语言程序　　　　　　　　　　　　　　　D. 机器语言源程序

（10）关于使用单片机实训电路板下载程序的说法，错误的是 ＿＿＿＿＿＿＿＿。

A. 必须另外连接专用的下载设备

B. 用串口线连接计算机的串口即可下载

C. 下载时，必须将电源开关断开、接通一次

D. 如果计算机没有串口，可以利用 USB 转串口的接头进行下载

2.2　问答题

（1）什么是单片机开发系统？单片机开发系统由哪些设备组成？如何连接？

（2）使用单片机实训电路板下载运行单片机程序的步骤是什么？

项目 3

学习单片机硬件系统

本项目从一个最简单的单片机控制任务入手，首先让读者对单片机、单片机最小系统及单片机应用系统有一个感性认识，并对单片机的基本工作过程有一个大致了解，然后介绍单片机、单片机应用系统的概念、MCS-51 系列单片机的硬件结构和工作原理及单片机最小系统的组成。

教学导航

教	知识重点	1．单片机概念； 2．单片机外部引脚及功能； 3．单片机内部结构； 4．单片机存储器结构； 5．单片机最小系统
	知识难点	单片机存储器结构
	推荐教学方式	从工作任务入手，通过最简单的单片机控制实训，让学生从外到内、从直观到抽象，逐渐理解单片机到底是什么。在能简单使用单片机的基础上，再介绍单片机硬件结构及相关概念
	建议学时	10 学时
学	推荐学习方法	对照电路原理图，理解实训电路板的结构，掌握单片机最小系统。对于单片机存储器结构和单片机引脚，应以理解为主，不用死记硬背
	必须掌握的理论知识	1．单片机概念； 2．单片机内部结构和存储器结构； 3．单片机最小系统
	必须掌握的技能	组成单片机最小系统硬件

任务 3-1　一个 LED 发光二极管的闪烁控制

【任务目的】

（1）利用单片机控制一个 LED 发光二极管的点亮与熄灭，使其达到每间隔约 1 s 闪烁 1 次的效果。

（2）熟悉单片机的结构与组成，掌握单片机工作的基本电路。

（3）熟悉单片机的控制过程与原理，理解单片机控制中软、硬件相结合的原理。

（4）了解 TTL 电平。

【任务要求】

（1）理解电路原理图，并在单片机实训电路板上，找出 LED 发光二极管闪烁控制的硬件电路，并进行 LED 发光二极管的插接。

（2）编制 LED 发光二极管的闪烁控制程序，并编译、连接、调试通过。

（3）将生成的可执行代码文件下载到单片机中，实现 LED 发光二极管的闪烁控制。

（4）反复修改、调试控制程序，达到闪烁间隔大约为 1 s 的效果。

【电路原理图】

单片机控制一个 LED 发光二极管闪烁的电路如图 3.1 所示，包括单片机、复位电路、时钟电路、电源电路及用一个 LED 发光二极管作为信号灯的显示电路。其中，单片机选用宏晶单片机 STC89C52RC 芯片。

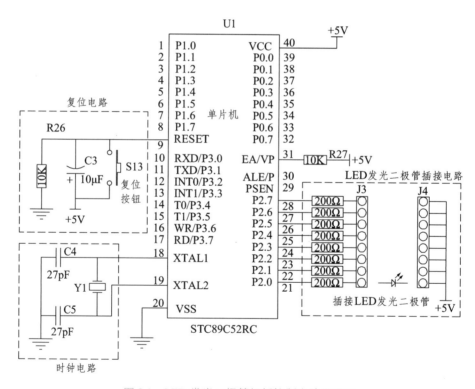

图 3.1　LED 发光二极管闪烁控制电路原理图

复位电路由一个微动按键 S13、一个 10 kΩ 电阻 R3 及一个 10 μF 电解电容 C3 组成。

时钟电路由一个 12 MHz 晶振和两个 27 pF 瓷片电容 C4、C5 组成。

89C52 的 EA 引脚连接 + 5 V 电源，表示程序将下载到单片机内部程序存储器中。

单片机的 VCC 引脚连接到 + 5 V 电源，VSS 引脚接地，从而构成电源电路。

单片机并行端口 P2 口的 P2.0 ～ P2.7 八个引脚通过 200Ω 的限流电阻后连接至八孔圆孔座 J3，另一八孔圆孔座 J4 接 5 V 电源。LED 发光二极管的两个引脚插入 J3 和 J4 任意一对圆孔中，当单片机对应该引脚输出低电平时（0 V），发光二极管点亮，当单片机对应该引脚输出高电平时（5 V），发光二极管熄灭（例如，单片机 P2.7 引脚输出低电平 0 V 时，最上面的发光二极管则会点亮）。

小知识：

（1）单片机：单片机是指集成在一个芯片上的微型计算机，也就是把组成微型计算机的各个功能部件，包括 CPU（Central Processing Unit）、随机存取存储器 RAM（Random Access Memory）、只读存储器 ROM（Read-only Memory）、基本输入 / 输出（Input/Output）接口电路、定时 / 计数器等部件制作在一块集成芯片上，构成一个完整的微型计算机，从而实现微型计算机的基本功能。

因此，单片机实质上是一个芯片，图 3.1 中的 STC89C52RC 芯片就是一个单片机。

所谓单片最小系统就是能够让单片机工作所需要的最少硬件电路，除了单片机外，最小系统还包括复位电路和时钟电路。复位电路用于将单片机内部各电路的状态恢复到初始值。时钟电路为单片机工作提供基本时钟，因为单片机内部由大量的时序构成，没有时钟脉冲即"脉搏"的跳动，各个部分将无法工作。

图 3.1 所示的发光二极管电路原理图就包含了 MCS-51 系列单片机的典型最小系统电路。

（2）TTL 电平：单片机采用的是 TTL 电平信号。TTL 电平的全名是晶体管 - 晶体管逻辑电平（Transistor-Transistor Logic）。TTL 电平信号被广泛利用是因为通常数据表示采用二进制规定，＋5 V 等价于逻辑"1"，0 V 等价于逻辑"0"，这被称作 TTL（晶体管 - 晶体管逻辑电平）信号系统，是计算机处理器控制的设备内部各部分之间通信的标准技术。

通常，TTL 电路输出 0.0 ～ 0.8 V 就为输出的低电平，输出 2.4 ～ 5 V 则为输出的高电平；而对于输入，一般输入 0.0 ～ 1.2 V 为输入的低电平，输入 2.0 ～ 5 V 为输入的高电平。

LED 发光二极管闪烁控制相关的硬件电路如图 3.2 所示的圈出区域部分。使用时，应根据程序在对应的圆孔座中插入 LED 发光二极管。因本项目示例 example3-1.c 程序控制的为 P2.0 端口，所以按照图 3.2 所示插接 LED 发光二极管，即在最下面的一对圆孔座中，LED 长脚插入右边圆孔座（＋极），短脚插入左边圆孔座（－极）。

图 3.2　LED 发光二极管闪烁控制硬件电路

小知识：

　　单片机应用系统是以单片机为核心，配以输入、输出、显示、控制等外围电路和软件，能实现一种多种功能的使用系统。

　　单片机应用系统是由硬件和软件组成的，硬件是应用系统的基础，软件是在硬件的基础上对其资源进行合理调配和使用，从而完成应用系统所要求的任务，二者相互依赖、缺一不可。

【程序编辑及下载】

　　单片机程序编辑及下载的软件和方法有很多，可通过软件仿真编译生成二进制代码程序后，再依靠专门的烧录设备，将程序烧入（下载）单片机中。

　　现在一般都选用 S 系类的单片机，与 C 系类相比，多了 ISP(In System Program)在线编程功能，下载程序不再需要烧录器，而且价格也基本一样。

　　本书采用的是带 ISP 功能的宏晶 STC89C52 单片机，该单片机芯片带 2K 的 Flash 存储器，可以直接擦除与改写，在线编程与调试非常方便。

　　要将一个程序写入单片机中，整体需要两个步骤（具体方法请参照任务 2-1 单片机 C 程序的编译连接与下载）。

　　第一步，将程序在编程软件中（本书使用目前流行的 Keil C51）录入与编辑，编译连接后，生成可执行的二进制代码。

第二步，将二进制代码通过软件（本书使用 STC-ISP）下载到单片机中。

发光二极管闪烁控制源程序代码如下：

```
// 程序：example3-1.c
// 功能：控制一个 LED 发光二极管闪烁的程序
#include<stc89.h>              // 包含头文件 stc89.h，定义了 MCS-51 单片机的特殊功能寄存器
void delay（unsigned char i）;  // 延时函数声明
void main()                     // 主函数
{
  while（1）
  {
    P20=0;           //P20 端口输出低电平，点亮发光二极管（插接在 J3，J4 最下面一对孔中）
    delay（200）;     // 调用延时函数，实际变量为 10
    P20=1;           //P20 端口输出高电平，熄灭发光二极管
    delay（200）;     // 调用延时函数，实际变量为 10
    }
}
// 函数名：delay
// 函数功能：实现软件延时
// 形式参数：unsigned char i;
//i 控制空循环的外循环次数，共循环 i*255 次
// 返回值：无
void  delay（unsigned char i）                // 延时函数，无符号字符型变量 i 为形式参数
{
  unsigned char j，k;                          // 定义无符号字符型变量 j 和 k
  for（k=0；k<i；k + +）                        // 双重 for 循环语句实现软件延时
    for（j=0；j<255；j + +）;
}
```

对 example3-1.c 源程序进行编译和连接后，生成二制代码文件 example3-1.hex。

将二制代码文件 example3-1.hex 下载到单片机中。

具体程序编译连接和二进制代码下载的方法，参考任务 2-1 单片机 C 程序的编译连接与下载。

小知识：

　　用 C 语言或汇编语言编写的程序称为源程序。源程序必须经过编译、链接等操作，变成目标程序，即二进制程序，单片机才能够直接执行。二进制程序也称为机器语言程序，单片机能够直接执行的程序是机器语言程序。

【程序运行与测试】

如图 3.2 所示，发光二极管闪烁控制硬件电路中，在单片机实训电路板的 J3 和 J4 圆孔插座最下面一对插孔座中插入 LED 发光二极管（注意：LED 发光二极管的"＋极"长脚插入右边插孔座，"－极"短脚插入左边插孔座），按下电路板的 S16 自锁按键接通电路板电源，即可观察到 LED 发光二极管按照一定的时间间隔闪烁。

【任务小结与扩展】

LED 发光二极管闪烁控制程序核心程序段为：

```
P20=0；
delay（200）；
P20=1；
delay（200）；
```

程序语句 P20=0 是控制单片机的 P20 引脚输出一个低电平，可理解为输出一个 0 V 的电位。此时，5 V 电源 → 发光二极管正极引脚（J4）→ 发光二极管负极引脚（J3）→200 Ω 电阻（限流）→0 V 电源（单片机 P20 引脚），形成了一个 5 V 压降的回路，发光二极管当然就发光了。

同理，程序语句 P20=1 是控制单片机的 P20 引脚输出一个高电平，可理解为输出一个 5 V 的电压。此时，上述回路则变为，5 V 电源 → 发光二极管正极引脚（J4）→ 发光二极管负极引脚（J3）→200 Ω 电阻（限流）→5 V 电源（单片机 P20 引脚），LED 发光二极管两侧都是 5 V 的电源，没有电压差，所以就不会点亮了（即熄灭）。

程序语句 delay（200）只是单片机程序中经常使用的一个延时程序，第一个 delay（200）是控制 P20 引脚输出低电平（即二极管发光）的持续时间，第二个 delay（200）则是控制 P20 引脚输出高电平（即二极管熄灭）的持续时间。因此，这两个 delay（200）实际就是控制发光二极管闪烁的频率。（改变"200"延时值，可以改变闪烁的频率。注意：如果将该值设置过小，如设置为 10，由于闪烁频率太高，加上人眼视觉暂留的缘故，看上去该 LED 灯是一直点亮的，但实际是在闪烁，只是闪烁得太快，人眼无法区分）

单片机将这 4 行程序从上到下执行一次，发光二极管就点亮熄灭一次，加上这 4 行程序外面的 while（1）循环语句，单片机就周而复始的一遍又一遍的执行这 4 行程序，发光二极管就不断地点亮 → 熄灭 → 点亮 → 熄灭 → 点亮 → 熄灭 → 点亮 →……。

【扩展训练】

（1）如果 LED 发光二极管不是插接在 J3 和 J4 的最下面一对孔座中，而是插接在倒数第二对孔座中，要控制使该 LED 发光二极管闪烁，程序应该怎么编写？

解：将上述 4 行核心程序段改为以下即可（每行程序后的"//"表示注释）：

```
P21=0；              // P21 引脚输出一个低电平
delay（200）；
```

```
P21=1;              // P21 引脚输出一个高电平
delay（200）;
```

试一试,看看结果如何。

反复编译连接下载程序时,将 STC-ISP 软件界面中 "step5/ 步骤 5: Download/ 下载" 中的 "当目标代码发生变化后自动调入已打开在缓冲区的文件,方便调试使用" 复选项前面的小方框内打 "√",如图 2.29 所示。

（2）从下往上看,如果在 J3 和 J4 的第 1、第 2、第 5、第 6 对孔座中,分别插接一个发光二极管,要使这 4 个发光二极管同时闪烁（同时亮、同时灭）,程序应该怎么编写?

解: 将（1）中的程序段改为以下即可:

```
P20=0;              // P20 引脚输出一个低电平,则第 1 个发光二极管点亮
P21=0;              // 第 2 个发光二极管点亮
P24=0;              // 第 5 个发光二极管点亮
P25=0;              // 第 6 个发光二极管点亮
delay（200）;
P20=1;              // P20 引脚输出一个高电平,则第 1 个发光二极管熄灭
P21=1;              // 第 2 个发光二极管熄灭
P24=1;              // 第 5 个发光二极管熄灭
P25=1;              // 第 6 个发光二极管熄灭
delay（200）;
```

试一试,看看结果如何。

（3）如果要使（2）中的 4 个发光二极管同时闪烁的效果变为间隔着亮灭（即第 1、5 个亮时,第 2、6 个灭;然后变为,第 1、5 个灭,同时第 2、6 个亮,依此循环）,程序应该怎么编写?

解: 将上述程序段改为以下即可:

```
P20=0;              // P20 引脚输出一个低电平,则第一个发光二极管点亮
P21=1;              // 第二个发光二极管熄灭
P24=0;              // 第五个发光二极管点亮
P25=1;              // 第六个发光二极管熄灭
delay（200）;
P20=1;              // P20 引脚输出一个高电平,则第一个发光二极管熄灭
P21=0;              // 第二个发光二极管点亮
P24=1;              // 第五个发光二极管熄灭
P25=0;              // 第六个发光二极管点亮
delay（200）;
```

试一试，看看结果如何！

※ 要想编出走马灯、流水灯等神奇的发光二极管控制效果，就要具备后续的C语言编程知识。

说明：当程序中没有对单片机某引脚进行编程控制时，则默认是输出高电平。

3.1　认识单片机

3.1.1　几个基本概念

1. 单片微型计算机

单片微型计算机（Single Chip Microcomputer）简称单片机，是指集成在一个芯片上的微型计算机（外形如图 3.3 所示）。它的各种功能部件，包括 CPU（Central Processing Unit）、存储器（Memory）、基本输入 / 输出（Input/output，简称 I/O）接口电路、定时 / 计数器和中断系统等，都制作在一块集成芯片上，构成一个完整的微型计算机。由于它的结构和指令功能都是按照工业控制要求设计的，故又称为微型控制器（Micro-Controller Unit，简称 MCU）。

图 3.3　单片机外形

单片机实质上是一个芯片。它具有结构简单、控制功能强、可靠性高、体积小、价格低等优点，单片机技术作为计算机技术的一个重要分支，被广泛应用于工业控制、智能化仪器仪表、家用电器、电子玩具等各个领域。

> **小提示：**
>
> 　　PC 中的一块 CPU 就要卖上千元，单片机将这么多东西结合在一起，还不得卖个"天价"？而且这块芯片也得非常大！
>
> 　　不，单片机价格并不高，从几元到几十元人民币，体积也不大，一般用 40 脚封装。当然，功能多一些的单片机也有引脚比较多的，如 68 引脚，功能少的只有 10 多个或 20 多个引脚，有的甚至只 8 只引脚。
>
> 　　单片机使用特别多，所以这种芯片的生产量很大，技术也很成熟。我们要学习的 51 系列单片机已经生产了几十年，所以价格就更低了，通常市面上只需 3 元左右就能买到一块。

2. 单片机应用系统

使用了单片机开发的系统（也就是设备）都属于单片机应用系统，如使用单片机控制的微波炉、洗衣机等。

单片机应用系统由硬件和软件两部分组成，二者相互依赖，缺一不可。就像个人计算机一样，只有 CPU、内存、显示器等硬件，不安装 windows 等软件，计算机是无法使用的。硬件是应用系统的基础，软件是在硬件的基础上，对其资源进行合理调配和使用，控制其按照一定顺序完成各种时序、运算或动作，从而实现应用系统所要求的任务。

单片机应用系统设计人员必须从硬件结构和软件设计两个角度来深入了解单片机，将二者有机结合起来，才能开发出具有特定功能的单片机应用系统。单片机应用系统的组成如图 3.4 所示。

3．MCS-51 系列单片机

本书以目前使用最为广泛的 MCS-51 系列 8 位单片机为学习对象，介绍单片机的硬件结构、工作原理及应用系统的设计。

（1）Intel 公司的 MCS-51 系列单片机。

Intel 公司的 8031 单片机开创了 MCS-51 系列单片机的新时代。型号包括 8031、8051、8751、80C31、80C51、87C51 等。其技术特点：

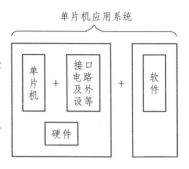

图 3.4　单片机应用系统组成

- 基于 MCS-51 核的处理器结构。
- 32 个 I/O 引脚。
- 2 个定时 / 计数器。
- 5 个中断源。
- 128 B（byte）内部数据存储器。

（2）Atmel 公司的 MCS-51 系列单片机。

Atmel 公司的 MCS-51 系列单片机是目前最受用户欢迎的单片机，它提供了丰富的外围接口和专用控制器，如电压比较、USB 控制、MP3 解码及 CAN 控制等。Atmel 公司还把 ISP 技术集成在 MCS-51 系列单片机中，使用户能够方便地改变程序代码，从而方便地进行系统调试。

Atmel 公司应用最为广泛的 89 系列单片机的特点：

- 内部含 Flash 存储器。在系统的开发过程中可以十分容易地进行程序的修改，大大缩短了系统的开发周期。同时，在系统工作过程中，能有效地保存一些数据信息，即使外界电源损坏也不影响信息的保存。

- 和 80C51 插座兼容。89 系列单片机的引脚与 80C51 是一样的，因此，当用 89 系列单片机取代 80C51 时，只要封装相同就可以直接进行代换。

- 静态时钟方式。89 系列单片机采用静态时钟方式，可以节省电能，这对于降低便携式产品的功耗十分有用。

- 可进行反复系统试验。用 89 系列单片机设计的系统，可以反复进行系统试验，每次试验可以编入不同的程序，这样可以保证用户的系统设计达到最优。而且按用户的需要，还可以进行修改，使系统能不断满足用户的新要求。

Atmel 公司 MCS-51 系列单片机的选型如表 3.1 所示。

表 3.1 Atmel 公司 MCS-51 系列单片机选型表

型　号	Flash/KB	ISP	EEPROM /KB	RAM/B	Fmax /MHz	Vcc（V）	I/O 引脚	WDT	SPI
AT89C2051	2	/	/	128	24	2.7 ~ 6.0	15	/	/
AT89C4051	4	/	/	128	24	2.7 ~ 6.0	15	/	/
AT89S51	4	是	/	128	33	4.0 ~ 5.5	32	是	/
AT89S52	8	是	/	256	33	4.0 ~ 5.5	32	是	/
AT89S8253	12	是	2	256	24	2.7 ~ 6.0	32	是	是

（3）STC 单片机。

STC 单片机是以 51 内核为主的系列单片机。它是宏晶公司生产的单时钟 / 机器周期的单片机，是高速、低功耗、超强抗干扰的新一代 8051 单片机，指令代码完全兼容传统 8051，但速度比传统 8051 快 8 ~ 12 倍，内部集成 MAX810 专用复位电路，4 路 PWM，8 路高速 10 位 A/D 转换，非常适合于电机控制、强干扰场合。

STC 单片机的特点：

● 高速：1 个时钟 / 机器周期，增强型 8051 内核，速度比传统 8051 快 8 ~ 12 倍。

● 宽电压：5.5 ~ 3.8 V，2.4 ~ 3.8 V（STC12LE5410AD 系列）。

● 低功耗设计：空闲模式，掉电模式（可由外部中断唤醒）。

● 工作频率：0 ~ 35 MHz，相当于传统 8051 的 0 ~ 420 MHz；实际可到 48 MHz，相当于传统 8051 的 0 ~ 576 MHz。

● 时钟：外部晶体或内部 RC 振荡器可选，在 ISP 下载编程用户程序时设置。

● 12K/10K/8K/6K/4K/2K 字节片内 Flash 程序存储器，擦写次数 10 万次以上。

● 512 字节片内 RAM 数据存储器。

● 芯片内 EEPROM 功能。

● ISP/IAP，在系统可编程 / 在应用可编程，无须编程器 / 仿真器。

● 10 位 ADC，8 通道，STC12C2052AD 系列为 8 位 ADC。4 路 PWM 还可当 4 路 D/A 使用。

● 4 通道捕获 / 比较单元（PWM/PCA/CCU），STC12C2052AD 系列为 2 通道；也可用来再实现 4 个定时器或 4 个外部中断（支持上升沿 / 下降沿中断）。

● 2 个硬件 16 位定时器，兼容普通 8051 的定时器。4 路 PCA 还可再实现 4 个定时器。

● 硬件看门狗（WDT）。

● 高速 SPI 通信端口。

● 全双工异步串行口（UART），兼容传统 8051 的串口。

● 先进的指令集结构，兼容传统 8051 指令集，4 组 8 个 8 位通用工作寄存器（共 32 个通用寄存器），有硬件乘法 / 除法指令。

● 通用 I/O 口（27/23/15 个），复位后为：准双向口 / 弱上拉（普通 8051 传统 I/O 口）。可设置成 4 种模式：准双向口 / 弱上拉、推挽 / 强上拉、仅为输入 / 高阻、开漏。每个 I/O 口驱动能力均可达到 20 mA，但整个芯片最大不得超过 55 mA。

目前，单片机正朝着低功耗、高性能、多品种方向发展。近年来 32 位单片机已进入实用阶段。但是由于 8 位单片机在性价比上占有优势，且 8 位增强型单片机在速度和功能上可以向 16 位单片机挑战，因此，8 位单片机仍是当前单片机的主流机型。

小提示：

为节约成本，在满足系统需要的前提下可以选用 DIP20 封装的 2051 系列芯片，如 AT89C2051。该系列单片机是一个低电压、高性能的 CMOS 8 位单片机，与 MCS-51 指令系统完全兼容。片内 2 KB 的 Flash 程序存储器可反复擦写，包含一个模拟比较放大器，具备可用软件设置的系统睡眠、省电功能，可通过 RAM、定时/计数器、串行口和外中断方式唤醒，系统唤醒后即可进入继续工作状态。在省电模式下，片内 RAM 将被冻结，时钟停止振荡，所有功能停止工作，直至系统被硬件复位方可继续运行。

具有在系统编程 ISP 功能的 MCS-51 系列单片机是目前选用较多的型号，如 AT89S51、AT89S52 等。无须专用的仿真器或编程器，只要通过相应的 ISP 软件，就可以对单片机程序存储器 Flash 中的代码进行反复下载测试，为单片机使用者提供极大的方便。

关于采用串口下载的宏晶公司单片机资料参考公司相关网站。

本书使用的单片机实训电路板是采用具有 ISP 在系统编程功能的 STC89C52RC 单片机，片内含 2 KB 的 Flash 程序存储器，可反复擦写，非常方便初学者学习使用。

3.2　MCS-51 单片机的内部组成及信号引脚（见图 3.5）

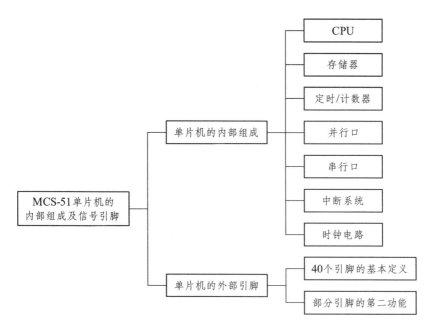

图 3.5　MCS-51 单片机的内部组成及信号引脚

3.2.1　8051 单片机的基本组成

8051 是 MCS-51 系列单片机的典型芯片，其他型号除了程序存储器结构不同外，其内部结构完全相同，引脚完全兼容。这里以 8051 为例，介绍 MCS-51 系列单片机的内部组成及信号引脚。8051 单片机的内部组成如图 3.6 所示。

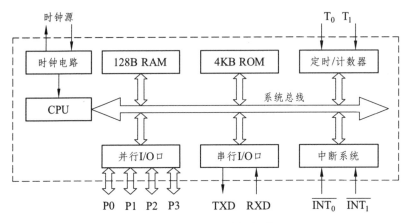

图 3.6　单片机的内部组成

1．中央处理器（CPU）

中央处理器是单片机的控制核心，完成运算和控制功能。CPU 由运算器和控制器组成。运算器包括一个 8 位算术逻辑单元（Arithmetic Logical Unit，简称 ALU）、8 位累加器（Accumulator，简称 ACC）、8 位暂存器、寄存器 B 和程序状态寄存器（Program Status Word，简称 PSW）等。控制器包括程序计数器（Program Counter，简称 PC）、指令寄存器（Instruction Register，简称 IR）、指令译码器（Instruction Decoder，简称 ID）及控制电路等。

2．内部数据存储器 RAM（Random Access Memory）

8051 内部共有 256 个 RAM 单元，其中的高 128 个单元被专用寄存器占用；低 128 个单元供用户暂存中间数据，可读可写，掉电后数据会丢失。通常所说的内部数据存储器就是指低 128 个单元。

3．内部程序存储器 ROM（Read-only Memory）

8051 内部共有 4 KB ROM，只能读不能写，掉电后数据不会丢失，用于存放程序或程序运行过程中不会改变的原始数据，通常称为程序存储器。

4．并行 I/O 端口

8051 内部有 4 个 8 位并行 I/O 端口（称为 P0、P1、P2 和 P3），可以实现数据的并行输入 / 输出。任务 3-1 的 LED 发光二极管闪烁控制中已经使用了 P2 口，通过 P20 ~ P27 其中的一个引脚控制一个发光二极管的亮、灭。

5．串行口

8051 内部有一个全双工异步串行口，可以实现单片机与其他设备之间的串行数据通信。该串行口既可作为全双工异步通信收发器使用，也可作为同步移位器使用，扩展外部 I/O 端口。

6．定时计数器

8051 内部有两个 16 位的定时 / 计数器，可实现定时或计数功能，并以其定时或计数结果对计算机进行控制。

7．中断系统

8051 内部共有 5 个中断源，分为高级和低级两个优先级别。

8．时钟电路

8051 内部有时钟电路，只需外接石英晶体和微调电容即可。晶振频率通常选择 6 MHz、12 MHz 或 11.0592 MHz。

小提示：

　　8051 单片机在一个芯片内包含了微型计算机应该具有的基本部件，因此它本身就是一个简单的微型计算机系统。

3.2.2　8051 的信号引脚

8051 单片机采用标准 40 引脚双列直插式封装，其引脚排列如图 3.7 所示，引脚功能见表 3.2。

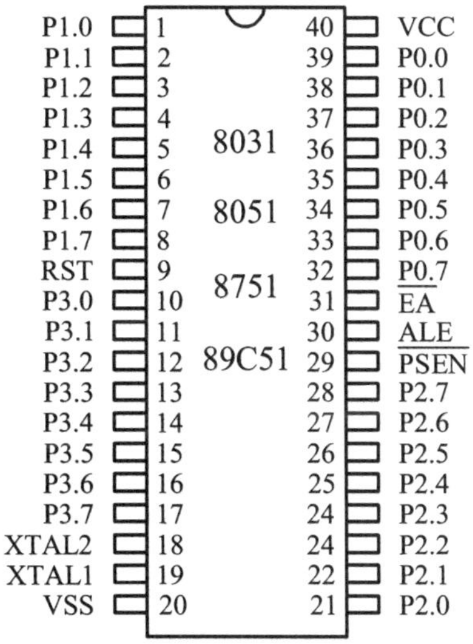

图 3.7　8051 单片机引脚

表 3.2　8051 引脚功能

引脚名称	引脚功能
P0.0 ~ P0.7	P0 口 8 位双向端口线
P1.0 ~ P1.7	P1 口 8 位双向端口线
P2.0 ~ P2.7	P2 口 8 位双向端口线
P3.0 ~ P3.7	P3 口 8 位双向端口线
ALE	地址所存控制信号
$\overline{PSEN}$	外部程序存储器读选信号
$\overline{EA}$	访问程序存储器控制信号
RST	复位信号
XTAL1 和 XTAL2	外接晶体引线端
VCC	+ 5 V 电源
VSS	地线

1. 信号引脚介绍

对以下控制引脚进行说明：

（1）ALE：系统扩展时，P0 口是 8 位数据线和低 8 位地址线复用引脚，ALE 用于把 P0 口输出的低 8 位地址锁存起来，以实现低 8 位地址和数据的隔离。

ALE 引脚以晶振 1/6 固定频率输出正脉冲，因此它可作为外部时钟或外部定时脉冲使用。

（2）$\overline{PSEN}$：PSEN 为有效低电平时，可实现对外部 ROM 单元的读操作。

（3）$\overline{EA}$：当 $\overline{EA}$ 信号为低电平时，对 ROM 的读操作限定在外部程序存储器；而当该信号为高电平时，对 ROM 的读操作是从内部程序存储器开始的，并可延至外部程序存储器。

任务 1-1 中制作的单片机实训电路板，程序是下载到内部 ROM 中的，没有用到外部程序存储器，所以该引脚直接连了 5 V 电源。

（4）RST：当输入的复位信号持续两个机器周期以上的高电平时即为有效，用以完成单片机的复位初始化操作。

（5）XTAL1 和 XTAL2：外接晶体引线端。当使用芯片内部时钟时，两引脚用于外接石英晶体和微调电容；当使用外部时钟时，用于连接外部时钟脉冲信号。任务 1-1 中制作的单片机实训电路板，是使用芯片内部时钟，所以外接了石英晶体和微调电容。

小提示：

在进行单片机应用系统设计时，除了电源和地线引脚外，以下引脚信号必须连接相应电路。

① 单片机最小系统电路。复位信号 RST 一定要连接复位电路，外接晶体引线端 XTAL1 和 XTAL2 必须连接时钟电路，这两部分是单片机能够工作所必需的电路。

② $\overline{EA}$ 引脚一定要连接高电平或低电平。随着技术的发展，单片机芯片内部的程序存储器空间越来越大，因此，用户程序一般都固化在单片机内部程序存储器中，此时 $\overline{EA}$ 引脚应接高电平。只有在使用内部没有程序存储器的 8031 芯片时，$\overline{EA}$ 引脚才接低电平，该芯片目前已很少使用。

2. 信号引脚的第二功能

由于工艺及标准化等原因，芯片的引脚数目是有限的。为了满足实际需要，部分信号引脚被赋予双重功能，即第一功能和第二功能。最常用的是 8 个 P3 口引脚所提供的第二功能，如表 3.3 所示。

表 3.3 P3 口各引脚的第二功能

第一功能	第二功能	第二功能信号名称
P3.0	RXD	串行数据接收
P3.1	TXD	串行数据发送
P3.2	INT0	外部中断 0 申请
P3.3	INT1	外部中断 1 申请
P3.4	T0	定时 / 计数器 0 的外部输入
P3.5	T1	定时 / 计数器 1 的外部输入
P3.6	WR	外部 RAM 或外部 I/O 写选通
P3.7	RD	外部 RAM 或外部 I/O 读选通

小提示：

上面给出了 MCS-51 系列单片机的全部信号，包括第一功能和第二功能。对于 MCS-51 单片机其他型号的芯片，其引脚第一功能是相同的，所不同的只是引脚的第二功能。

需要注意的是，P3 口的第二功能信号都是单片机的重要控制信号。因此，在实际使用时，一般先选用第二功能，剩下的才作为输入 / 输出功能使用。

3.3 单片机最小系统电路

单片机的工作就是执行用户程序、指挥各部分硬件完成既定任务。如果一个单片机芯片没有下载用户程序，显然它就不能工作。可是，一个下载了用户程序的单片机芯片，给它上电后就能工作吗？也不能。原因是除了单片机外，单片机能够工作的最小电路至少还要包括时钟和复位电路，通常称为单片机最小系统电路。

时钟电路为单片机工作提供基本时钟，复位电路用于将单片机内部各电路的状态恢复到初始值。任务 1-1 中制作的单片机实训电路板包含了典型的单片机最小系统电路。

3.3.1 单片机时钟电路

单片机是一个复杂的同步时序电路，为了保证同步工作方式的实现，电路应在唯一的时钟信号控制下严格地按时序进行工作。时钟电路用于产生单片机工作所需要的时钟信号。

1．时钟信号的产生

在 MCS-51 系列单片机内部有一个高增益反相放大器，其输入端引脚为 XTAL1，其输出端引脚为 XTAL2，只要在 XTAL 1 和 XTAL2 之间跨接晶体振荡器和微调电容，就可以构成一个稳定的自激振荡器，如图 1.1 所示。

> **小提示：**
>
> 一般地，电容 C1 和 C2 取 20 pF 左右；晶体振荡器，简称晶振，频率范围是 1.2 ~ 12 MHz。晶体振荡频率越高，系统的时钟频率也越高，单片机的运行速度也就越快。在通常情况下、使用振荡频率为 6 MHz 或 12 MHz 的晶振。如果系统中使用了单片机的串行口通信，则一般采用振荡频率为 11.059 2 MHz 的晶振。

2．时　序

关于 MCS-51 系列单片机的时序概念有 4 个，可用定时单位来说明，从小到大依次是：节拍、状态、机器周期和指令周期，下面分别加以说明。

（1）节拍：把振荡脉冲的周期定义为节拍，用 P 表示，也就是晶振的振荡频率 fosc。

（2）状态：振荡脉冲 fosc 经过二分频后，就是单片机时钟信号的周期，定义为状态，用 S 表示。一个状态包含两个节拍，其前半周期对应的节拍称为 P1，后半周期对应的节拍称为 P2。

（3）机器周期：MCS-51 系列单片机采用定时控制方式，有固定的机器周期。规定一个机器周期的宽度为 6 个状态，即 12 个振荡脉冲周期，因此机器周期就是振荡脉冲的十二分频。

（4）指令周期：指令周期是最大的时序定时单位，将执行一条指令所需要的时间称为指令周期。它一般由若干个机器周期组成。不同的指令，所需要的机器周期数也不同。通常，将包含一个机器周期的指令称为单周期指令，包含两个机器周期的指令称为双周期指令，依次类推。

> **小提示：**
>
> 当振荡脉冲频率为 12 MHz 时，一个机器周期为 1 μs；当振荡脉冲频率为 6 MHz 时，一个机器周期为 2 μs。

3.3.2　单片机复位电路

无论是在单片机刚开始接上电源时，还是断电后或者发生故障后都要复位。单片机复位是使 CPU 和系统中的其他功能部件都恢复到一个确定的初始状态，并从这个状态开始工作，例如，复位后 PC=0000H，使单片机从程序存储器的第一个单元取指令执行。

单片机复位的条件是：必须使 RST（第 9 引脚）加上持续两个机器周期（即 24 个脉冲振荡周期）以上的高电平。若时钟频率为 12 MHz，每个机器周期为 1 μs，则需要加上持续 2 μs 以上时间的高电平。单片机常见的复位电路如图 3.8 所示。

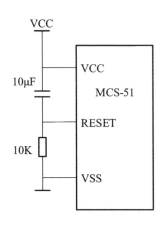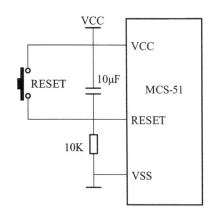

（a）上电复位电路 　　　　　　　　　　（b）按键（带上电）复位电路

图 3.8 单片机常用复位电路

图 3.8（a）为上电复位电路。它利用电容充电来实现复位，在接电瞬间，RESET 端的电位与 VCC 相同，随着充电电流的减少，RESET 端的电位逐渐下降。只要保证 RESET 为高电平的时间大于两个机器周期，便能正常复位。

图 3.8（b）为按键复位电路。该电路除具有上电复位功能外，还可以按图（b）中的 RESET 键实现复位，此时电源 VCC 经 10 kΩ 的电阻分流，在 RESET 端产生一个复位高电平。

任务 3-1 中一个 LED 发光二极管闪烁控制电路就是采用图 3.8 所示的按键复位电路。

复位后，单片机内部的各专用寄存器的状态如表 3.4 所示。

表 3.4 单片机复位状态

专用寄存器	复位状态	专用寄存器	复位状态
PC	0000H	ACC	00H
B	00H	PSW	00H
SP	07H	DPTR	0000H
P0 ～ P3	FFH	IP	0***0000B
TMOD	00H	IE	0***0000B
TH0	00H	SCON	00H
TL0	00H	SBUF	不确定
TH1	00H	PCON	0***0000B
TL1	00H	TCON	00H

3.4 MCS-51 单片机存储器结构（见图 3.9）

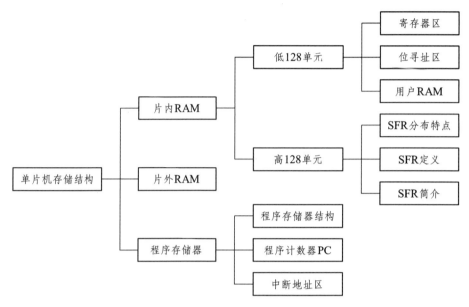

图 3.9   单片机存储器结构

这里以 8051 为代表来说明 MCS-51 系列单片机的存储器结构。8051 存储器主要有 4 个物理存储空间，即片内数据存储器（IDATA 区）、片外数据存储器（XDATA 区）、片内程序存储器和片外程序存储器（程序存储器合称为 CODE 区）。

3.4.1   片内数据存储器

8051 的内部 RAM 共有 256 个单元，通常把这 256 个单元按其功能划分为两部分：低 128 单元（单元地址 00H ～ 7FH）和高 128 单元（单元地址 80H ～ FFH）。

1. 内部数据存储器低 128 单元（DATA 区）

片内 RAM 的低 128 个单元用于存放程序执行过程中的各种变量和临时数据，称为 DATA 区。表 3.5 给出了低 128 单元的配置情况。

表 3.5   片内 RAM 低 128 单元的配置

序号	区 域	地 址	功 能
1	工作寄存器区	00H ～ 07H	第 0 组工作寄存器（R0 ～ R7）
		08H ～ 0FH	第 1 组工作寄存器（R0 ～ R7）
		10H ～ 17H	第 2 组工作寄存器（R0 ～ R7）
		08H ～ 1FH	第 3 组工作寄存器（R0 ～ R7）
2	位寻址区	20H ～ 2FH	位寻址区，位地址为：00H ～ 07H
3	用户 RAM 区	30H ～ 7FH	用户数据缓冲区

如表 3.5 所示，片内 RAM 低 128 单元是单片机的真正 RAM 存储器，按其用途划分为寄存器区、位寻址区和用户数据缓冲区 3 个区域。

（1）工作寄存器区。

8051 共有 4 组，每组包括 8 个（以 R0 ~ R7 为编号）共计 32 个寄存器，用来存放操作数及中间结果等，称为通用寄存器或工作寄存器。4 组通用寄存器占据内部 RAM 的 00H ~ 1FH 单元地址。

在任一时刻，CPU 只能使用其中一组寄存器，并且把正在使用的那组寄存器称为当前寄存器组。当前工作寄存器到底是哪一组，由程序状态字寄存器 PSW 中 RS1 和 RS0 位的状态组合来决定。

小提示：

在单片机的 C 语言程序设计中，一般不会直接使用工作寄存器组 R0 ~ R7，但是，在 C 语言与汇编语言的混合编程中，工作寄存器组是汇编子程序和 C 语言函数之间重要的参数传递工具。

（2）位寻址区（BDATA 区）。

内部 RAM 的 20H ~ 2FH 单元，既可作为一般 RAM 单元使用，进行字节操作，也可以对单元中每一位进行位操作，因此把该区称为位寻址区（BDATA 区）。位寻址区共有 16 个 RAM 单元，共计 128 位，相应的位地址为 00H ~ 7FH。表 3.6 所示为片内 RAM 位寻址区的位地址，其中 MSB 表示高位，LSB 表示低位。

表 3.6　片内 RAM 位寻址区位地址

单元地址	MSB			位地址			LSB	
2FH	7F	7E	7D	7C	7B	7A	79	78
2EH	77	76	75	74	73	72	71	70
2DH	6F	6E	6D	6C	6B	6A	69	68
2CH	67	66	65	64	63	62	61	60
2BH	5F	5E	5D	5C	5B	5A	59	58
2AH	57	56	55	54	53	52	51	50
29H	4F	4E	4D	4C	4B	4A	49	48
28H	47	46	45	44	43	42	41	40
27H	3F	3E	3D	3C	3B	3A	39	38
26H	37	36	35	34	33	32	31	30
25H	2F	2E	2D	2C	2B	2A	29	28
24H	27	26	25	24	23	22	21	20
23H	1F	1E	1D	1C	1B	1A	19	18
22H	17	16	15	14	13	12	11	10
21H	0F	0E	0D	0C	0B	0A	09	08
20H	07	06	05	04	03	02	01	00

（3）用户数据缓冲区。

在内部 RAM 低 128 单元中，除了工作寄存器区（占 32 个单元）和位寻址区（占 16 个单元）外，还剩下 80 个单元，单元地址为 30H ~ 7FH，是供用户使用的一般 RAM 区。对用户数据缓冲区的使用没有任何规定或限制，但在一般应用中常把堆栈开辟在此区中。

2．内部数据存储器高 128 单元

内部 RAM 的高 128 单元地址为 80H ~ FFH，是供给专用寄存器 SFR（Special Function Register，也称为特殊功能寄存器）使用的。表 3.7 给出了专用寄存器地址。

如表 3.7 所示，有 21 个可寻址的特殊功能寄存器，它们不连续地分布在片内 RAM 的高 128 单元中，尽管其中还有许多空闲地址，但用户不能使用。另外还有一个不可寻址的特殊功能寄存器，即程序计数器 PC，它不占据 RAM 单元，在物理上是独立的。

表 3.7　MCS-51 单片机的特殊功能寄存器

符　号	地　址	功能介绍
B	F0H	B 寄存器
ACC	E0H	累加器
PSW	D0H	程序状态字
IP	B8H	中断优先级控制寄存器
P3	B0H	P3 口锁存器
IE	A8H	中断允许控制寄存器
P2	A0H	P2 口锁存器
SBUF	99H	串行口锁存器
SCON	98H	串行口控制寄存器
P1	90H	P1 口锁存器
TH1	8DH	定时器 / 计数器 1（高 8 位）
TH0	8CH	定时器 / 计数器 1（低 8 位）
TL1	8BH	定时器 / 计数器 0（高 8 位）
TL0	8AH	定时器 / 计数器 0（低 8 位）
TMOD	89H	T0、T1 定时器 / 计数器方式控制寄存器
TCON	88H	T0、T1 定时器 / 计数器控制寄存器
PCON	87H	电源控制寄存器
DPH	83H	数据地址指针（高 8 位）
DPL	82H	数据地址指针（低 8 位）
SP	81H	堆栈指针
P0	80H	P0 口锁存器

> **小提示：**
>
> 在单片机的 C 语言程序设计中，可以通过关键字 sfr 来定义所有特殊功能寄存器，从而在程序中直接访问它们，例如：
>
> sfr P1=0x90; // 特殊功能寄存器 P1 的地址址 90H，对应 P1 口的 8 个 I/O
>
> 引脚在程序中就可以直接使用 P1 这个特殊功能寄存器了，所以下面语法是合法的：
>
> P1=0x00; // 将 P1 口的 8 位 I/O 端口全部消零
>
> 实际上，这些特殊功能寄存器，已经在 C 语言的头文件 stc89.h 中定义了，只要在程序中包含了该头文件，就可以直接使用已定义的特殊功能寄存器，因此，一般在程序的开始，都使用 #include "STC89.H" 的语句，将这些定义包含进编制的程序中，没有必要再逐个自己定义，那样容易出错且费时。

下面对几个常用的专用寄存器功能进行简单说明：

（1）程序计数器 PC（Program Counter）。

PC 是一个 16 位计数器，其内容为下一条将要执行指令的地址，寻址范围为 64 KB。PC 有自动加 1 功能，从而控制程序的执行顺序。PC 没有地址，是不可寻址的，因此用户无法对它进行读写，但可以通过转移、调用、返回等指令改变其内容，以实现程序的转移。

（2）累加器 ACC（Accumulator）。

累加器为 8 位寄存器，是最常用的专用寄存器。它既可用于存放操作数，也可以用来存放运算的中间结果。

（3）程序状态字 PSW（Program Status Word）。

程序状态字是一个 8 位寄存器，用于存放程序运行中的各种状态信息，其中有些位的状态是根据程序执行结果，由硬件自动设置的；有些位的状态则由软件方法设定。PSW 的各位定义如表 3.8 所示。

表 3.8　PSW 位定义

位地址	D7H	D6H	D5H	D4H	D3H	D2H	D1H	D0H
位名称	CY	AC	F0	RS1	RS0	OV	F1	P

（1）CY（PSW.7）：进位标志位。存放算术运算的进位标志，在进行加或减运算时，如果操作结果最高位有进位或借位，则 CY 由硬件置"1"，否则被置"0"。

（2）AC（PSW.6）：辅助进位标志位。在进行加或减运算中，若低 4 位向高 4 位进位或借位，AC 由硬件置"1"，否则被置"0"。

（3）F0（PSW.5）：用户标志位。供用户定义的标志位，需要利用软件方法置位或复位。

（4）RS1 和 RS0（PSW.4，PSW.3）：工作寄存器组选择位。它们被用于选择 CPU 当前使用的工作寄存器组。工作寄存器共有 4 组，其对应关系如表 3.9 所示。单片机上电或复位后，RS1 RS0=00。

表 3.9   工作寄存器组选择

RS1	RS0	寄存器组	片内 RAM 地址
0	0	第 0 组	00H ~ 07H
0	1	第 1 组	08H ~ 0FH
1	0	第 2 组	10H ~ 17H
1	1	第 3 组	18H ~ 1FH

（5）OV（PSW.2）：溢出标志位。在带符号数加减运算中，OV=1 表示加减运算超出了累加器 A 所能表示的带符号数的有效范围（－128 ~ +127），即产生了溢出，因此运算结果是错误的。OV=0 表示运算正确，即无溢出产生。

（6）Fl（PSW.1）：保留未使用。

（7）P（PSW.O）：奇偶标志位。P 标志位表明累加器 ACC 中内容的奇偶性，如果 ACC 中有奇数个 "1"，则 P 置 "1"，否则置 "0"。

以上简单介绍了 3 个专用寄存器，其余的专用寄存器（如 TCON，TMOD，IE，IP，SCON，PCON，SBUF 等）将在以后章节中陆续介绍。

3.4.2   片外数据存储器

8051 单片机最多可扩充片外数据存储器（片外 RAM）64 KB，称为 XDATA 区。在 XDAT 空间内进行分页寻址操作时，称为 PDATA 区。

> **小提示：**
>
> 片外数据存储器可以根据需要进行扩展，当需要扩展存储器时，低 8 位地址 A7 ~ A0 和 8 位数据 D7 ~ D0 由 P0 口分时传送，高 8 位地址 A15 ~ A8 由 P2 口传送。
>
> 因此，只有在没有扩展片外存储器的系统中，P0 口和 P2 口的每一位才可作为双向 I/O 端口使用。

3.4.3   程序存储器

MCS-51 系列单片机的程序存储器用来存放编好的程序和程序执行过程中不会改变的原始数据。程序存储器结构如图 3.10 所示。

8031 片内无程序存储器，8051 片内有 4 KB 的 ROM，8751 片内有 4 KB 的 EPROM（可擦写可编程只读存储器），89C51 片内有 4 KB 的 EEPROM（带电可擦除可编程只读存储器）。

MCS-51 系列单片机片外最多能扩展 64 KB 程序存储器，片内外的 ROM 是统一编址的。如 EA 保持高电平，8051 的程序计数器 PC 在 0000H ~ 0FFFH 地址范围内（即前 4 KB 地址），则执行片内 ROM 中的程序；如 PC 在 1000H ~ FFFFH 地址范围内，则自动执行片外程序存储器中的程序。如 EA 保持低电平，则只能寻址外部程序存储器，片外存储器可以从 0000H 开始编址。

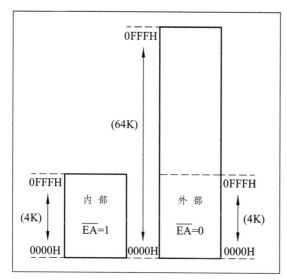
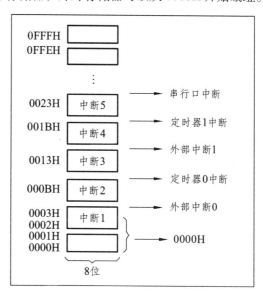

图 3.10　8051 程序存储器结构

程序存储器中有一组特殊单元是 0000H ~ 0002H。系统复位后，PC=0000H，表示单片机从 0000H 单元开始执行程序。

还有一组特殊单元是 0003H ~ 002AH，共 40 个单元。这 40 个单元被均匀地分为 5 段，作为以下 5 个中断源的中断程序入口地址区。

（1）0003H ~ 000AH：外部中断 0 中断地址区；

（2）000BH ~ 0012H：定时 / 计数器 0 中断地址区；

（3）0013H ~ 001AH：外部中断 1 中断地址区；

（4）001BH ~ 0022H：定时 / 计数器 1 中断地址区；

（5）0023H ~ 002AH：串行中断地址区。

小提示：

在单片机 C 语言程序设计中，用户无须考虑程序的存放地址，编译程序会在编译过程中按照上述规定，自动安排程序的存放地址。例如：C 语言是从 main() 函数开始执行的，编译程序会在程序存储器的 0000H 处自动存放一条转移指令，跳转到 main() 函数存放的地址；中断函数也会按照中断类型号，自动由编译程序安排存放在程序存储器相应的地址中。

因此，读者只需了解程序存储器的结构就可以了。如果是用汇编语言编程，那就要非常清楚每个区域的地址。

单片机的存储器结构包括 4 个物理存储空间，C51 编译器对这 4 个物理存储空间都能支持。

任务 3-2   汽车模拟转向灯控制

【任务目的】

（1）汽车转向灯是汽车行驶中一个重要的信号指示灯，驾驶员通过操作转向控制手柄的位置，使汽车左、右转向灯闪烁发出警示信号。

（2）利用单片机制作一个"用 1 个拨动选择开关控制 2 个 LED 灯闪烁的汽车模拟转向灯控制系统"。

（3）重点训练与掌握单片机 I/O 端口输入与输出的位操作方法。

（4）进一步理解单片机工作的原理、熟悉单片机的 I/O 硬件电路。

【任务要求】

（1）线路连接：

在单片机实训电路板的 J3 和 J4 的第 1、第 8 对（从上到下）插孔中（即 P2.7 和 P2.0），正确插接 2 个 LED 发光二极管；利用如图 3.11 所示的波动选择开关和插接导线，将电路板上 J7 的 0 V 电源连接至波动选择开关的公共端，将波动选择开关的另外两个引脚连接至单片机的 P3.2 和 P3.3 引脚。

（a）波动选择开关   （b）公对母杜邦线

图 3.11   选择开关与连接线

（2）程序控制要求：

将选择开关拨至左边（P3.2 引脚接通 0 V 电源），上面的 LED 发光二极管（连接 P2.7）闪烁；将选择开关拨至右边（P3.3 引脚接通 0 V 电源），下面的 LED 发光二极管（连接 P2.0）闪烁；将选择开关拨至中间，两个 LED 发光二极管都熄灭。

【电路原理图设计】

如图 3.11（a）所示，三挡位波动选择开关的波动手柄可以处于"左位""中位""右位" 3 个位置，其有 2 个输出接线端子和 1 个公共接线端子，当手柄处于"左位"时，公共端子与左边输出端子连通，当手柄处于"右位"时，公共端子与右边输出端子连通，当手柄处于"中位"时，公共端子悬空。

汽车模拟转向灯控制系统电路原理图如图 3.12 所示。P3 并行口的 P3.2、P3.3 分别连接波动选择开关 S1（用 S14、S15 模拟实现）的左右两个接线端子，0 V 电源（即地）连接波动选择开关 S1 的公共端，通过拨动开关 S1 处于"左位""中位""右位"，控制 P3.2 和 P3.3 端口输入 0 V 低电平，模拟汽车发出左转、右转指令；P2 并行口的 P2.7、P2.0 分别连接发光二极管 LED1 和 LED2，模拟汽车的左、右转指示灯。

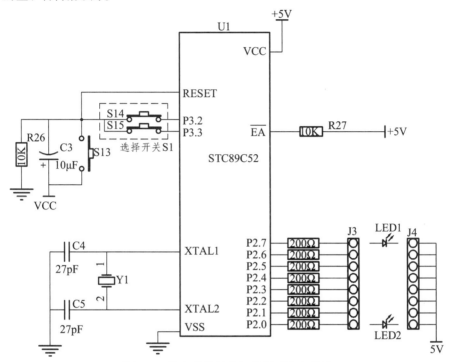

图 3.12　汽车模拟转向灯控制系统电路图

当 S1 拨至左边，P3.2 引脚为低电平，此时读引脚 P3.2 的状态，则 P32=0（如果此时读引脚 P3.3 的状态，默认是为高电平的，即 P33=1）；当 S1 拨至右边，P3.3 引脚为低电平，读引脚 P3.3 的状态，则 P33=0；特别的，当 S1 拨至中位时，P3.2 和 P3.3 引脚都悬空，单片机默认输出高电平，此时读引脚 P3.2 和 P3.3 的状态，则 P3.2 和 P3.3 都为高电平即 P3.2=1，P3.3=1。

注意：在使用中，单片机的并行端口通过输入 / 输出高、低电平来达到控制的目的，因此其端口必须处于一个确定的状态，要么是高电平，要么是低电平。在默认情况下，51 系列单片机端口是输出高电平的，即在没有任何指令和外部电路驱动下，端口电压是 5 V 的高电平。

【程序运行与测试】

控制程序如 example3-2.c 所示，将 example3-2.c 源程序输入完成后，进行编译、链接，生成二进制代码文件 example3-2.hex，然后将二进制代码文件下载到 STC89C52 单片机的程序存储器中。

将拨动选择开关拨至左位（P3.2 接通低电平），上面 LED 发光二极管（P2.7）闪烁；将拨动选择开关拨至中位，两个 LED 发光二极管都不点亮；将拨动选择开关拨至右位（P3.3 接通低电平），下面 LED 发光二极管（P2.0）闪烁。

汽车模拟转向灯控制源程序代码：

```
// 程序：example3-2.c
// 功能：汽车模拟转向灯控制
// 利用 P32 和 P33 端口是否输入低电平，模拟汽车转向指令
#include<stc89.h>            // 包含头文件 stc89.h，定义了 MCS-51 单片机的特殊功能寄存器
void delay（unsigned char i）；  // 延时函数声明
void main()                 // 主函数
{bit Left，Right;           // 定义两个位变量
 while（1）
  { Left=P32;               // 读取左转指令
    Right=P33;
    // 读取右转指令
    P27=Left;               // 控制左转指示灯

P20=Right;                  // 控制左转指示灯
    delay（200）；            // 调用延时函数，实际变量为 200
    P27=1;                  // 熄灭左转指示灯，实现左转向灯闪烁效果
    P20=1;                  // 熄灭右转指示灯，实现右转向灯闪烁效果
    delay（200）；            // 调用延时函数，实际变量为 200
  }
}
// 函数名：delay
// 函数功能：实现软件延时
// 形式参数：unsigned char i;
// i 控制空循环的外循环次数，共循环 i*255 次
// 返回值：无
void  delay（unsigned char i）   // 延时函数，无符号字符型变量 i 为形式参数
{
  unsigned char j，k;       // 定义无符号字符型变量 j 和 k
  for（k=0；k<i；k + +）      // 双重 for 循环语句实现软件延时
   for（j=0；j<255；j + +）；
}
```

【任务小结与扩展】

单片机的 I/O 端口，是双向端口，不仅能作为输出控制外部电路，也能作为输入读取外部电

路的状态。同时，单片机是通过高低电平来实现控制的，高电平对应数字 1，低电平对应数字 0。

本任务模拟常见的汽车转向灯控制功能，利用单片机 P3 并行口的 P3.2 和 P3.3 分别接收驾驶员发出的左转、右转指令（操作波动选择开关处于左、中、右位），控制连接在 P2 并行口的 P2.7 和 P2.0 端口上的两个 LED 发光二极管闪烁，指示汽车的左、右转向。

通过本任务的实施，使读者进一步理解 MCS-51 系列单片机进行 I/O 端口的使用。

本任务实施中，如果没有波动选择开关或者嫌弃波动选择开关接线麻烦，完全可以按照图 3.12 中 P3.2 和 P3.3 端口的接线图，用一条导线的一端连接 0 V 电源，另一端分别触碰 P3.2 和 P3.3，达到波动选择开关的功能，模拟驾驶员发出左右转的指令。

3.5 并行 I/O 端口电路结构

MCS-51 系列单片机共有 4 个 8 位并行 I/O 端口，分别用 P0、P1、P2、P3 表示。每个 I/O 端口既可以按位操作使用单个引脚，也可以按字节操作使用 8 个引脚。

在任务 3-1 "一个 LED 发光二极管的闪烁控制"程序中（example3-1.c），语句"P20=0；"将 P2 口的第 0 个引脚设为低电平输出，点亮了插接在 J3、J4 中的发光二极管，语句"P20=1；"将 P2 口的第 0 个引脚设为高电平输出，熄灭了插接在 J3、J4 中的发光二极管，这都属于是按位操作使用单个引脚（即 I/O 端口的位操作）。

在任务 4-1 中的 8 个 LED 发光二极管同步闪烁控制程序中（example4-1.c），语句"P2=0x00；"将 P2 口的 8 个引脚全部设置为低电平输出，一次性点亮了插接在 J3、J4 中的 8 个发光二极管，同样，使用了语句"P2=0xFF；"将 P2 口的 8 个引脚全部设置为高电平输出，熄灭了插接在 J3、J4 中的 8 个发光二极管，用字节数据 0x00 和 0xFF 设置 8 个引脚为 8 位全 0 输出或全 1 输出，这就属于是按字节操作使用 8 个引脚。

MCS-51 系列单片机的 4 个 I/O 端口可以作为一般的 I/O 端口使用，在结构和特性上基本相同，又各具特点。

3.5.1 P0 口

1．P0 口的结构

P0 口的端口逻辑电路如图 3.13 所示。

在电路中包含一个数据输出 D 锁存器、两个三态数据输入缓冲器、一个输出控制电路和一个数据输出的驱动电路。输出控制电路由一个与门、一个非门和一个 2 选 1 多路开关 MUX 构成；输出取得电路由场效应晶体管 T1 和 T2 组成，受输出控制电路控制，当栅极输入低电平时，T1、T2 截止；当栅极输入高电平时，T1、T2 导通。

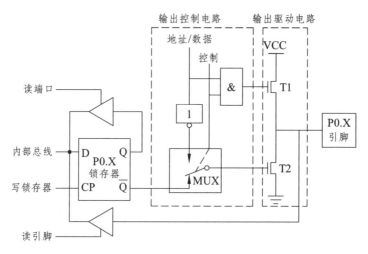

图 3.13   P0 口逻辑电路

2．作为通用 I/O 端口使用

当 P0 口作为通用 I/O 端口使用时，"控制"端为低电平，与门输出低电平使 T1 截止，输出电路未漏极开路，同时多路开关 MUX 接通锁存器的 Q 输出端。

当 P0 口作为输出口使用时，内部总线将数据送入锁存器，内部的写脉冲加在锁存器时钟端 CP 上，锁存数据到 Q、$\overline{Q}$ 端，经过多路开关 MUX，由 T2 反相后正好是内部总线的数据，送到 P0 口引脚输出。

当 P0 口作为输入口使用时，应区分读引脚和读端口两种情况，为此在电路中有两个用于读入驱动的三态缓冲器。

所谓读引脚，就是读芯片引脚的状态，这时使用下方的数据缓冲器，由"读引脚"信号把缓冲器打开，把端口引脚上的数据从缓冲器通过内部总线读进来。

读端口是指通过上面的缓冲器读锁存器 Q 端的状态。读端口是为了适应对 I/O 端口进行"读—修改—写"操作语句的需要。例如，下面的 C51 语句：

```
P0=p0&0xf0;        // 将 p0 口的低 4 位引脚清零输出
```

该语句执行时，分为"读—修改—写"三步。首先读入 P0 口锁存器中的数据；然后与 0xf0 进行"逻辑与"操作；最后将所读入数据的低 4 位清零，再把结果送回 P0 口。对于这类"读—修改—写"语句，不直接读引脚而读锁存器是为了避免可能出现的错误。因为在端口已处于输出状态的情况下，如果端口的负载恰好是一个晶体管的基极，则导通了的 PN 结，把端口引脚的高电平拉低，这样直接读引脚就会把本来的"1"误读为"0"。但若从锁存器 Q 端读，就能避免这样的错误，得到正确的数据。

小提示：

当 P0 口进行一般的 I/O 输出时，由于 T1 截止，输出电路是漏极开路电路，必须外接上拉电阻才能有高电平输出。

当 P0 口进行一般的 I/O 输入时，应区分读引脚和读端口。读引脚时，必须先向电路中的锁存器写入"1"，使输出级的 T1、T2 截止，引脚处于悬浮状态而成为高阻抗输入，以避免锁存器为"0"状态时对引脚读入的干扰。

3. 作为地址/数据线使用

除了 I/O 功能外，在进行单片机系统扩展时，P0 口作为单片机系统的地址/数据线使用，一般称它为地址/数据线分时复用引脚。

当输出地址或数据时，由内部发出控制信号，使"控制"端为高电平，打开与门，并使多路开关 MUX 处于内部地址/数据线与驱动场效应管栅极反相接通状态。此时，输出驱动电路由于两个场效应管处于反相，形成推拉式电路结构，使负载能力大为提高。输入数据时，数据信号直接从引脚通过输入缓冲器进入内部总线。

3.5.2 P1 口

P1 口的端口逻辑电路如图 3.14 所示。

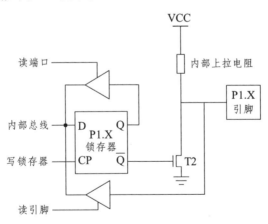

图 3.14 P1 口逻辑电路

P1 口电路结构与 P0 口有以下不同之处：首先它没有输出控制电路，不再需要多路开关 MUX，其次是电路内部有上拉电阻，与场效应管共同组成输出驱动电路。因此，P1 口只能作为通用 I/O 端口使用。

P1 口作为输出口使用时，可以向外提供推拉电流负载，无须再外接上拉电阻，P1 口作为输入口使用时，同样也需先向锁存器写"1"，使输出驱动电路的场效应管截止，处于高阻态，然后通过缓冲器进行输入操作。

小提示：

（1）P1 口是准双向口，只能作为通用 I/O 端口使用。

（2）P1 口作为输出口使用时，无须再外接上拉电阻。

（3）P1 口作为输入口使用时，应区分读引脚和读端口。读引脚时，必须先向电路中的锁存器写入"1"，使输出电路的场效应管截止。

3.5.3　P2 口

P2 口的端口逻辑电路如图 3.15 所示。

P2 口电路比 P1 口电路多了一个多路开关 MUX，这一结构与 P0 相似。而与 P0 口的多路开关 MUX 不同的是，MUX 的一个输入端接入的不再是"地址 / 数据"，而是单一的"地址"。因此，P2 口可以作为通用 I/O 端口使用，这时多路开关接通锁存器 Q 端。单片机系统扩展时，P2 口还可以用来作为高 8 位地址线使用，与 P0 口的低 8 位地址线共同组成 16 位地址总线，因此，此时多路开关应接通"地址"端。

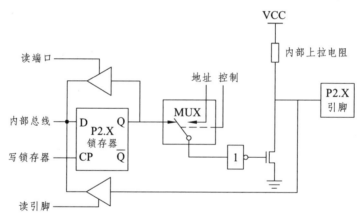

图 3.15　P2 口逻辑电路

小提示：

（1）P2 口是准双向口，在实际应用中，可以用于为系统提高 8 位地址，也可作为通用 I/O 端口使用。

（2）当 P2 口作为通用 I/O 端口的输出口使用时，与 P1 口一样无须再外接上拉电阻。

（3）当 P2 口作为通用 I/O 端口的输入口使用时，应区分读引脚和读端口。读引脚时，必须先向锁存器写入"1"。

3.5.4　P3 口

P3 口的端口逻辑电路如图 3.16 所示。

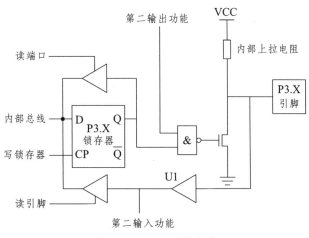

图 3.16 P3 口逻辑电路

P3 口内部上拉电阻与 P1 口相同，不同的是增加了第二功能控制逻辑。因此，P3 口既可作为通用 I/O 端口，还可作为第二功能口。P3 口各引脚的第二功能参见表 3.3。

对于第二功能为输入的信号引脚，在输入通路上增加了一个缓冲器 U1，输入的第二功能信号就从 U1 的输出端取得。当作为 I/O 端口使用时，数据输入仍取自三态缓冲器的输出端。不管 P3 口作为输入口使用还是第二功能信号输入时，输出电路中的锁存器输出和第二功能输出信号线都应保持高电平，以使输出电路的场效应管截止。

对于第二功能为输出的信号引脚，当输出第二功能信号时，锁存器 Q 应置"1"，打开与非门通路，实现第二功能信号的输出。当 P3 口作为 I/O 端口使用时，"第二输出功能"端应保持高电平，同样打开与非门，使锁存器与输出引脚保持通畅，形成数据输出通路。

小提示：

（1）P3 口是准双向口，可以作为通用 I/O 端口使用，还可以作为第二功能端口使用。作为第二功能使用的端口，不能同时当作通用 I/O 端口使用，但其他未被使用的端口仍可作为通用 I/O 端口使用。

（2）当 P3 口作为通用 I/O 的输出口使用时，不用外接上拉电阻。

3.5.5 I/O 端口的第二功能

4 个并行 I/O 端口的逻辑电路基本结构非常相似，因此都具有基本 I/O 功能，不同之处在于基本 I/O 功能之外的第二功能。

在进行单片机系统扩展时，P0 作为单片机系统的低 8 位地址 / 数据线使用，一般称它为地址 / 数据分时复用引脚。P2 口作为单片机系统的高 8 位地址，与 P0 口的低 8 位地址线共同组成 16 位地址总线。

P3 口的 8 个引脚都具有第二功能，见表 3.3。作为第二功能使用的端口，不能同时当作通用

I/O 端口使用，但其他未被使用的端口仍可作为通用 I/O 端口使用。

知识梳理与总结

本项目从"一个 LED 发光二极管的闪烁控制""汽车模拟转向灯控制"两个简单任务入手，学习了单片机的基本组成和结构，进一步熟悉单片机的硬件系统。

本项目要掌握的重点内容如下：

（1）单片机和单片机应用系统的概念；

（2）单片机的内部结构；

（3）单片机的信号引脚；

（4）单片机最小系统电路；

（5）单片机存储结构；

（6）MCS-51 系列单片机 4 个双向的 8 位并行 I/O 端口，都可用于数据的输入 / 输出控制。

习题 3

3.1　单项选择题

（1）MCS-51 系列单片机的 CPU 主要由 _____ 组成。

A. 运算器、控制器 　　　　　　　B. 加法器、寄存器

C. 运算器、加法器 　　　　　　　D. 运算器、译码器

（2）单片机中的程序计数器 PC 用来 _____。

A. 存放指令 　　　　　　　　　　B. 存放正在执行的指令地址

C. 存放下一条指令地址 　　　　　D. 存放上一条指令地址

（3）单片机 8031 的 EA 引脚 _____。

A. 必须接地 　　　　　　　　　　B 必须接 + 5 V 电源

C. 可悬空 　　　　　　　　　　　D. 以上三种视需要而定

（4）外部扩展存储器时，分时复用作数据线和低 8 位地址线的是 _____。

A. PO 口 　　　　　　　　　　　B. P1 口

C. P2 口 　　　　　　　　　　　D. P3 口

（5）PSW 中的 RS1 和 RS0 用来 _____。

A. 选择工作寄存器组 　　　　　　B 指示复位

C. 选择定时器 　　　　　　　　　D 指示复位

（6）单片机上电复位后，PC 的内容为 _____。

A. 0x0000H 　　　　　　　　　　B. 0x0003H

C. 0x000BH 　　　　　　　　　　D. 0x0800H

（7）Intel 8051 单片机的 CPU 是 _____ 位的。

A. 16　　　　　　　　　　　　　　B. 4

C. 8　　　　　　　　　　　　　　D. 准 16 位

（8）程序是以 _____ 形式存放在程序存储器中的。

A. C 语言源程序　　　　　　　　B. 汇编程序

C. 二进制编码　　　　　　　　　D. BCD 码

（9）8051 单片机的程序计数器 PC 为 16 位计数器，其寻址范围是 _____。

A. 8 KB　　　　　　　　　　　　B. 16 KB

C. 32 KB　　　　　　　　　　　D. 64 KB

（10）当单片机应用系统需要扩展外部存储器或其他接口芯片时，_____ 可作为低 8 位地址总线使用。

A. P0 口　　　　　　　　　　　B. P1 口

C. P2 口　　　　　　　　　　　D. P3 口

（11）当单片机应用系统需要扩展外部存储器或其他接口芯片时，_____ 可作为高 8 位地址总线使用。

A. P0 口　　　　　　　　　　　B. P1 口

C. P2 口　　　　　　　　　　　D. P3 口

（12）MCS-51 系列单片机的 4 个并行 I/O 端口作为通用 I/O 端口使用，在输出数据时，必须外接上拉电阻的是 _____。

A. P0 口　　　　　　　　　　　B. P1 口

C. P2 口　　　　　　　　　　　D. P3 口

3.2　填空题

（1）单片机应用系统是由 _____ 和 _____ 组成的。

（2）除了单片机和电源外，单片机最小系统包括 _____ 电路和 _____ 电路。

（3）在进行单片机应用系统设计时，除了电源和地线引脚外，_____，_____，_____，_____，引脚信号必须连接相应电路。

（4）MCS-51 系列单片机的存储器主要有 4 个物理存储空间，即 _____，_____，_____，_____。

（5）MCS-51 系列单片机的 XTAL 1 和 XTAL2 引脚是 _____ 引脚。

（6）MCS-51 系列单片机的应用程序一般存放在 _____ 中。

（7）片内 RAM 低 128 单元，按其用途划分为 _____，_____ 和 _____ 3 个区域。

（8）当振荡脉冲频率为 12 MHz 时，一个机器周期为 _____；当振荡脉冲频率为 6 MHz 时一个机器周期为 _____。

（9）MCS-51 系列单片机的复位电路有两种，即 _____ 和 _____。

（10）输入单片机的复位信号需持续 _____ 个机器周期以上的 _____ 电平时即为有效，用以完成单片机的复位初始化操作。

3.3 问答题

（1）什么是单片机？它由哪几部分组成？什么是单片机应用系统？

（2）P3 口的第二功能是什么？

（3）画出 MCS-51 系列单片机时钟电路，并指出石英晶体和电容的取值范围。

（4）什么是机器周期？机器周期和晶振频率有何关系？当晶振频率为 6 MHz 时，机器周期是多少？

（5）MCS-51 系列单片机常用的复位方法有几种？画出电路图并说明其工作原理。

（6）MCS-51 系列单片机片内 RAM 的组成是如何划分的？各有什么功能？

（7）MCS-51 系列单片机有多少个特殊功能寄存器？它们分布在什么地址范围？

（8）简述程序状态寄存器 PSW 各位的含义，单片机如何确定和改变当前的工作寄存器组。

（9）C51 编译器支持的存储器类型有哪些？

（10）当单片机外部扩展 RAM 和 ROM 时，P0 口和 P2 口各起什么作用？

项目 4

单片机并行 I/O 端口应用

本节主要介绍 8051 单片机的并行输入 / 输出（I/O）端口的功能和结构，并以单片机控制连接在 I/O 端口的 LED 发光二极管闪烁为实例，介绍并行 I/O 端口的操作方法、C51 单片机程序设计的特点、支持单片机硬件结构的数据类型和运算符、结构化编程基本语句及数组的应用。

教学导航

教	知识重点	1．并行输入 / 输出（I/O）端口的结构与功能； 2．P0、P1、P2、P3 口的操作方法； 3．C51 语言程序结构及特点； 4．数据类型和运算符； 5．基本语句； 6．数组的概念及应用
	知识难点	1．并行 I/O 端口的结构和操作； 2．C51 数据类型，基本语句及其应用； 3．数组的概念及应用
	推荐教学方式	从工作任务入手，通过对单片机控制系统的制作，了解单片机并行 I/O 端口的结构与功能，并掌握对端口的操作方法、C51 程序结构特点、数据类型和基本语句及结构化编程方法
	建议学时	12 学时
学	推荐学习方法	动手实现单片机控制系统，将单片机并行 I/O 端口的结构、功能与源程序中相应的端口操作语句对照学习，加深对端口操作、数据类型和结构化程序设计的理解
	必须掌握的理论知识	1．并行输入 / 输出（I/O）端口的结构和功能； 2．C51 程序结构和数据类型； 3．C51 基本语句和结构化程序设计方法； 4.数组的概念
	必须掌握的技能	1．C51 对并行 I/O 端口操作的方法； 2．C51 结构化程序设计方法

任务 4-1　8 个 LED 发光二极管同步闪烁控制

【任务目的】

（1）利用 MCS-51 系列单片机实现 8 个 LED 发光二极管同步闪烁效果的控制。

（2）熟悉 MCS-51 系列单片机并行输入 / 输出（I/O）端口及其应用。

（3）掌握 C 语言的基本结构，熟悉单片机并行端口的操作。

【任务要求】

（1）对任务 3-1"一个 LED 发光二极管的闪烁控制"进行扩充，在单片机的 P2 口（引脚 P2.0 ～ P2.7）同时连接 8 个 LED 发光二极管，实现 8 个 LED 发光二极管的同步闪烁控制。

（2）通过修改程序，能熟练地调节发光二极管闪烁的快慢节奏。

【电路原理图】

8 个 LED 发光二极管同步闪烁控制的电路如图 4.1 所示，它包括单片机、复位电路、时钟电路、电源电路及用 8 个 LED 发光二极管作为信号灯的外部显示电路。其中，单片机选用宏晶单片机 STC89C52RC 芯片。

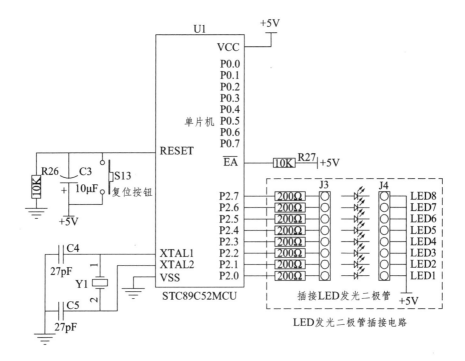

图 4.1　8 个 LED 发光二极管同步闪烁控制电路原理图

单片机并行端口 P2 口的 P2.0 ～ P2.7 八个引脚通过 200Ω 的限流电阻后连接至八孔圆孔座 J3，另一八孔圆孔座 J4 接 5 V 电源。8 个 LED 发光二极管的两个引脚插入 J3 和 J4 圆孔中，当单片机对应的该引脚输出低电平时（0 V），发光二极管点亮，当单片机对应的该引脚输出高电平时（5 V），发光二极管熄灭（例如：单片机 P27 引脚输出低电平 0 V 时，最上面的那个 LED 发光二极管则会点亮）。

【程序设计及下载】

8 个 LED 发光二极管同步闪烁控制的源程序 example4-1.c：

```
// 程序：example4-1.c
// 功能：控制 8 个 LED 发光二极管同步闪烁
#include<stc89.h>                    // 包含头文件 stc89.h，定义了 MCS-51 单片机的特殊功能寄存器
void delay（unsigned char i）;      // 延时函数声明
void main()                          // 主函数
    {
    while（1）
        {
        P2=0x00;                     // 点亮 8 个发光二极管
        delay（200）;                // 调用延时函数，实际变量为 200
        P2=0xFF;                     // 熄灭 8 个发光二极管
        delay（200）;                // 调用延时函数，实际变量为 200
        }
    }
// 函数名：delay
// 函数功能：实现软件延时
// 形式参数：unsigned char i;
// i 控制空循环的外循环次数，共循环 i*255 次
// 返回值：无
void  delay（unsigned char i）       // 延时函数，无符号字符型变量 i 为形式参数
    {
    unsigned char j, k;              // 定义无符号字符型变量 j 和 k
    for（k=0; k<i; k + +）           // 双重 for 循环语句实现软件延时
        for（j=0; j<255; j + +）;
    }
```

在 Keil uVision 软件中，将 example4-1.c 源程序编辑输入后，进行编译、连接，生成可执行文件 example4-1.hex，然后打开 STC-ISP 软件，将可执行文件 example4-1.hex 下载到 STC89C52RC 单片机的程序存储器中。

小提示：

　　在 C 语言中，十六进制数的表示方法为：在数据前面加上符号 "0x"。例如，上面程序中的 0x00 和 0xFF 都表示十六进制数据。

　　一个二进制数 "0 或者 1" 也叫作 1 位（bit），8 位二进制数就组成 1 个字节（Byte），计算机中，通常用字节来表示一个数据单位（即 8 个二进制数）。

　　因二进制数书写很麻烦，且容易出错，通常编程时都先将二进制数转化为十六进制数。Keil uVision 软件支持十进制、八进制、十六进制数，但不支持二进制。

　　Keil uVision 中数据的进制表示如下：

　　十进制数表示不带任何前缀，如语句 "P2=256" 表示将十进制数 256 赋值给 P2；

　　八进制数表示带 "0O" 前缀，如语句 "P2=0O777" 也表示将十进制数 256 赋值给 P2；

　　十六进制数表示带 "0x" 前缀，如语句 "P2=0xFF" 也表示将十进制数 256 赋值给 P2。

　　Keil C 51 不直接支持二进制的表示，如果想在程序中，用二进制直观地表示某个数据，需要采用宏定义的方法实现。

【程序运行与测试】

　　程序下载到单片机中后，将 8 个 LED 发光二极管插入单片机实训电路板的 J3、J4 圆孔插座中（注意 LED 发光二极管的长脚插右边即 J4，短脚插左边即 J3），接通电源，即可观察到 8 个 LED 发光二极管按照全亮、全灭的方式不停地闪烁。8 个 LED 发光二极管同步闪烁的硬件电路如图 4.2 所示的圈出区域。

图 4.2　8 个 LED 发光二极管同步闪烁控制的硬件电路

【任务小结与扩展】

本任务通过使用 MCS-51 系列单片机控制连接到 P2 口的 8 个 LED 发光二极管，实现同步闪烁效果的软、硬件设计过程，使读者初步了解如何使用 C 语言编程控制 MCS-51 系列单片机的并行 I/O 端口。

8 个 LED 发光二极管闪烁控制程序核心程序段为：

```
P2=0x00；              //点亮 8 个发光二极管。
delay（200）；          //调用延时函数，实际变量为 200
P2=0xFF；              //熄灭 8 个发光二极管
delay（200）；          //调用延时函数，实际变量为 200
```

在此任务中，当 P2 口的某个引脚为低电平状态"0"时，对应的发光二极管点亮；当 P2 口的某个引脚为高电平状态"1"时，对应的发光二极管熄灭。

通过向 P2 口写入一个 8 位二进制数来改变每个引脚的输出电平状态。example4-1.c 源程序中的语句"P2=0x00；"将 P2 口的 8 位引脚设置为 8 位全 0 输出（即低电平），由此点亮 8 个 LED 发光二极管；语句"P2=0xFF；"将 P2 口的 8 位引脚设置为 8 位全 1 输出（即高电平），熄灭 8 个发光二极管。

由上可知，改变端口 P2 的值，就能控制 P2 口 8 个引脚输出的电平高低，从而控制 LED 发光二极管的亮与灭。P2 值与 P2 各引脚状态的对应关系如表 4.1 所示。

表 4.1 P2 值与 P2 各端口状态对应表

P2 口输出数据（十六进制数）	P2 口引脚输出数据								P2 口 LED 发光二极管显示状态
	P27	P26	P25	P24	P23	P22	P21	P20	
0x00	0	0	0	0	0	0	0	0	全亮
0x01	0	0	0	0	0	0	0	1	第 1 个灭，其余亮（从下至上，下同）
0x02	0	0	0	0	0	0	1	0	第 2 个灭，其余亮
0x04	0	0	0	0	0	1	0	0	第 3 个灭，其余亮
0x08	0	0	0	0	1	0	0	0	第 4 个灭，其余亮
0x10	0	0	0	1	0	0	0	0	第 5 个灭，其余亮
0x20	0	0	1	0	0	0	0	0	第 6 个灭，其余亮
0x40	0	1	0	0	0	0	0	0	第 7 个灭，其余亮
0x80	1	0	0	0	0	0	0	0	第 8 个灭，其余亮
0xFF	1	1	1	1	1	1	1	1	全灭

【扩展训练】

（1）如果要求 8 个 LED 发光二极管不同时亮灭，而是上面 4 个（P2.4 ~ P2.7）和下面 4 个（P2.0 ~ P2.3）交替点亮，程序应该如何编写？

解：根据图 4.1 8 个 LED 发光二极管同步闪烁控制电路原理图可知，此电路板设计为 P2 某引脚输出低电平 0 时，该引脚插接的 LED 发光二极管点亮，否则熄灭。

如表 4.2 所示，要使上面 4 个 LED 发光二极管点亮（下面 4 个熄灭），则 P27、P26、P25、P24 要输出低电平，"0000"对应的十六进制数为"0"；P23、P22、P21、P20 要输出高电平，"1111"对应的十六进制为"F"，所以，程序中应使用语句"P2=0x0F；"。

同理，要使下面 4 个 LED 发光二极管点亮（上面 4 个熄灭），则 P23、P22、P21、P20 要输出低电平，"0000"对应的十六进制为"0"；P27、P26、P25、P24 要输出高电平，"1111"对应的十六进制数为"F"；所以，程序中应使用语句"P2=0xF0；"。

表 4.2　上、下 4 个 LED 交替闪烁 P2 端口数据表

P2 口输出数据（十六进制数）	P2 口引脚输出数据								P2 口 LED 发光二极管显示状态
	P27	P26	P25	P24	P23	P22	P21	P20	
0x0F	0	0	0	0	1	1	1	1	上面 4 个亮，下面 4 个灭
0xF0	1	1	1	1	0	0	0	0	下面 4 个亮，下面 4 个灭

综上所述，改变 P2 的值，将原来的 8 个 LED 发光二极管闪烁控制核心程序段：

```
P2=0x00；        // 点亮 8 个发光二极管。
delay（200）；    // 调用延时函数，实际变量为 200
P2=0xFF；        // 熄灭 8 个发光二极管
delay（200）；    // 调用延时函数，实际变量为 200
```

替换为：

```
P2=0x0F；        // 下面 4 个熄灭（P2.0 ~ P2.3），上面 4 个点亮（P2.4 ~ P2.7）
delay（200）；    // 调用延时函数，实际变量为 200
P2=0xF0；        // 下面 4 个点亮（P2.0 ~ P2.3），上面 4 个熄灭（P2.4 ~ P2.7）
delay（200）；
```

试一试，重新编译连接，将生成的可执行文件下载到单片机中，不用改变任何元件的插接，观察呈现的效果，会发现与任务要求的完全一致，上面 4 个 LED 灯和下面 4 个 LED 灯交替点亮（交替点亮的频率由延时函数"delay（200）；"的参数值"200"确定）。

（2）如果要求 8 个 LED 发光二极管，上面 2 个（P2.6 ~ P2.7）和下面 2 个（P2.0 ~ P2.1）交替点亮，程序应该如何编写？

解：与（1）同理，上面 2 个（P2.6 ~ P2.7）和下面 2 个（P2.0 ~ P2.1）交替点亮，则 P2 端口的输出值如表 4.3 所示。

表 4.3　上、下 2 个 LED 交替闪烁 P2 端口数据表

P2 口输出数据（十六进制数）	P2 口引脚输出数据								P2 口 LED 发光二极管显示状态
	P27	P26	P25	P24	P23	P22	P21	P20	
0x3F	0	0	1	1	1	1	1	1	上面 2 个亮，下面 6 个灭
0xFC	1	1	1	1	1	1	0	0	下面 2 个亮，上面 6 个灭

所以，改变 P2 的值，将原来的 8 个 LED 发光二极管闪烁控制核心程序段：

P2=0x00;	// 点亮 8 个发光二极管。
delay（200）;	// 调用延时函数，实际变量为 200
P2=0xFF;	// 熄灭 8 个发光二极管
delay（200）;	// 调用延时函数，实际变量为 200

替换为：

P2=0x3F;	// 上面 2 个亮（P2.7 ~ P2.6），下面 6 个灭（P2.5 ~ P2.0）
delay（200）;	// 调用延时函数，实际变量为 200
P2=0xFC;	// 下面 2 个点亮（P2.1 ~ P2.0），上面 6 个熄灭（P2.7 ~ P2.72）
delay（200）;	

试一试，在 Keil uVision 软件中重新编译连接，将生成的可执行文件通过 STC-ISP 软件下载到单片机中，不用改变项目 4 任务 1 中任何元件的插接，观察效果，会发现上面 2 个 LED 灯和下面 2 个 LED 灯交替点亮（交替点亮的频率由延时函数"delay()"的参数值确定）。

4.1　认识 C 语言

4.1.1　第一个 C 语言程序

一起来认识一下任务 4-1 中的 C51 程序 example4-1.c，添加了行号（第 1 列为行号）的源程序如下：

```
1 // 程序：example4-1.c
2 // 功能：控制 8 个 LED 发光二极管同步闪烁
3 #include<stc89.h>                //包含头文件 stc89.h，定义了 MCS-51 单片机的特殊功能寄存器
4 void delay（unsigned char i）;    //延时函数声明
5 void main()                      //主函数
6 {
7     while（1）
8     {
```

```
9       P2=0x00;
        // 点亮 8 个发光二极管。
10      delay（200）;                    // 调用延时函数，实际变量为 200
11      P2=0xFF;                        // 熄灭 8 个发光二极管
12      delay（200）;                    // 调用延时函数，实际变量为 200
13      }
14      }
15 // 函数名：delay
16 // 函数功能：实现软件延时
17 // 形式参数：unsigned char i;
18 // i 控制空循环的外循环次数，共循环 i*255 次
19 // 返回值：无
20 void  delay（unsigned char i）           // 延时函数，无符号字符型变量 i 为形式参数
21      {
22      unsigned char j, k;                // 定义无符号字符型变量 j 和 k
23      for（k=0; k<i; k＋＋）              // 双重 for 循环语句实现软件延时
24      for（j=0; j<255; j＋＋）;
25      }
```

第 1、2 行：对程序进行简要说明，包括程序名称和功能。"//"是单行注释符号，从该符号开始直到一行结束的内容，通常用来说明相应语句的意义，或者对重要的代码行、段落进行提示，方便程序的编写、调试及维护工作，提高程序的可读性。程序在编译时，不对这些注释内容做任何处理。

> **小提示：**
>
> C51 的另一种注释符号是"/* */"，在程序中可以使用这种成对注释符进行多行注释，注释内容从"/*"开始，到"*/"结束，中间的注释文字可以是多行文字。

第 3 行：#include<stc89.h> 是文件包含语句，表示把语句中指定文件的全部内容复制到此处，与当前的源程序文件链接成一个源文件。该语句中指定的文件 stc89.h 是 Keil uVision 编译器提供的头文件，保存在文件夹 "keil\c5l\inc\stc" 下，该文件包含了对 MCS-51 系列单片机特殊功能寄存器 SFR 和位名称的定义。

在 stc89.h 文件中定义了下面语句：

```
sfr P2 = 0xa0;
```

该语句定义了符号 P2（注意，C 语言严格区分大小写，是大写的"P2"，不能写成小写的"p2"）与 MCS-51 单片机内部 P2 口的地址 0xa0 对应。

example4-1.c 程序中包含头文件 stc89.h 的目的，是为了通知 C51 编译器，程序中所用的符

号 P2 是指 MCS-51 单片机的 P2 口。

小经验：

在 C51 程序设计中，可以把 stc89.h 头文件包含在自己的程序中，直接使用已定义的 SFR 名称和位名称。例如，符号 P1 表示并行口 P1；也可以直接在程序中自行利用关键字 sfr 和 sbit 来定义这些特殊功能寄存器和特殊位名称。

例如，在 stc89.h 头文件中，就有下面的语句定义：

```
sfr  P2  = 0xa0;
sbit P27  = P2^7;    //I/O 口 P2.7
sbit P26  = P2^6;    //I/O 口 P2.6
sbit P25  = P2^5;    //I/O 口 P2.5
sbit P24  = P2^4;    //I/O 口 P2.4
sbit P23  = P2^3;    //I/O 口 P2.3
sbit P22  = P2^2;    //I/O 口 P2.2
sbit P21  = P2^1;    //I/O 口 P2.1
sbit P20  = P2^0;    //I/O 口 P2.0
```

如果需要使用 stc89.h 文件中没有定义的 SFR 或位名称，可以自行在该文件中添加定义，也可以在源程序中定义。

第 4 行：延时函数声明。提前告诉 C51 编译器，本程序后续会用到该自定义函数，它具体的定义在后面，预编译时，按照函数的类型为其分配内存空间，否则，在后续的程序编译中，会因为不认识该符号而报错终止编译。

在 C 语言中，函数遵循"先声明、后调用"的原则。

小经验：

如果源程序中包多个函数，通常在主函数的前面集中进行声明，然后再在主函数后一一进行定义，这样编写的 C 语言源代码可读性好，条理清晰，易于理解。

第 5 ~ 14 行：定义主函数 main()。main 函数是 C 语言中必不可少的主函数，也是程序开始执行的函数。

第 15 ~ 25 行：定义函数 delay()。delay 函数是自己定义的函数，其功能是延时，用于控制 8 位 LED 发光二极管的闪烁频率。

小提示：

（1）发光二极管闪烁过程实际上就是发光二极管交替亮、灭的过程，单片机运行一条指令的时间只有几微秒，时间太短，眼睛无法分辨，看不到闪烁效果。因此，用单片机控制发光二极管闪烁时，需要增加一定的延时时间，过程如下：

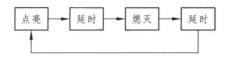

（2）延时函数在很多程序设计中都会用到，这里的延时函数外循环的循环次数由形式参数 i 提供，总的循环次数（即延时的时间）是 255×i，循环体是空操作，不做任何事情，仅消耗一点执行指令的时间。

4.1.2　C 语言的基本结构

通过对 example4-1.c 源程序的分析，可以了解到 C 语言的结构特点、基本组成和书写格式。

C 语言程序以函数形式组织程序结构，C 程序中的函数与其他语言中所描述的"子程序"或"过程"的概念是一样的。C 程序的结构如图 4.3 所示。

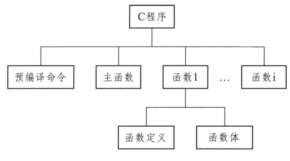

图 4.3　C 程序的结构

一个 C 语言源程序是由一个或若干个函数组成的，每一个函数完成相对独立的功能，每个 C 程序都必须有且仅有一个主函数 main()。程序的执行总是从主函数开始，再调用其他函数后返回主函数 main()，不管函数的排列顺序如何，最后在主函数中结束整个程序。

一个函数由两部分组成：函数定义和函数体。

函数定义部分包括函数名、函数类型、函数属性、函数参数（形式参数）名、参数类型等。对于 main() 函数来说，main 是函数名，函数名前面的 void 说明函数的类型（空类型，表示没有返回值），函数名后面必须跟一对圆括号，里面是函数的形式参数定义，这里 main() 函数没有形式参数。

main() 函数后面一对大括号内的部分，称为函数体。函数体由定义数据类型的说明部分和实现函数功能的执行部分组成。

对于 example4-1.c 源程序中的延时函数 delay()，第 20 行是函数定义部分：

void delay（unsigned char i）

定义该函数名称为 delay，函数类型为 void，形式参数为无符号字符型变量 i。

第 21 ~ 25 行是 delay 函数的函数体。

关于函数的详细介绍参见后续章节。

C 语言程序中可以有预处理命令，如 example4-1.c 中的 "#include<stc89.h>"，预处理命令通常放在源程序的最前面。

C 语言程序使用 "；" 作为语句的结束符，一条语句可以多行书写，也可以一行书写多条语句。

小提示：

（1）函数的类型是指函数返回值的类型。如果函数的类型是 int 型，可以省略不写 int。int 为默认的函数返回值类型；如果函数没有返回值，应该将函数类型定义为 void 型（空类型）。

（2）由 C 语言编译器提供的函数一般称为标准函数，用户根据自己的需要编写的函数，如本例中的 delay() 函数称为自定义函数，调用标准函数前，必须先在程序开始用文件包含命令 "#include" 将包含该标准函数说明的头文件包含进来。

（3）C 语言区分大小，如变量 i 和变量 I 表示两个不同的变量。

4.1.3 C 语言的特点

C51 交叉编译器提供了一种针对 MCS-51 系列微控制器用 C 语言编程的方法，可将 C 语言源程序编译生成 Intel 格式的可再定位目标代码。

C 语言是一种通用编程语言，符合 C 语言的 ANSI 标准，代码效率高，可结构化编程，在代码效率和速度上，完全可以和汇编语言相比拟，应用范围广。

利用 C 语言编程，具有极强的可移植性和可读性，同时，它只要求程序员对单片机的存储器结构有初步了解，而对处理器的指令集不要求了解，其主要特点如下：

1. 结构化语言

C 语言由函数构成。函数包括标准函数和自定义函数，每个函数就是一个功能相独立的模块。

C 语言还提供了多种结构化的控制语句，如顺序、条件、循环结构语句，满足程序设计结构化的要求。

2. 丰富的数据类型

C 语言具有丰富的数据类型，便于实现各类复杂的数据结构，它还有与地址密切相关的指针及其运算符，直接访问内存地址，进行位（bit）一级的操作，能实现汇编语言的大部分功能。因此，C语言被称为"高级语言中的低级语言"。

使用C语言对 MCS-51 系列单片机开发应用程序，只要求开发者对单片机的存储器结构有初步了解，而不必十分熟悉处理器的指令集和运算过程，寄存器分配、存储器的寻址及数据类型等细节问题由编译器管理，不但减轻了开发者的负担，提高了效率，而且程序具有更好的可读性和可移植性。

3．便于维护管理

用C语言开发单片机应用系统程序，便于模块化程序设计。可采用开发小组计划和完成项目，分工合作，灵活管理。这样便杜绝了因开发人员变化所造成的对项目进度、后期维护及升级的影响，从而保证了整个系统的品质、可靠性及可升级性。

与汇编语言相比，C语言的优点如下：

（1）不要求编程者详细了解单片机的指令系统，但需了解单片机的存储器结构。

（2）寄存器分配、不同存储器的寻址及数据类型等细节可由编译器管理。

（3）程序结构清晰，可读性强。

（4）编译器提供了很多标准函数，具有较强的数据处理能力。

任务 4-2   按键控制的花样流水灯

【任务目的】

（1）通过按键控制 8 个 LED 发光二极管实现花样流水灯控制系统的设计与制作。

（2）熟练掌握单片机程序中十六进制数据与端口的一一对应关系。

（3）熟悉C语言的表达式、选择语句、循环语句等基本语句及使用方法。

（4）了解C语言的取反、移位数据运算操作。

（5）进一步熟悉 Keil vision 和 STC-ISP 软件的使用。

【任务要求】

（1）在前面的任务中，我们使用单片机的 P2 口控制 8 个发光二极管，实现了闪烁效果。这里进行功能扩展，使 8 个发光二极管以各种不同显示方式点亮和熄灭，模拟现实中霓虹灯的显示效果。

（2）如图 4.4 所示，当按键 S1 没接通时，实现 1 个 LED 发光二极管轮流点亮的效果。首先点亮连接到 P2.0 引脚的发光二极管，延时一定时间后熄灭，再点亮连接到 P2.1 引脚的发光二极管，按照顺序轮流亮灭每个发光二极管，至亮灭最后一个连接到 P2.7 引脚的发光二极管后，再从头开始，依此循环，产生一种动态显示的流水灯效果（同一时刻，只有一个灯是点亮的）。

（3）当按键 S1 接通时，实现 2 个 LED 发光二极管轮流点亮的效果。首先点亮连接到 P2.0 和 P2.1 引脚的发光二极管，延时一定时间后熄灭，再点亮连接到 P2.2 和 P2.3 引脚的发光二极管，按照顺序轮流亮灭一组即 2 个发光二极管，至亮灭最后一组连接到 P2.6 和 P2.7 引脚的发光二极管后，再从头开始，依此循环，产生一种动态显示的流水灯效果（同一时刻，有相邻的 2 个 LED 发光二极管是点亮的）。

【电路原理图】

按键控制的花样流水灯电路原理图如图 4.4 所示。

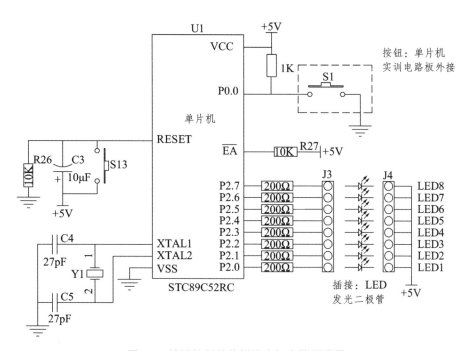

图 4.4 按键控制的花样流水灯电路原理图

按键输入部分：当按键 S1 没接通时，P0.0 输入为高电平 1；当按键 S1 接通时，P0.0 输入为低电平 0。

注意：因为单片机实训电路板的 P0 口已经连接了 1 kΩ 的上拉电阻排（见图 1.2），所以图 4.4 电路连接中，用一条杜邦线，一端连接电路板 J7 的 0 V，一端连接 P0.0 端口，即可实现按键 S1 的通断效果。

LED 发光二极管输出部分：同样，当 P2 口的某个引脚为低电平状态"0"时，对应的发光二极管点亮；当 P2 口的某个引脚为高电平状态"1"时，对应的发光二极管熄灭。为了实现 1 个灯轮流点亮的流水效果，可采用顺序结构编程的方法，向 P2 口依次传送如表 4.4 所示的数据。

为了实现 2 个灯依次点亮的流水效果，向 P2 口依次传送如表 4.5 所示的数据。

表 4.4　1 个灯轮流点亮时输出的数据

显示状态	引脚输出数据								P2 口输出数据
	P2.7	P2.6	P2.5	P2.4	P2.3	P2.2	P2.1	P2.0	
复位状态（全灭）	1	1	1	1	1	1	1	1	FFH
状态 1（LED1 亮）	1	1	1	1	1	1	1	0	FEH
状态 2（LED2 亮）	1	1	1	1	1	1	0	1	FDH
状态 3（LED3 亮）	1	1	1	1	1	0	1	1	FBH
状态 4（LED4 亮）	1	1	1	1	0	1	1	1	F7H
状态 5（LED5 亮）	1	1	1	0	1	1	1	1	EFH
状态 6（LED6 亮）	1	1	0	1	1	1	1	1	DFH
状态 7（LED7 亮）	1	0	1	1	1	1	1	1	BFH
状态 8（LED8 亮）	0	1	1	1	1	1	1	1	7FH

表 4.5　2 个灯轮流点亮时输出的数据

显示状态	引脚输出数据								P2 口输出数据
	P2.7	P2.6	P2.5	P2.4	P2.3	P2.2	P2.1	P2.0	
复位状态（全灭）	1	1	1	1	1	1	1	1	FFH
状态 1（LED1、LED2 亮）	1	1	1	1	1	1	0	0	FCH
状态 2（LED3、LED4 亮）	1	1	1	1	0	0	1	1	F3H
状态 3（LED5、LED6 亮）	1	1	0	0	1	1	1	1	CFH
状态 4（LED7、LED8 亮）	0	0	1	1	1	1	1	1	3FH

【程序下载及调试】

程序 example4-2.c 通过每次改变 P2 端口的输出状态来控制花样流水灯的流水效果，程序思路非常简单，但每次都要计算 P2 端口的输出值，比较累赘，程序效率低。

```
// 程序：example4-2.c
// 功能：按键控制的花样流水灯控制程序
#include <stc89.h>
void delay（unsigned char i）;          // 延时函数声明
void main()                            // 主函数
{ while（1）
  {
  if（P00==1）
  { P2=0xfe;                           // 点亮第 1 个发光二极管
    delay（200）;                       // 延时
    P2=0xfd;                           // 点亮第 2 个发光二极管
```

```
        delay（200）;                      // 延时
        P2=0xfb;                           // 点亮第 3 个发光二极管
        delay（200）;                      // 延时
        P2=0xf7;                           // 点亮第 4 个发光二极管
        delay（200）;                      // 延时
        P2=0xef;                           // 点亮第 5 个发光二极管
        delay（200）;                      // 延时
        P2=0xdf;                           // 点亮第 6 个发光二极管
        delay（200）;                      // 延时
        P2=0xbf;                           // 点亮第 7 个发光二极管
        delay（200）;                      // 延时
        P2=0x7f;                           // 点亮第 8 个发光二极管
        delay（200）;                      // 延时
    }
  else
    { P2=0xff;                             // 全灭
      delay（250）;                        // 延时
      P2=0xfc;                             // 点亮第 1、2 个发光二极管
      delay（250）;                        // 延时
      P2=0xf3;                             // 点亮第 3、4 个发光二极管
      delay（250）;                        // 延时
      P2=0xcf;                             // 点亮第 5、6 个发光二极管
      delay（250）;                        // 延时
      P2=0x3f;                             // 点亮第 7、8 个发光二极管
      delay（250）;                        // 延时
    }
  }
}
// 函数名：delay
// 函数功能：实现软件延时
// 形式参数：unsigned char i;
//i 控制空循环的外循环次数，共循环 i*255 次
// 返回值：无
void  delay（unsigned char i）             // 延时函数，无符号字符型变量 i 为形式参数
{
  unsigned char j, k;                      // 定义无符号字符型变量 j 和 k
```

```
    for（k=0；k<i；k++）          // 双重 for 循环语句实现软件延时
      for（j=0；j<255；j++）；
}
```

利用 C 语言的循环语句，能使程序变得容易。程序 example4-3.c 是采用循环结构实现按键控制的花样流水灯程序，源程序如下：

```
// 程序：example4-3.c
// 功能：采用循环结构实现的按键控制的花样流水灯控制程序
#include <stc89.h>                   // 包含头文件 stc89.h
void delay（unsigned char i）；        // 延时函数声明
void main()                         // 主函数
{ unsigned char i, w;                // 定义 2 个无符号字符型变量 i, w
  while（1）{
   if（P00==1）
     { w=0x01;                      // 一个灯流水显示字的初始值
     for（i=0；i<8；i++）
       {P2= ~ w;                    // 显示字取反后，送 P1 口
        delay（200）；               // 延时
        w<<=1;                      // 显示字左移一位
       }
      }
   else
     {     w=0x03;                   //2 个灯流水显示字的初始值
     for（i=0；i<4；i++）
       {P2= ~ w;                    // 显示字取反后，送 P1 口
        delay（200）；               // 延时
        w<<=2;                      // 显示字左移 2 位
       }
     }
   }
}
// 函数名：delay
// 函数功能：实现软件延时
// 形式参数：unsigned char i;
//i 控制空循环的外循环次数，共循环 i*255 次
// 返回值：无
void  delay（unsigned char i）        // 延时函数，无符号字符型变量 i 为形式参数
{
  unsigned char j, k;                // 定义无符号字符型变量 j 和 k
  for（k=0；k<i；k++）                // 双重 for 循环语句实现软件延时
```

```
    for ( j=0; j<255; j + + );
}
```

分析：

比较程序 example4-2.c 和 example4-3.c 可以看出，顺序结构程序思路直观，简单易读，是初学者最容易实现的程序设计方法。但程序代码较长，如下类似的程序段重复出现了 8 次：

```
P2=0xfe;                            //点亮第 1 个发光二极管
delay（200）;                        //延时
```

每次重复时，只是送到 P2 口的值不同，因此，可以考虑采用循环程序结构来实现。

程序 example4-3.c，采用双重循环结构实现，外循环为 while(1)无限循环，内循环为 for 循环，实现流水灯一次扫描效果（从 P2.0 ～ P2.7），循环次数为 8 次。显然，循环程序更加简捷，代码效率高。

小提示：

程序 example4-3.c 中，语句：

```
P2= ~ w;
w<<=1;
```

"~" 是按位取反运算符，它将变量 w 中的值按位取反。执行该语句之前 w 的值为 01H（二进制 00000001B），那么执行该语句后，P2 的内容为 FEH（二进制 11111110B）。

"w<<=1;" 语句是一个复合赋值表达式，等同于语句 "w=w<<1;"。

"<<" 是左移运算符，它将 w 的内容左移一位，再送回变量 w 中，若 w 原来的内容为 01H（二进制数 00000001B），执行该语句后，变量 w 的内容为 02H（二进制数 00000010B）。

【程序运行与测试】

把源程序 example4-2.c 和 example4-3.c 分别编译、链接后，再分别下载到单片机中，按照图 4.4 连接按键 S1，运行，将观察到以下效果：

断开按键 S1：1 个 LED 发光二极管从下往上，依次点亮后熄灭（1 个 LED 的流水灯）。

接通按键 S1：相邻 2 个 LED 发光二极管从下往上，依次点亮后熄灭（2 个 LED 的流水灯）。

说明：按键 S1 需要在单片机实训电路板上外接，最简便的方法就是用一条杜邦线，一头连接单片机 P0.0 引脚的插针，一头连接单片机实训电路板的 J7 插针，通过连接、断开杜邦线实现按键按下、松开的功能。可以参考项目 4 任务 3 中图 4.14 所示的简易八音符声光电子琴控制的硬件电路。

试一试：

如果将主函数中 delay() 函数的实际参数修改为 257，即将语句 "delay（200）;" 修改为 "delay（257）;"，再次编译运行源程序，则出现了 8 个灯全部点亮的效果。

因为 delay 函数形式参数的数据类型定义为 unsigned char，系统只为其分配 8 个位的数据空间存储，其数值范围是 0 ~ 255，调用该函数时实际参数必须与形式参数一致，而 257，其对应的二进制数为：1 0000 0001，超过了 8 位二进制数据的存储空间，需要占用 9 个二进制数据位，即超过了形式参数 i 定义的范围，所以编译器编译源程序时就会丢掉超过 8 位的数据位，剩下的二进制数据则变成了：0000 0001，为十进制数据 1，所以，delay（257）就等效于 delay（1），大大缩短了延时子程序中的循环次数，加上眼睛"视觉暂留"的原因，就出现了 8 个灯全部点亮的效果。

因此，在程序设计中，必须注意变量定义的数据类型。

【任务小结】

本任务分别采用顺序结构和循环结构实现了流水灯控制程序，让读者进一步理解 C51 结构化程序的设计方法，同时熟悉了 C 语言的基本语句，初步了解 C 语言的数据移位、取反等运算操作。

4.2 C 语言的基本语句

C 语言程序的执行部分由语句组成。C 语言提供了丰富的程序控制语句，按照结构化程序设计的基本结构：顺序结构、选择结构和循环结构，组成各种复杂程序。这些语句主要包括表达式语句、复合语句、选择语句和循环语句等。

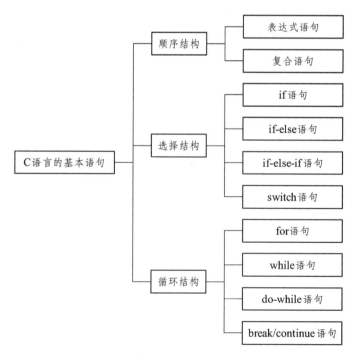

图 4.5　C 语言的基本语句知识结构

4.2.1　表达式语句和复合语句

1. 表达式语句

表达式语句是最基本的 C 语言语句。表达式语句由表达式加上分号";"组成。其一般形式如下：

```
表达式
```

执行表达式语句就是计算表达式的值。例如：

```
P2=0x00;                  //赋值语句，将 P2 口的 8 位引脚清零
P20=0;
i=i + 1;
i + + ;                   //自增语句，i 增 1 后，再赋给变量 i
```

在 C 语言中有一个特殊的表达式语句，称为空语句。空语句中只有一个分号";"，程序执行空语句时需要占用一条指令的执行时间，但是什么也不做。在 C51 程序中常常把空语句作为循环体，用于消耗 CPU 时间等待事件发生的场合。例如，在 delay() 延时函数中，有下面语句：

```
tor（k=0；k<i；k + + ）;
for（j=0；j<255；j + + ）;
```

上面的 for 语句后面的";"是一条空语句，作为循环体出现。

小提示：

（1）表达式是由运算符及运算对象所组成的、具有特定含义的式子，如"y + z"。C 语言是一种表达式语言，表达式后面加上分号";"就构成了表达式语句，如"y + z;"。C 语言中的表达式与表达式语句的区别就是前者没有分号";"而后者有";"。

（2）在 while 或 for 构成的循环语句后面加一个分号，构成一个不执行任何操作的空循环体。例如：

```
while（1）;
```

上面语句循环条件永远为真，是无限循环；循环体为空，什么也不做。程序设计时，通常把该语句作为停机语句使用。

---

2. 复合语句

把多个语句用大括号 {} 括起来，组合在一起形成具有一定功能的模块，这种由若干条语句组合而成的语句块称为复合语句。<u>在程序中应把复合语句看成是单条语句，而不是多条语句</u>。

复合语句在程序运行时，{} 中的各行单语句是依次顺序执行的。在 C 语言的函数中，函数体就是一个复合语句，例如，程序 example4-2.c 的主函数中就包含 4 个复合语句：

```
void main()
{ while（1）                    //main 函数体的复合语句，第1个复合语句

  {                            //while 循环体的复合语句，第2个复合语句

  if（P00==1）
  {P2=0xfe;                    // if 语句执行内容的复合语句，第3个复合语句
   …
   …
    delay（200）；
  }
  else
  {P2=0xff;                    //else 执行内容的复合语句，第4个复合语句
   …
   …
  }
  }
}
```

在上面的这段程序中，组成 main() 函数体的复合语句内还嵌套了组成 while() 循环体的复合语句，while() 循环体的复合语句又嵌套了 if...else 条件语句执行内容的 2 个复合语句。所以，复合语句是允许嵌套的，也就是说，在 {} 中的 {} 就是嵌套的复合语句。

复合语句内的各条语句都必须以分号"；"结尾，复合语句之间用 {} 分隔，在括号"}"之后，不能加分号（初学者特别要注意）。

小提示：

复合语句不仅可由可执行语句组成，还可由变量定义语句组成。在复合语句中所定义的变量，称为局部变量，它的有效范围只在复合语句中有效。函数体是复合语句，所以函数体内定义的变量，其有效范围也只在函数内部有效。程序 example4-2.c 中的 delay() 函数体内定义的变量 j 和 k 的有效使用范围局限在 delay() 函数内部，与其他函数无关。

4.2.2　选择语句

可以看到，在程序 example4-2.c 中使用了以下 if 条件语句：

```
    if（P00==1）                    // 如果 P00 等于 1，条件成立，执行下面的复合语句
       {P2=0xfe；
        …
        delay（200）；
       }
    else                          // 如果 P00 不等于 1，条件不成立，则执行下面的复合语句
       {P2=0xff；
        …
       }
```

执行这条语句时，先判断表达式"P00==1"是否成立，即读取 P00 引脚的状态，并判断其是否为 1，如果条件成立，则执行后面的复合语句"{P2=0xfe；…}"；如果条件不成立，则执行 else 后面的语句"{P2=0xff；…}"。

小提示：

　　表达式"P00==1"中的运算符"=="为"相等"关系运算符，当"=="左右两边的值相等时，该关系表达式的值为"真"，否则为"假"。

可以看出，处理实际问题时总是伴随着逻辑判断或条件选择，程序设计时就要根据给定的条件进行判断，从而选择不同的处理路径。对给定的条件进行判断，并根据判断结果选择应执行操作的程序，称为选择结构程序。

在 C 语言中，选择结构程序设计一般用 if 语句或 switch 语句来实现。if 语句又有 if，if-else 和 if-else-if 三种不同的形式，下面分别进行介绍。

1. 基本 if 语句

基本 if 语句的格式如下：

```
if（表达式）
   {
      语句组；
   }
```

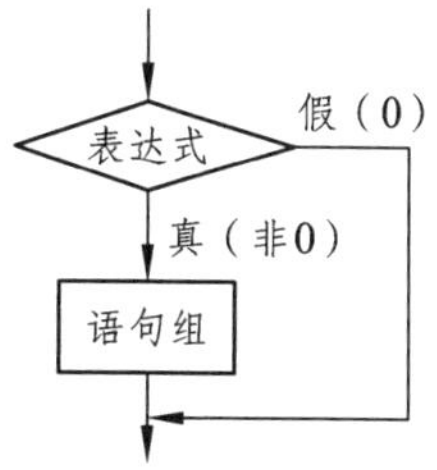

if 语句的执行过程：当"表达式"的结果为"真"时，执行其后的"语句组"，否则跳过该语句组，继续执行下面的语句。执行过程如图 4.6 所示。

图 4.6　if 语句的执行流程

小提示：

　　（1）if 语句中的"表达式"通常为逻辑表达式或关系表达式，也可以是任何其他的表达式或类型数据，只要表达式的值非 0 即为"真"，例如，以下语句都是合法的：

```
if（3）{......}
if（x=8）{......}
if（P00）{......}
```

（2）在 if 语句中，表示条件的"表达式"，必须用括号括起来。

（3）在 if 语句中，花括号"{}"里面的语句组，如果只有一条语句，可以省略花括号。但是为了提高程序的可读性和防止程序书写错误，建议在任何情况下，都加上花括号。

2．if-else 语句

```
if（表达式）
    {
      语句组 1；
    }
else
    {
      语句组 2；
    }
```

if-else 语句的执行过程：当"表达式"的结果为"真"时，执行其后的"语句组 1"，否则执行"语句组 2"。程序 example4-2.c 和 example4-3.c 都使用了该语句，其都执行过程如图 4.7 所示。

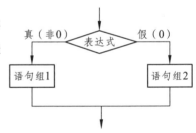

图 4.7　if-else 语句的执行流程

3．if-else-if 语句

if-else-if 语句是由 if else 语句组成的嵌套，用于实现多个条件分支的选择，其一般格式如下：

```
if（表达式 1）
    {
      语句组 1；
    }
  else if（表达式 2）
    {
      语句组 2；
    }
      ......
  else if（表达式 n）
```

```
        {
          语句组 n;
        }
      else
        {
          语句组 n + 1;
        }
```

执行语句时，依次判断"表达式 n"的值，当"表达式 n"的值为"真"时，执行其对应的"语句组 n"，跳过剩余的 if 语句组，继续执行该语句的下一个语句。如果所有表达式的值均为"假"，则执行最后一个 else 后的"语句组 $n + 1$"，然后再继续执行其下面的一个语句，执行过程如图 4.8 所示。

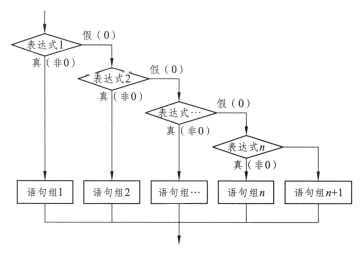

图 4.8   if-else-if 语句的执行流程

小提示：

（1）else 语句是 if 语句的子句，它是 if 语句的一部分，不能单独使用。

（2）else 语句总是与在它上面跟它最近的 if 语句相配对。

4．switch 语句

if 语句一般用作单一条件或分支数目较少的场合。如果使用 if 语句来编写超过 3 个以上分支的程序，就会降低程序的可读性。C 语言提供了一种用于多分支选择的 switch 语句，其一般形式如下：

```
switch（表达式）
{
```

```
    case 常量表达式 1：语句组 1；break
    case 常量表达式 2：语句组 2；break
    ……
    case 常量表达式 n：语句组 n；break
    default　　：语句组 n + 1
}
```

该语句的执行过程是：首先计算表达式的值，并逐个与 case 后的常量表达式的值相比较，当表达式的值与某个常量表达式的值相等时，则执行对应该常量表达式后的语句组，再执行 break 语句，跳出 switch 语句的执行，继续执行下一条语句。如果表达式的值与所有 case 后的常量表达式均不同，则执行 default 后的语句组。

小提示：

　　（1）在 case 后的各常量表达式的值不能相同，否则会出现同一个条件有多种执行方案的矛盾。

　　（2）在 case 语句后，允许有多个语句，可以不用 {} 括起来。例如：

```
case0: p00=1; p01=0; break;
```

　　（3）case 和 default 语句的先后顺序可以改变，不会影响程序的执行结果。

　　（4）"case 常量表达式"只相当于一个语句标号，表达式的值和某标号相等则转向该标号执行，但在执行完该标号后面的语句后，不会自动跳出整个 switch 语句，而是继续执行后面的 case 语句。因此，使用 switch 语句时，要在每一个 case 语句后面加上 break 语句，使得执行完该 case 语句后可以跳出整个 switch 语句的执行。

　　（5）default 语句是在不满足 case 语句情况下的一个默认执行语句。如果 default 语句后面是空语句表示不做任何处理，可以省略。

4.2.3　循环语句

在结构化程序设计中，循环程序结构是一种很重要的程序结构，几乎所有的应用程序都会包含循环结构。

循环程序的作用是：对给定的条件进行判断，当给定的条件成立时，重复执行给定的程序段，直到条件不成立时为止。给定的条件称为循环条件，需要重复执行的程序段称为循环体。

前面介绍的 delay() 函数中使用了双重 for 循环，其循环体为空语句，用来消耗 CPU 时间来产生延时效果，这种延时方法称为软件延时。软件延时的缺点是占用 CPU 时间，使得 CPU 在延时过程中不能做其他事情。解决的方法是使用单片机中的硬件定时器实现延时功能。

在 C 语言中，可以用下面 3 个语句来实现循环程序结构：while 语句、do-while 语句和 for 语句，下面分别对它们加以介绍。

1．while 语句

while 语句用来实现"当型"循环结构，即当条件为"真"时，就执行循环体。while 语句的一般形式为：

```
while（表达式）
    {
      语句组；　　//循环体
    }
```

其中，"表达式"通常是逻辑表达式或关系表达式，为循环条件，"语句组"是循环体，即被重复执行的程序段。该语句的执行过程是：首先计算"表达式"的值，当值为"真"（非 0）时，执行循环体"语句组"，流程图如图 4.9 所示。

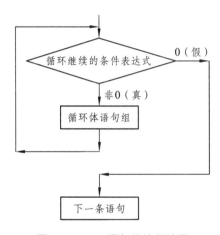

图 4.9　while 语句的执行流程

小提示：

（1）使用 while 语句时要注意，当表达式的值为"真"时，执行循环体，循环体执行一次完成后，再次回到 while 进行循环条件判断，如果仍然为"真"，则重复执行循环体，值为"假"时，则退出整个 while 循环语句。

（2）如果循环条件一开始就为假，那么 while 后面的循环体一次都不会被执行。

（3）如果循环条件总为真，如 while（1），表达式为常量"1"，非 0 即为"真"，循环条件永远成立，则为无限循环，即死循环。

在单片机 C 语言程序设计中，无限循环是一个非常有用的语句，在本章所有程序中都使用了该语句。

（4）除非特殊应用的情况，在使用 while 语句进行循环程序设计时，通常循环体内包含修改循环条件的语句，以使循环逐渐趋于结束，避免出现死循环。

在循环程序设计中，要特别注意循环的边界问题，即循环的初值和终值要非常明确。例如，下面的程序段是求整数 1 ~ 100 的累加和，变量 i 的取值范围为 1 ~ 100，所以，初值设为 1，while 语句的条件为"i<=100"，符号"<="为关系运算符"小于等于"。

```
main()
  {
    int i, sum;              // 循环控制变量 i 初始值为 1
     i=1;                    // 累加和变量 sum 初始值为 0
     sum=0;
    while（i<=100）
       {
        sum=sum + i;         // 累加和
        i + +;               //i 增 1，修改循环控制变量
       }
  }
```

2. do-while 语句

前面所述的 while 语句是在执行循环体之前判断循环条件，如果条件不成立，则该循环不会被执行。实际情况往往需要先执行一次循环体后，再进行循环条件的判断，"直到型"do-while 语句可以满足这种要求。

do-while 语句的一般格式如：

```
    do
     {
        语句组；            // 循环体
    }while（表达式）；
```

该语句的执行过程是：先执行循环体"语句组"一次，再计算"表达式"的值。如果"表达式"的值为"真"（非 0），继续执行循环体"语句组"，直到表达式为"假"（0）为止。do while 流程如图 4.10 所示。

用 do-while 语句来实现无限循环，程序如下：

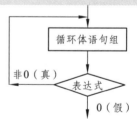

图 4.10　do-while 语句的执行流程

```
 do
  {
  ;
  }while（1）；
```

用 do-while 语句求 1 ~ 100 的累加和，程序如下：

```
main()
{
    int i=1;              // 循环控制变量 i 初始值为 1
    int sum=0;            // 累加变量 sum 初始值为 0
        do
        {
        sum=sum + i;     // 累加和
         i + + ;         //i 增 1，修改循环控制变量
        }while（i<=100）;
}
```

可以看到，同样一个问题，既可用 while 语句，也可以用 do-while 语句实现，二者的循环体“语句组”部分相同，运行结果也相同。区别在于：do-while 语句是先执行、后判断，而 while 语句是先判断、后执行。如果条件一开始就不满足，do-while 语句至少要执行一次循环体，而 while 语句的循环体则一次也不执行。

3．for 语句

在函数 delay() 中使用两个 for 语句，实现了双重循环，重复执行若干次空语句循环体，以达到延时的目的。在 C 语言中，当循环次数明确的时候使用 for 语句比 while、do-while 语句更为方便。for 语句的一般格式如下：

```
for（循环变量赋初值；循环条件；修改循环变量）
    {
    语句组；// 循环体
    }
```

关键字 for 后面的圆括号内通常包括 3 个表达式：循环变量赋初值、循环条件和修改循环变量，3 个表达式之间用“；”隔开。花括号内是循环体“语句组”。for 语句的执行过程如下：

（1）先执行第 1 个表达式，给循环变量赋初值，通常这里是一个赋值表达式，如 k=0。

（2）利用第 2 个表达式判断循环条件是否满足，通常是关系表达式如“k<100”或逻辑表达式如“k<100||j>50”，若其值为“真”（非 0），则执行循环体“语句组”一次，再执行下面第 3 步；若其值为“假”（0），则转到第（5）步循环结束。

（3）计算第 3 个表达式，修改循环控制变量，一般也是赋值语句，如“k=k+1”。

（4）跳到上面第（2）步继续执行。

（5）循环结束，执行 for 语句下面的一个语句。

以上过程用流程图表示如图 4.11 所示。

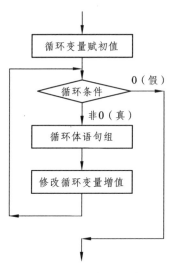

图 4.11　for 语句执行流程

用 for 语句求 1 ~ 100 累加和，程序如下：

```
main()
  {
    int i;
    int sum=0;                    // 累加和变量 sum 初始值为 0
    for（i=1; i<=100; i++）
  {
  sum=sum + i;
    }
  }
```

上面 for 语句的执行过程如下：先给 i 赋初值 1，判断 i 是否小于等于 100，若是，则执行循环体 "sum=sum + i;" 语句一次，然后 i 加 1 再重新判断，直到 i=101 时，条件 i<=100 不成立，循环结束。该语句相当于以下 while 语句：

```
i=1;
  while（i<=100）
  {
  sum=sum + i;
  i++;
  }
```

因此，for 语句的一般形式也可以改写为：

```
表达式1；
    // 循环变童赋值
while（表达式2）          // 循环条件判断
{
语句组：               // 循环体
表达式3：               // 修改循环控制变量
}
```

比较 for 语句和 while 语句，显然用 for 语句更加简捷方便。

小提示：

（1）进行 C51 单片机应用程序设计时，无限循环也可以采用以下 for 语句实现：

```
for（；；）
{
  语句组；       // 循环体
}
```

此时，for 语句的小括号内只有 2 个分号，3 个表达式全部为空语句，意味着没有设初值，不判断循环的条件，循环变量不改变，其作用相当于 while（1），构成一个无限循环过程。

（2）赋初值表达式可以由多个表达式组成，用逗号隔开。

以下两条语句：

```
int sum=0；        // 累加和变量 sum 初始值为 0
for（i=1；i<=100；i + +）{.....}
```

可以合并为如下一个语句：

```
for（sum=0，i=1；i<=100；i + +）{......}
```

（3）for 语句中的 3 个表达式都是可选项，即可以省略，但必须保留"；"。

如果在 for 语句外已经给循环变量赋了初值，通常可以省去第一个表达式"循环变量赋初值"，例如：

```
int i=1，sum=0；
for（；i<=100；i + +）
{
  sum=sum + i；
}
```

如果省略第 2 个表达式"循环条件"，则不进行循环结束条件的判断，循环将无休止执行下去而成为死循环，这时通常应在循环体中设法结束循环。例如：

```
int i，sum=0；
for（i=1；；i + +）
```

```
    {
    if（i>100）break;        当 i>100 时，结束 for 循环
    sum=sum + i;
    }
```

如果省略第 3 个表达式"修改循环变量"，可在循环体语句组中加入修改循环控制变量的语句，保证程序能够正常结束。例如：

```
int i, sum=0;
for（i=; i<=100; ）
{
  sum=sum + i;
  i + +;   // 循环变量 i=i + 1
}
```

（4）while, do-while 和 for 语句都可以用来处理相同的问题，一般可以互相代替。for 语句主要用于给定循环变量初值、循环次数明确的循环结构，而要在循环过程中才能确定循环次数及循环控制条件的问题用 while, do-while 语句更加方便。

4．循环的嵌套

循环嵌套是指一个循环（称为"外循环"）的循环体内包含另一个循环（称为"内循环"）。内循环的循环体内还可以包含循环，形成多层循环。while, do-while 和 for 三种循环结构可以互相嵌套。

例如，延时函数 delay() 中使用的双重 for 循环语句，外循环的循环变量是 k，其循环体又是以 i 为循环变量的 for 语句，这个 for 语句就是内循环。内循环体是一条空语句。

5．在循环体中使用 break 和 continue 语句

（1）break 语句。

break 语句通常用在循环语句和 switch 语句中。在 switch 语句中使用 break 语句时，程序跳出 switch 语句，继续执行其后的语句。

当 break 语句用于 while, do-while, for 循环语句中时，不论循环条件是否满足，都可使程序立即终止整个循环而执行后面的语句。通常 break 语句总是与 if 语句一起使用，即满足 if 语句中给出的条件时便跳出循环。

例如，执行如下程序段：

```
void main()
{
  int i=0, sum=0;
  for（i=1; ; i + +）        // 设置 for 循环
  {
    if（i>10）break;
    sum=sum + 1;          // 判断条件是否满足，如果满足则退出循环
```

```
        }
    }
```

（2）continue 语句。

continue 语句的作用是跳过循环体中剩余的语句而结束本次循环，强行执行下一次循环，它与 break 语句的不同之处是：break 语句是直接结束整个循环语句，而 continue 则是停止当前循环体的执行，跳过循环体中余下的语句，再次进入循环条件判断，准备继续开始下一次循环体的执行。

continue 语句只能用在 for、while、do-while 等循环体中，通常与 if 条件语句一起使用，用来加速循环结束。

continue 语句与 break 语句的区别如下：

```
循环变量赋初值:                    循环变量赋初值:
while（循环条件）                   while（循环条件）
  {……                           {……
    语句组 1:                        语句组 1;
    修改循环变量:                    修改循环变量;
    if（表达式）break;              if（表达式）continue;
    语句组 2:                        语句组 2;
  }                              }
```

continue 语句与 break 语句的执行过程的区别如图 4.12 所示。

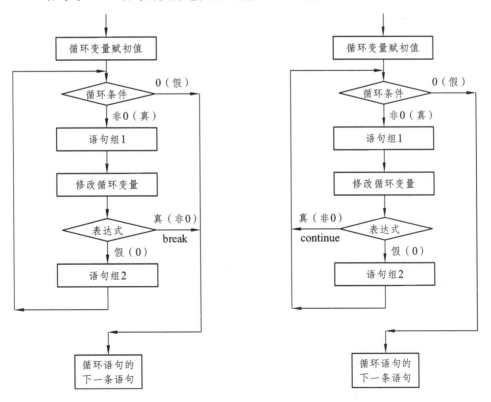

图 4.12　continue 和 break 语句的执行过程比较

下面的程序段将求出 1 ～ 100 所有不能被 5 整除的整数之和。

```
void main()
{ int i, sum;
  sum=0；,
  for（i=1；i<=100；i++）    // 设置 for 循环
  {
  if（i%5==0）continue；      // 若 i 对 5 取余运算，且结果为 0，即 i 能被 5 整除
                            // 执行 continue 语句，跳过下面求和语句，程序继续执行 for 循环
                            // 如果 i 不能被 5 整除，则执行求和语句
  sum=sum + i;
  }
}
```

小提示：

　　算术运算符 "%" 为取余运算符，要求参与运算的量均为整数，运算结果等于两数相除之后的余数。

任务 4-3　简易八音符声光电子琴控制

【任务目的】

（1）在单片机实训电路板上，实现一个带指示灯的简易八音符电子琴控制。

（2）掌握 C 语言的数据类型、常量和变量、运算符和表达式。

（3）了解单片机应用系统中外部驱动电路（以蜂鸣器为例）的工作原理。

（4）进一步熟悉 Keil uVision 和 STC-ISP 软件的使用。

【任务要求】

（1）利用单片机实训电路板，模拟实现一个带指示灯的简易八音符电子琴控制。

（2）如果没有按键按下或者按下两个及以上的按键时，电子琴处于音乐播放状态，蜂鸣器以某一固定的音调发声，同时指示灯以某一固定的频率闪烁。

（3）任意时刻，按下 8 个按键中的任意一个，蜂鸣器能发出音调不同的声音，同时其对应指示灯闪烁（音调越高，其闪烁频率越快）。

【电路元件与电路原理图】

蜂鸣器实物图如图 4.13 所示，它是一种一体化结构的电子讯响器，广泛应用于计算机、打印机等电子产品中作为发声器件。蜂鸣器主要分为压电式蜂鸣器和电磁式蜂鸣器两种类型，其发声原理是电流通过电磁线圈，使电磁线圈产生磁场来驱动振动膜发声，因此需要一定的电流才能驱动发声。

图 4.13　蜂鸣器

蜂鸣器从结构上分为有源和无源两种，这里的"源"不是指电源，而是指振荡源。有源蜂鸣器内部带振荡器，只要一通电就会响；而无源蜂鸣器内部不带振荡源，所以用直流信号驱动它时，不会发出声音，必须用一个方波信号驱动（简单地说，方波信号就是一会接通、一会断开的周期信号），频率一般为 2 ~ 5 kHz。

无论是有源蜂鸣器还是无源蜂鸣器，都可以通过单片机驱动信号来使它发出不同音调的声音。通过改变信号的频率，可以调整蜂鸣器的音调，频率越高，音调越高；另外，改变驱动信号的高低电平占空比，则可以控制蜂鸣器的声音大小。

因此，可以通过控制驱动信号的输出来使蜂鸣器演奏各种音乐。

由于单片机 I/O 引脚输出电流较小，单片机输出的 TTL 电平很难驱动蜂鸣器，因此需要增加一个电流放大电路。通常，可以通过一个三极管来放大输出电流驱动蜂鸣器，如图 4.14 左半部分所示的 P3.0 端口连接的蜂鸣器驱动电路。

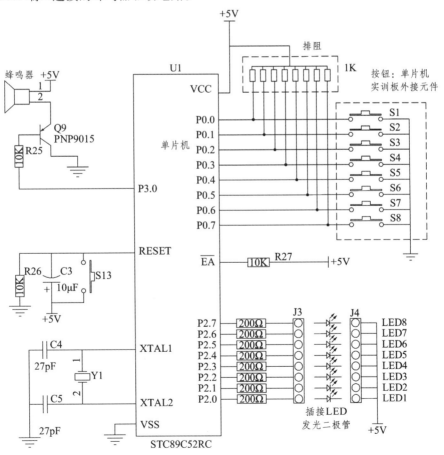

图 4.14　简易八音符声光电子琴控制电路原理图

设计简易八音符声光电子琴控制电路原理图如图 4.14 所示，主要由 8 位按键输入电路、8 个指示灯输出电路、一个蜂鸣器输出驱动电路、复位电路、时钟电路、电源等组成。

说明：图 4.14 中所示的 S1 ~ S8 的 8 位按键输入电路，因使用的是单片机 P0 端口，其内部无上拉电阻，为了保证当按键没接通时 P0 对应的端口有高电平信号，所以外部电路中另接了上拉电阻。如果使用单片机 P1、P2 或者 P3 端口，就不需要再另接上拉电阻了。

【电路连接与程序运行与测试】

（1）电路连接：

分析图 1.2 单片机实训电路板原理图可知，单片机实训电路板已经包含了图 4.14 所示的时钟电路、复位电路、电源、蜂鸣器电路及 8 个指示灯输出电路，而且 P0 口的 8 个上拉电阻，电路板也用 1K 的电阻排替代了，因此，整个电路只需要连接 S1 ~ S8 共 8 个按键。

根据任务控制要求可知，本系统中，同一时刻只有一个按键是接通的（如果有多个或者没有一个按键接通，蜂鸣器和指示灯都执行"default：delaytime=100；break；"的默认功能），所以在实际连接中，将一根杜邦线（两端都为母接头）的一母接头端插入单片机电路板 J7 的 0 V 插针，而将杜邦线的另一母接头端分别插入 P0.0 ~ P0.7 端口对应的插针上，模拟按键 S1 ~ S8 的接通。本任务的电路连接及相关硬件如图 4.15 所示。

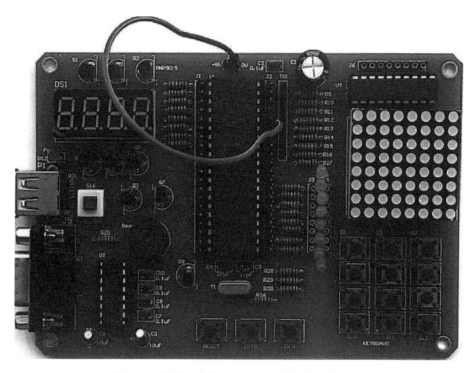

图 4.15　简易八音符声光电子琴控制的硬件电路

（2）程序运行与测试：

控制程序如 example4-4.c 所示，将 example4-4.c 源程序输入完成后，进行编译、链接，生成二进制代码文件 example4-4.hex，然后将二进制代码文件下载到 STC89C52 单片机的程序存储器中。

简易八音符声光电子琴控制的程序流程如图 4.16 所示。先读取 P0.0 ~ P0.7 引脚的按键状态值 "取反后" 给 temp，然后利用 "switch-case" 语句，根据 temp 值，确定蜂鸣器驱动信号的频率控制值 delaytime（即蜂鸣器的音调），然后根据 delaytime 值，控制蜂鸣器通断和指示灯闪烁的频率。

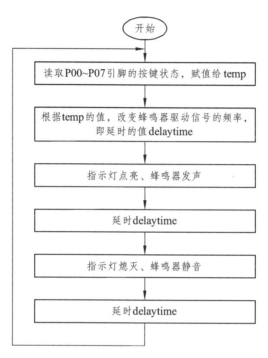

图 4.16　简易八音符声光电子琴控制程序流程

在程序调试中发现，为了使蜂鸣器获得比较高的音调，蜂鸣器通断的频率要求稍快，即 delaytime 的延时值要比较小，这样就造成了指示灯闪烁的频率也同样较快，由于人眼 "视觉暂留" 的原因，会导致出现指示灯一直是点亮的 "错觉"，所以，程序中设置了一个变量 times，利用 "%" 取余的操作（"times%40"），使指示灯的闪烁频率降低为蜂鸣器频率的 1/40。程序段 "if（times%40==0）　　P2=P0;" 意思是如果 times 为 40 的倍数，则执行 "P2=P0" 指示灯点亮的语句，否则直接执行后面的 "P2=0xff" 指示灯熄灭的语句。

程序段 "if（P0==0xff）　　P2=0x00;"，仅仅是为了实现在开始没有任何按键按下的情况下，8 个指示灯同时闪烁的效果。

用杜邦线连接电路，测试结果。当 P0 端口无任何按键接通或者同时接通两个及以上按键时，蜂鸣器发出低沉 "嘀嗒嘀嗒" 的声音，同时 8 个指示灯同步闪烁；当按键 S1 ~ S8 依次单独接通时，蜂鸣器发出音调逐渐变低的声音，同时连接在 P2.0 ~ P2.7 端口的单个指示灯闪烁。不断地接通、断开 S1 ~ S8 按键，蜂鸣器就发出音调变化的声音，同时伴随着不同指示灯的闪烁，从而实现了带指示灯的简易八个音符电子琴的功能。通过调节 "case" 语句后 delaytime 的具体值，能使蜂鸣器发出 "哆、唻、咪、发、嗦、啦、西" 的准确音符。

简易八音符声光电子琴控制源程序代码：

```
// 程序：example4-4.c
// 功能：简易八音符声光电子琴控制程序
// 本程序通过控制连接在 P3.0 口的蜂鸣器的通断频率，实现蜂鸣器发出不同音符的功能
#include <stc89.h>                    // 包含头文件 stc89.h
void delay（unsigned char i）；         // 延时函数声明
sbit beep=P3^0；                      // beep 相当于 P30
void main()                          // 主函数
{
  unsigned char delaytime；           // 定义变量 delaytime，用于调节延时时间
  unsigned char temp；                // 定义变量 temp，用于暂存中间值
  unsigned int times=0；              // 定义变量，记录程序运行的次数
  while（1）
  {
  times=times + 1；                   // 每执行一次 while 循环体，times 值加 1。此变量用于后面程序段
                                      // 将指示灯闪烁频率相对于蜂鸣器通断频率降低 40 倍
                                      // 以避免"视觉暂留"造成指示灯一直点亮的错误
    if（times>65500）times=0；         //while 循环一定次数，times 清零
     temp= ~ P0；
    switch（temp）
    { case 0x01：delaytime=1；break；   //delaytime 值不同，蜂鸣器通断的频率就不同
      case 0x02：delaytime=2；break；   // 蜂鸣器发出的音调就不同
      case 0x04：delaytime=3；break；
      case 0x08：delaytime=4；break；
      case 0x10：delaytime=5；break；
      case 0x20：delaytime=6；break；
      case 0x40：delaytime=7；break；
      case 0x80：delaytime=8；break；
      default：delaytime=100；break；
    }
    if（P0==0xff）      P2=0x00；      // 当没有任何按键按下的时候，8 个指示灯全点亮
     else if（times%40==0）           // 有按键按下，且 while 循环体每执行 40 次，才点亮 P2
                                      // 相应的指示灯
       P2=P0；       // 用于降低闪烁的频率，否则，因"视觉暂留"，指示灯看上去会一直点亮
    beep=1；                          // 蜂鸣器发声
```

```
    delay（delaytime）；               // 蜂鸣器发声延时
    beep=0；                          // 蜂鸣器静音
    P2=0xff；                         // 指示灯熄灭，实现闪烁
    delay（delaytime）；               // 蜂鸣器静音延时
    }
}
// 函数名：delay
// 函数功能：实现软件延时
// 形式参数：unsigned char i；
//i 控制空循环的外循环次数，共循环 i*255 次
// 返回值：无
void  delay（unsigned char i）        // 延时函数，无符号字符型变量 i 为形式参数
{
    unsigned char j, k；              // 定义无符号字符型变量 j 和 k
    for（k=0；k<i；k + +）             // 双重 for 循环语句实现软件延时
     for（j=0；j<255；j + +）；
    }
```

【任务小结】

本任务利用 8 个按键分别控制蜂鸣器发出 8 种不同的音符，达到模拟简易电子琴弹奏的效果，同时，具备了不同音符的光电指示功能。

通过实现本任务，使读者进一步理解 MCS-51 系列单片机 I/O 端口读写操作的硬件知识，更熟悉 C 语言基本语句、复合语句、"if-else-if" "switch-case" 条件选择语句和"while" "for" 循环语句的使用方法，同时，进一步了解了 C 语言的数据类型、常量和变量、运算符和表达式的相关知识，同时熟悉了利用基本语句进行结构化程序设计的方法。

4.3　C 语言数据与运算

C51 是一种专门为 MCS-51 系列单片机设计的 C 语言编译器，支持 ANSI 标准的 C 语言程序设计，同时根据 8051 单片机的特点做了一些特殊扩展。C51 编译器把数据分成了多种数据类型，并提供了丰富的运算符进行数据处理。数据类型、运算符和表达式是 C51 单片机应用程序设计的基础。这里将对其基本数据类型、常量和变量、运算符及表达式进行详细介绍。

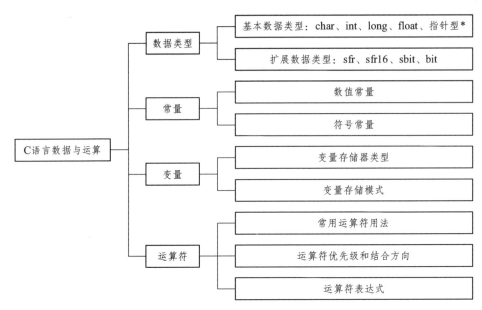

图 4.17　C 语言数据与运算知识结构

4.3.1　数据类型

数据是计算机操作的对象，任何程序设计都要进行数据处理。具有一定格式的数字或数值称为数据，数据的不同格式称为数据类型。

在 C 语言中，数据类型可分为：基本数据类型、构造数据类型、指针类型、空类型四大类，如图 4.18 所示。

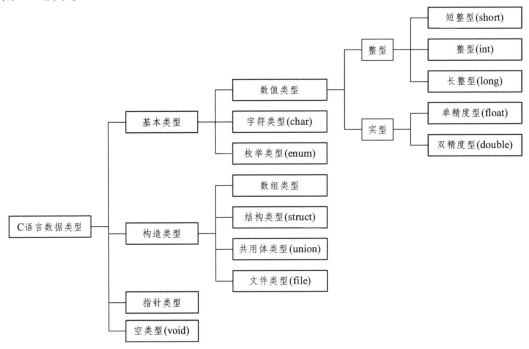

图 4.18　C 语言数据类型分类

在进行 C51 单片机程序设计时，可以使用的数据类型与编译器有关。在 C51 编译器中整型（int）和短整型（short）相同，单精度浮点型（float）和双精度浮点型（double）相同。表 4.6 列出了 Keil uVision C51 编译器所支持的数据类型。

表 4.6　keil uVision4 C51 编译器所支持的数据类型

数据类型	名　称	长　度	值　域
unsigned char	无符号字符型	1 B	0 ~ 255
signed char	有符号字符型	1 B	− 128 ~ + 127
unsigned int	无符号整型	2 B	0 ~ 65 536
signed int	有符号整型	2 B	− 32 768 ~ + 32 767
unsigned long	无符号长整型	4 B	0 ~ 4 294 967 295
signed long	有符号长整型	4 B	− 2 147 483 648 ~ + 2 147 483 647
float	浮点型	4 B	±1.175 494E − 38 ~ ±3.402 823E + 38
*	指针型	1 ~ 3 B	对象的地址
bit	位类型	1 b	0 或 1
sfr	专用寄存器	1 B	0 ~ 255
sfr16	16 位专用寄存器	2 B	0 ~ 65 535
sbit	可寻址位	1 b	0 或 1

注：数据类型中加灰底的部分为 C51 扩充数据类型。B 表示字节 Byte，b 表示位 bit。

1. 字符类型 char

char 类型的数据长度占 1 B（字节），通常用于定义处理字符数据的变量或常量，分为无符号字符类型 unsigned char 和有符号字符类型 signed char，默认为 signed char 类型。

unsigned char 类型为单字节数据，用字节中所有的位来表示数值，可以表达的数值范围是 0 ~ 255。signed char 类型用字节中最高位表示数据的符号，"0" 表示正数，"1" 表示负数，负数用补码表示，所能表示的数值范围是 − 128 ~ + 127。

小提示：

　　在单片机的 C 语言程序设计中，unsigned char 经常用于处理 ASCII 字符或用于处理小于等于 255 的整型数，是使用最为广泛的数据类型。

2. 整型 int

int 整型数据长度占 2 B，用于存放一个双字节数据，分为有符号整型 signed int 和无符号整型 unsigned int，默认为 signed int 类型。

unsigned int 表示的数值范围是 0 ~ 65 535。signed int 表示的数值范围是 − 32 768 ~ +

32 767，字节中最高位表示数据的符号，"0"表示正数，"1"表示负数，负数用补码表示。

如果将 example4-4.c 中的延时函数 delay() 中的形式参数 i，变量 k、j，由 unsigned char 字符型修改为 unsigned int 整型，修改后的延时函数如下：

```
void  delay（unsigned int i）              // 延时函数，无符号整型变量 i 为形式参数
{
  unsigned int j, k;                      // 定义无符号整型变量 j 和 k
  for（k=0；k<i；k + +）                    // 双重 for 循环语句实现软件延时
    for（j=0；j<255；j + +）;
}
```

此时，在主函数中调用 delay() 函数，实际参数的取值范围为 0 ～ 65 535。如果给定实际参数为 500，可以发现延时时间变长了，原因是延时函数中的循环次数增加了，从而延时时间更长了。

小提示：

在程序中使用变量时，要注意不能使该变量的值超过其数值类型的值域。如在上面例子中将变量 i、j 定义为 unsigned char 类型，则 i、j 就只能在 0 ～ 255 取值，因此调用 delay（500）就不能达到预期的延时效果。

3．长整型 long

long 长整型数据长度为 4 B，用于存放一个 4 字节数据，分为有符号长整型 signed long 和无符号长整型 unsigned long 两种，默认为 signed long 类型。unsigned long 表示的数值范围是 0 ～ 4 294 967 295，signed long 表示的数值范围是 − 2 147 483 648 ～ + 2 147 483 647，字节中最高位表示数据的符号，"0"表示正数，"1"表示负数，负数用补码表示。

4．浮点型 float

float 浮点型数据长度为 32 位，占用 4 B。许多复杂的数学表达式都采用浮点数据类型。它用符号位表示数的符号，用阶码与尾数表示数的大小。采用浮点型数据进行任何数学运算时，需要使用由编译器决定的各种不同效率等级的标准函数。C51 浮点变量数据类型的使用格式应符合 IEEE—754 标准的单精度浮点型数据。

5．指针型 *

指针型 * 本身就是一个变量，在这个变量中存放的内容是指向另一个数据的地址。指针变量占据一定的内存单元，对不同的处理器，其长度也不同。在 C51 中它的长度一般为 1 ～ 3 B。

6．位类型 bit

位类型 bit 是 C51 编译器的一种扩充数据类型，利用它可定义一个位类型变量，但不能定义

位指针，也不能定义位数组。它的值是一个二进制位，只有 0 或 1，与某些高级语言的 boolean 类型数据 True 和 False 类似。例如，example3-2.c 程序中，语句 "bit Left，Right；" 就是定义的位变量。

7．特殊功能寄存器 sfr

MCS-51 系列单片机内部定义了 21 个特殊功能寄存器，它们不连续地分布在片内 RAM 的高 128 字节中，地址为 80H ~ FFH。

sfr 也是 C51 扩展的一种数据类型，占用 1 B，值域为 0 ~ 255。利用它可以访问单片机内部的所有 8 位特殊功能寄存器。例如：

sfr P0=0x80；　　　// 定义 P0 为 P0 端口在片内的寄存器，P0 端口地址为 80H
sfr P1=0x90；　　　// 定义 P1 为 P1 端口在片内的寄存器，P1 端口地址为 90H

对 sfr 操作，只能用直接寻址方式，用 sfr 定义特殊功能寄存器地址的格式为：

sfr 特殊功能寄存器名＝特殊功能寄存器地址；

例如：

sfr PSW = 0xd0；
sfr ACC = 0xe0；
sfr B = 0xf0；

小提示：

在关键字 sfr 后面必须跟一个标识符作为寄存器名，名字可任意选取。等号后面是寄存器的地址，必须为 80H ~ FFH 的常数，不允许为带运算符的表达式。

8．16 位特殊功能寄存器 sfr16

在新一代的 MCS-51 系列单片机中，特殊功能寄存器经常组合成 16 位来使用。采用 sfr16 可以定义这种 16 位的特殊功能寄存器。sfr16 也是 C51 扩充的数据类型，占用 2 B，值域为 0 ~ 65 535。

sfr16 和 sfr 一样用于定义特殊功能寄存器，所不同的是它用于定义占 2 字节的寄存器。如 8052 定时器 T2，使用地址 0xcc 和 0xcd 作为低字节和高字节，可以用如下方式定义：

sfr16 T2 = 0xcc；// 这里定义 8052 定时器 2，地址为 T2L=CCH，T2H=CDH

采用 sfr16 定义 16 位特殊功能寄存器时，2 字节地址必须是连续的，并且低字节地址在前，定义时等号后面是它的低字节地址。使用时，把低字节地址作为整个 sfr16 地址。这里要注意的是，它不能用于定时器 0 和 1 的定义。

9．可寻址位 sbit

sbit 类型也是 C51 的一种扩充数据类型，利用它可以访问芯片内部 RAM 中的可寻址位或特殊功能寄存器中的可寻址位。有 11 个特殊功能寄存器具有位寻址功能，它们的字节地址都能被 8

整除，即以十六进制表示的字节地址以 8 或 0 为尾数。

sbit 定义的格式如下：

sbit 位名称 = 位地址；

例如，可定义如下语句：

sbit CY = 0xd7；

sbit AC = 0xd6；

sbit P0= 0xd5；

也可以写成：

sbit CY = 0xd0^7；

sbit AC = 0xd0^6；

sbit P0= 0xd0^5；

如果在前面已定义了特殊功能寄存器 PSW，那么上面的语句也可以写成：

sbit CY = PSW^7；

sbit AC = PSW^6；

sbit P0 = PSW^5；

> **小提示：**
>
> 　　通常在 C51 编译器提供的预处理文件中定义好特殊功能寄存器的名字（通常与在汇编语言中使用的名字相同）。在 C51 程序设计中，程序员可以把"stc89.h"头文件包含在自己的程序中，直接使用定义好的寄存器名称和位名称，也可以在自己的程序中利用关键字 sfr 和 sbit 来自行定义这些特殊功能寄存器和可寻址位名称。

4.3.2　常量和变量

单片机程序中处理的数据有常量和变量两种形式，二者的区别在于：常量的值在程序执行期间是不能发生变化的，而变量的值在程序执行期间可以发生变化。

1. 常　量

常量是指在程序执行期间其值固定、不能被改变的量。常量的数据类型有整型、浮点型、字符型、字符串型和位类型。

（1）整型常量可以表示为十进制数、十六进制数或八进制数等，例如：十进制数 12、−60 等；十六进制数以 0x 开头，如 0x14，−0x1B 等；八进制数以字母 o 开头，如 o14、o17 等。

若要表示长整型，就在数字后面加字母 L，如 104L、o34L、0xF340L 等。

（2）浮点型常量可分为十进制表示形式和指数表示形式两种，如 0.888、3345.345、125e3、−3.0e−3。

（3）字符型常量是用单引号括起来的单一字符，如 'a'、'1' 等（注意区分全角和半角，C 语言中使用的都是半角，使用全角字符编译则会出错）。

小提示：

单引号是字符常量的定界符，不是字符常量的一部分，且单引号中的字符不能是单引号本身或者反斜杠，即和 "" 和 '\' 都是不可以的。要表示单引号或反斜杠，可以在该字符前面加一个反抖杠 "\"，组成专用转义字符，如 '\' 表示单引号字符，而 '\\' 表示反斜杠字符。

（4）字符串型常量是用双引号括起来的一串字符。如 "test"、"OK" 等。

字符串是由多个字符连接起来组成的，在 C 语言中存储字符串时系统会自动在字符串尾部加上 "\0" 转义字符以作为该字符串的结束符。因此，字符串常量 "A" 其实包含两个字符：字符 "A" 和字符 "\0"，在存储时多占用 1 字节，这和字符常量 "A" 是不同的。

小提示：

当引号内没有字符时，如 "" 表示为空字符串。同样，双引号是字符串常量的定界符，不是字符串常量的一部分。如果要在字符串常量中表示双引号，同样要使用转义字符 "\"。

（5）位类型的值是一个二进制数，如 1 或 0。

常量可以是数值型常量，也可以是符号常量。

数值型常量就是常说的常数，如 14、26.5、o34、0x23、'A'、"Good!" 等，数值型常量不用说明就可以直接使用。

符号常量是指在程序中用标识符来代表的常量。符号常量在使用之前必须用编译预处理命令 "#define" 先进行定义。例如：

#define PI 3.1415 // 用符号常量 PI 表示数值 3.1415

在此语句后面的程序代码中，凡是出现标识符 PI 的地方，均用 3.1415 来代替。

2. 变量

变量是一种在程序执行过程中其值能不断变化的量。

一个变量包含变量名和变量值，变量名是存储单元地址的符号表示，而变量的值就是该单元存放的内容。

变量必须先定义，后使用，用标识符作为变量名，并指出所用的数据类型和存储模式。这样编译系统才能为变量分配相应的存储空间。变量的定义格式如下：

[存储种类] 数据类型 [存储器类型] 变量名表；

其中，数据类型和变量名表是必要的，存储种类和存储器类型是可选项。

存储种类有 4 种：auto（自动变量）、extern（外部变量）、static（静态变量）和 register（寄存器变量）。默认类型为 auto（自动变量）。存储器类型是指定该变量在 MCS-51 硬件系统中所使用的存储区域，并在编译时准确定位。下面分别对它们进行介绍。

3. 变量的存储种类（初学者可以暂时不关注）

小提示：

变量的存储方式可分为静态存储和动态存储两大类，静态存储变量通常在变量定义时就分配存储单元并一直保持不变，直至整个程序结束。动态存储变量在程序执行过程中使用它时才分配存储单元，使用完毕立即释放。

因此，静态存储变量是一直存在的，而动态存储变量则时而存在、时而消失。

（1）auto 自动变量。

auto（自动变量）是 C 语言中使用最广泛的一种类型。C 语言规定，在函数内，凡未加存储种类说明的变量均视为自动变量。前面程序中所定义的变量，均未加存储种类说明符，所以都是自动变量。自动变量的作用域仅限于定义该变量的个体内，即在函数中定义的自动变量，只有在该函数内有效；在复合语句中定义的自动变量只在该复合语句中有效。

小提示：

自动变量属于动态存储方式，只有在定义该变量的函数被调用时，才给它分配存储单元，函数调用结束后，释放存储单元，自动变量的值不能保留。

因此，不同的函数内允许使用同名的变量而不会混淆。

（2）extern（外部变量）。

使用存储种类说明符 extern 定义的变量称为外部变量。凡是在所有函数之前，在函数外部定义的变量都是外部变量。可以默认有 extern 说明符。但是，在一个函数体内说明一个已在该函数体外或别的程序模块文件中定义过的外部变量时，则必须使用 extern 说明符。

小提示：

C 语言允许将大型程序分解为若干个独立的程序模块文件，各个模块可以分别进行编译，然后将它们链接在一起。这种情况下，如果某个变量需要在所有程序模块文件中使用，只要在一个程序模块文件中将该变量定义成全局变量，而在其他程序模块文件中用 extern 说明该变量是已被定义过的外部变量就可以了。

同样，函数也可以定义成一个外部函数供其他程序模块文件调用。

（3）static（静态变量）。

静态变量的种类说明符是 static。静态变量属于静态存储方式，但是属于静态存储方式的变量不一定就是静态变量。例如，外部变量虽属于静态存储方式，但不一定是静态变量，必须由 static 加以定义后才能成为静态外部变量，或称静态全局变量。在一个函数内定义的静态变量称为静态局部变量。

静态局部变量在函数内定义，它是始终存在的，但其作用域仍与自动变量相同，即只能在定义该变量的函数内使用该变量，退出该函数后，尽管该变量还继续存在，但不能使用它。

静态全局变量的作用域局限于一个源文件内，只能为该源文件内的函数使用，因此，可以避免在其他源文件中引起错误。

（4）register（寄存器变量）。

寄存器变量存放在 CPU 的寄存器中，使用它时不需要访问内存，而直接从寄存器中读写，这样可以提高效率。

4．变量存储器类型（初学者可以暂时不关注）

MCS-51 系列单片机将程序存储器（ROM）和数据存储器（RAM）分开，在物理上分为 4 个存储空间：片内程序存储器空间、片外程序存储器空间、片内数据存储器空间和片外数据存储器空间。

这 4 个存储空间有不同的寻址机构和寻址方式，data、bdata 和 idata 型的变量存放在内部数据存储区；pdata 和 xdata 型的变量存放在外部数据存储区；code 型的变量固化在程序存储区。

> 小提示：
>
> 访问片内数据存储器（data、bdata 和 idata）比访问片外数据存储器（pdata 和 xdata）相对要快一些，因此，可以将经常使用的变量放到片内数据存储器中，而将规模较大的或不经常使用的数据存放到片外数据存储器中。对于在程序执行过程中不用改变的显示数据信息，一般使用 code 关键字定义，与程序代码一起固化到程序存储区。

变量的存储器类型可以和数据类型一起使用，例如：

```
int data i;      // 整形变量 i 定义在内部数据存储器中
int xdata j;     // 整形变量 j 定义在内部数据存储器（64 KB）内
```

一般在定义变量时经常省略存储器类型的定义，采用默认的存储器类型，而默认的存储器类型与存储器模式有关。C51 编译器支持的存储器模式如表 4.7 所示。

表 4.7　C51 编译器支持的存储器模式

存储器模式	描　述
small	参数及局部变量放入可直接寻址的内部数据存储器中（最大 128 B，默认存储器类型为 data）
compact	参数及局部变量放入外部数据存储器的前 256 B 中（最大 256 B，默认存储器类型为 pdata）
large	参数及局部变量直接放入外部数据存储器中（最大 65 KB，默认存储器类型为 xdata）

（1）small 模式：所有默认的变量参数均装入内部 RAM 中（与使用显示的 data 关键字定义的结果相同）。使用该模式的优点是访问速度快，缺点是空间有限，而且分配给堆栈的空间比较少，遇到函数嵌套调用和函数递归调用时必须小心，该模式适用于较小的程序。

（2）compact 模式：所有默认的变量均位于外部 RAM 区的一页（与使用显式的 pdata 关键字定义的结果相同），最多能够定义 256 B 变量。使用该模式的优点是变量定义空间比 small 模式大，但运行速度比 small 模式慢。

（3）large 模式：所有默认的变量可存放在多达 64 KB 的外部 RAM 区（与使用显式的 xdata 关键字定义的结果相同）。该模式的优点是空间大，可定义变量多，缺点是速度较慢，一般用于较大的程序或扩展了大容量外部 RAM 的系统中。

小知识：

存储器模式决定了变量的默认存储器类型、参数传递区和无明确存储种类的说明。例如：若定义变量 s 为 "char s;"，在 small 存储器模式下，s 被定位在 data 存储区；在 compact 存储模式下，s 被定位在 idata 存储区；在 large 存储模式下，s 被定位在 xdata 存储区。

存储器模式定义关键字 small，compact 和 large 属于 C51 编译器控制指令，可以在命令行输入，也可以在源文件的开始直接使用下面的预处理语句（假设源程序名为 example.c）。

方法 1：用 C51 编译程序 example.c 时，使用命令 "C51 example.c compact"。

方法 2：在程序的第一行使用预处理命令 "#example compact"。

除非特殊说明，本书中的 C51 程序均在 small 模式下运行。下面给出一些变量定义的示例。

```
data char var;              // 字符型变量 var 存储在片内数据存储区
char code MSG[ ]=" Hello!" ;  // 字符串变量 MSG 存储在程序存储区
float idata x;              // 实型变量 x 存储在片内用间址访问的内部数据存储区
bit beep;                   // 位变量 beep 存储在片内数据可位寻址存储区
sfr P0=0x80;                // P0 口，地址为 80H
sbit Over=PSW ^2;           // 可位寻址变量 Over 为 PSW2，地址为 D2H
```

小提示：

（1）初学者容易混淆符号常量与变量，区别它们的方法是观察它们的值在程序运行过程中能否变化。符号常量的值在其作用域中不能改变。在编写程序时习惯上将符号常量的标识符用大写字母来表示，而变量标识符用小写字母来表示，以示二者的区别。

（2）在编程时如果不进行负数运算，应尽可能使用无符号字符变量或者位变量，因为它们能被 C51 直接接受，可以提高程序的运算速度。有符号字符变量虽然也只占用 1 B，但需要进行额外的操作来测试代码的符号位，这将会降低代码的执行效率。

4.3.3 运算符和表达式

C 语言提供了丰富的运算符，它们能构成多种表达式。处理不同的问题，从而使 C 语言的运算功能十分强大。C 语言的运算符可以分为 12 类，如表 4.8 所示。

表 4.8 C 语言的运算符

运算符名	运算符
算术运算符	= + - * / % + + —
关系运算符	> < == >= <= !=
逻辑运算符	! && ‖
位运算符	<< >> ~ & ｜ ∧
赋值运算符	=
条件运算符	? :
逗号运算符	,
指针运算符	* &
求字节数运算符	sizeof
强制类型转换运算符	（类型）
下标运算符	[]
函数调用运算符	()

表达式是由运算符及运算对象组成的、具有特定含义的式子。C 语言是一种表达式语言，表达式后面加上分号 ";" 就构成了表达式语句。这里主要介绍在 C51 编程中经常用到的算术运算、赋值运算、关系运算、逻辑运算、位运算、逗号运算及其表达式。

1. 算术运算符与算术表达式

C51 中的算术运算符如表 4.9 所示。

表 4.9　C 语言的算术运算符

运算符	名　称	功　能
＋	加法	求两个数的和，如 8+9=17
－	减法	求两个数的差，如 20 － 9=11
＊	乘法	求两个数的积，如 20×5=100
/	除法	求两个数的商，如 20/5=4
%	取余	求两个数的商，如 20%9=2
＋＋	自增	变量自动加 1
－－	自减	变量自动减 1

小提示：

（1）要注意除法运算符在进行浮点数相除时，其结果为浮点数，如 20.0/5 所得值为 4.0；而进行两个整数相除时，所得值是整数，如 7/3，值为 2。

（2）取余运算符（摸运算符）"%"要求参与运算的量均为整型，结果等于两数相除后的余数。

（3）C51 提供的自增运算符"＋＋"和自减运算符"--"，作用是使变量值自动加 1 或减 1。自增运算和自减运算只能用于变量而不能用于常量表达式。运算符放在变量前和变量后是不同的。

后置运算：i ＋＋（或 i--）是先使用 i 的值，再执行 i ＋ 1（或 i-1）。

前置运算：＋＋ i（或 --i）是先执行 i ＋ 1（或 i-1），再使用 i 的值。

对自增、自减运算的理解和使用是比较容易出错的，应仔细地分析，例如：

```
int i=100, j;
j= ＋ ＋ i; //j=101, i=101
j=i ＋ ＋; //j=101, i=102
```

编程时常将"＋＋""--"这两个运算符用于循环语句中，使循环变量自动加 1；也常用于指针变量，使指针自动加 1 指向下一个地址。

2．赋值运算符与赋值表达式

赋值运算符"="的作用就是给变量赋值，如"x=100;"。用赋值运算符将一个变量与一个表达式连接起来的式子称为赋值表达式，在表达式后面加";"便构成了赋值语句。赋值语句的格式如下。

变量＝表达式；

例如：

k= 0xff; ;	// 将十六进制数 FFH 赋予变量 k
b=c=20;	// 将 20 同时赋予变量 b 和 c
d=e;	// 将变量 e 的值赋予变量 d
f=a + b;	// 将表达式 a + b 的值赋予变量 f

由此可见，赋值表达式的功能是计算表达式的值再赋予左边的变量。赋值运算符具有向右结合性，因此有下面的语句：

a=b=c=5;

可理解为：

a=（b=（c=5）；

按照 C 语言的规定，任何表达式在其末尾加上分号就构成语句，因此 "X=8；" 和 "a=b=c=5；" 都是赋值语句。

如果赋值运算符两边的数据类型不相同，系统将自动进行类型转换，即把赋值号右边的类型换成左边的类型。具体规定如下：

（1）实型赋给整型，舍去小数部分。

（2）整型赋给实型，数值不变，但将以浮点形式存放，即增加小数部分（小数部分的值为 0）。

（3）字符型赋给整型，由于字符型为 1 字节，而整型为 2 字节，故将字符的 ASCII 码值放到整型量的低 8 位中，高 8 位为 0。

（4）整型赋给字符型，只把低 8 位赋给字符型变量。

在 C 语言程序设计中，经常使用复合赋值运算符对变量进行赋值。

复合赋值运算符就是在赋值符 "=" 之前加上其他运算符。表 4.10 是 C 语言中的复合赋值运算符。

构成复合赋值表达式的一般形式为：

变量 双目运算符 = 表达式；

它等效于：

变量 = 变量 运算符 表达式；

表 4.10 复合赋值运算符

运 算 符	功　能
+ =	加法赋值
−=	减法赋值
*=	乘法赋值
/=	除法赋值
%=	取余赋值
<<=	左移位赋值
>>=	右移位赋值
&=	逻辑与赋值
| =	逻辑或赋值
^=	逻辑异或赋值
~ =	逻辑非赋值

例如：

a + =5	// 相当于 a=a + 5
x*=y + 7	// 相当于 x=x*（y + 7）
r%=p	// 相当于 r=r%p

在程序中使用复合赋值运算符，可以简化程序，有利于编译处理，提高编译效率并产生质量较高的目标代码。

3. 关系运算符与关系表达式

在前面介绍过的分支选择程序结构中，经常需要比较两个变量的大小关系，以决定程序下一步的动作，比较两个数据量的运算符称为关系运算符。

C语言提供了6种关系运算符，如表4.11所示。

在关系运算符中，<、<=、>、>= 的优先级相同，==（等于）和 !=（不等于）优先级相同。前者优先级高于后者。

例如："a==b>c；"应理解为"a==（b>c）；"。

关系运算符优先级低于算术运算符，高于赋值运算符。

例如："a + b>c + d；"应理解为"（a + b）>（c + d）；"。

关系表达式是用关系运算符连接的两个表达式。它的一般形式为：

表 4.11　关系运算

运算符	功　　能
>	大于
>=	大于等于
<	小于
<=	小于等于
==	等于
!=	不等于

表达式 关系运算符 表达式

关系表达式的值只有0和1两种，即逻辑的"真"与"假"。当指定的条件满足时，结果为1，不满足时结果为0。例如，表达式"5>0"的值为"真"，即为1，而表达式"（a=3）>（b=5）"由于3>5不成立，故其值为"假"，即为0。

a + b>c　　//若 a=1，b=2，c=3，则表达式的值为 0（假）

x>3/2　　//若 x=2，则表达式的值为 1（真）

c==5　　//若 c=1，则表达式的值为 0（假）

小经验：

初学者不用花太多的精力去关注运算符的优先级，不能确定的时候多用几个括号"()"运算符将一些表达式进行限定，因为和数学公式的计算一样，括号"()"的运算优先级别是最高的。

表 4.12　逻辑运算符

运算符	功　　能
&&	逻辑与（AND）
||	逻辑或（OR）
!	逻辑非（NOT）

4. 逻辑运算符与逻辑表达式

C语言中提供了3种逻辑运算符，如表4.12所示。

逻辑表达式的一般形式有以下3种：

逻辑与：条件式 1 && 条件式 2

逻辑或：条件式 1 || 条件式 2

逻辑非：!条件式

"&&"和"||"是双目运算符,要求有两个运算对象,结合方向是从左至右。"!"是单目运算符,只要求一个运算对象,结合方向是从右至左。

逻辑表达式的运算规则如下：

（1）逻辑与：a&&b，当且仅当两个运算量的值都为"真"时，运算结果为"真"，否则为"假"。

（2）逻辑或：a||b，当且仅当两个运算量的值都为"假"时，运算结果为"假"，否则为"真"。

（3）逻辑非：!a，当运算量的值为"真"时，运算结果为"假"；当运算量的值为"假"时，运算结果为"真"。

表 4.13 给出了执行逻辑运算的结果。

表 4.13　执行逻辑运算的结果

条件式 1	条件式 2	逻辑运算		
a	b	!a	a&&b	a‖b
真	真	假	真	真
真	假	假	假	真
假	真	真	假	真
假	假	真	假	假

例如：设 x=3，则（x>0）&&（x<6）的值为"真"，而（x<0）&&（x>6）的值为"假"，!x 的值为"假"。

逻辑运算符"!"的优先级最高，其次为"&&"，最低为"‖"。和其他运算符比较，优先级从高到低的排列顺序为：

!　→ 算术运算符 → 关系运算符 → && → ‖ → 赋值运算符。

例如："a>b&&x>y"可以理解为"（a>b）&&（x>y）"，"a==b‖x==y"可理解为"（a=b）‖（x=y）"，"!a‖a>b"可以理解为"（!a）‖（a>b）"。

表 4.14　位运算符

运算符	功　能
&	按位与
‖	按位或
^	按位异或
~	按位取反
>>	右移
<<	左移

5．位运算符与位运算表达式

在 MCS-51 系列单片机应用系统设计中，对 I/O 端口的操作是非常频繁的，往往要求程序在位（bit）一级进行运算或处理，因此，汇编语言具有强大灵活的位处理能力。C51 语言直接面对 MCS-51 系列单片机硬件，也提供了强大灵活的位运算功能，使得 C 语言也能像汇编语言一样对硬件直接进行操作。

C51 提供了 6 种位运算符，如表 4.14 所示。

位运算符的作用是按二进制位对变量进行运算，表 4.15 是位运算符的真值表。

表 4.15　位运算符的真值表

位变量 1	位变量 3	位运算				
a	b	~ a	~ b	a&b	a‖b	a^b
0	0	1	1	0	0	0
0	1	1	0	0	1	1
1	0	0	1	0	1	1
1	1	0	0	1	1	0

小经验：

按位与运算通常用来对某些位清零或保留某些位。例如，要保留从 P3 端口的 P3.0

和 P3.1 读入的两位数据，可以执行"control=P3&0x03；"操作（0x03 的二进制数为 00000011 B）；而要清除 P1 端口的 P1.4 ～ P1.7 为 0，可以执行"P1=P1&0x0f；"操作（0x0f 的二进制数为 00001111B）。

同样，按位或运算经常用于把指定位置 1，其余位不变的操作。

左移运算符"<<"的功能，是把"<<"左边的操作数的各二进制位全部左移若干位，移动的位数由"<<"右边的常数指定，高位丢弃，低位补 0。例如："a<<4"是指把 a 的各二进制位向左移动 4 位。如 a=0000011B（十进制数 3），左移 4 位后为 00110000B（十进制数 48）。

右移运算符">>"的功能，是把">>"左边的操作数的各二进制位全部右移若干位，移动的位数由">>"右边的常数指定。进行右移运算时，如果是无符号数，则总是在其左端补"0"；对于有符号数，在右移时，符号位将随同移动。当为正数时，最高位补 0。而为负数时，符号位为 1，最高位是补 0 还是补 1 取决于编译系统的规定。例如：设 a=0x98，如果 a 为无符号数，则"a>>2"表示把 10011000B 右移为 00100110B；如果 a 为有符号数，则"a>>2"表示把 10011000B 右移为 11100110B。

6. 逗号运算符与逗号运算表达式

在 C 语言中逗号"，"也是一种运算符，称为逗号运算符，其功能是把两个表达式连接起来组成一个表达式，称为逗号表达式，其一般形式为：

表达式 1，表达式 2，…，表达式 n

逗号表达式的求值过程是：从左至右分别求出各个表达式的值，并以最右边的表达式 n 的值作为整个逗号表达式的值。

程序中使用逗号表达式的目的，通常是要分别求逗号表达式内各表达式的值，并不一定要求整个逗号表达式的值。例如：

x=（y=10，y + 5）；

上面括号内的逗号表达式，逗号左边的表达式是将 10 赋给 y，逗号右边的表达式进行 y + 5 的计算，逗号表达式的结果是最右边的表达式"y + 5"的结果 15 赋给 x。

并不是在所有出现逗号的地方都组成逗号表达式，如在变量说明、函数参数表中的逗号只是用作各变量之间的间隔符信息，例如：

unsigned int i，j；

任务 4-4　基于 PWM 的可调光台灯设计

【任务目的】

（1）利用 MCS-51 单片机设计一个可调光台灯的应用系统。

（2）了解 PWM 控制，熟悉单片机并行 I/O 端口输出可控制的 PWM（Pulse Width Modulationg）脉宽调制信号的方法。

（3）了解单片机应用系统的设计与开发过程。

（4）掌握 C 语言的函数定义及调用方法。

【任务要求】

（1）利用单片机实训电路板，模拟实现可调光台灯（用 LED 发光二极管替代）的控制。

（2）用两个按键随意控制台灯亮度的增加与降低。

（3）系统上电后，台灯处于最暗状态。按住其中一个增加亮度"＋"键，台灯的亮度逐渐增强，增到最亮时，继续按"＋"键，则再回到最暗状态、再增强，依次反复；同理，按住另外一个降低亮度"－"键，台灯的亮度逐渐减弱，减到最暗时，继续按"－"键，则回到最亮状态、再降低，依次反复。

【电路原理图】

PWM 可调光台灯控制系统的电路原理图如图 4.19 所示，系统包括单片机、复位电路、时钟电路、电源电路、LED 发光二极管驱动电路（台灯光源）、按键电路。其中，按键电路在单片机 P0.0 和 P0.1 引脚分别连接了一个弹性按键 S1 和 S2，用来控制台灯亮度的加强（"＋"按键）和减弱（"－"按键）；LED 发光二极管驱动电路为与 P2 口引脚连接的 8 个 LED 发光二极管。

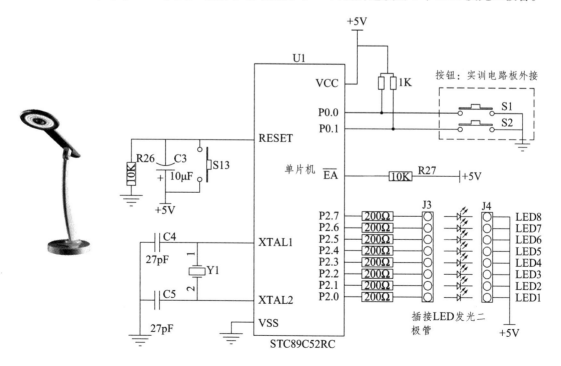

图 4.19　PWM 可调光台灯控制系统电路原理图

【程序设计与运行测试】

本控制系统采用 PWM 脉冲宽度调制技术，通过控制 51 单片机的 I/O 引脚不断输出高低电平来实现 PWM 信号的输出，控制输送到灯泡的电压变化，从而实现控制灯泡亮度的效果。

> **小知识：**
>
> PWM 脉冲宽度调制是利用微处理器的数字输出来对模拟电路进行控制的一种非常有效的技术，其控制简单，灵活和动态响应好，被广泛应用在从测量、通信到功率控制与变换的许多领域中。
>
> PWM 技术，是一种周期一定而高低电平可调的方波信号。当输出脉冲频率一定时，输出脉冲的占空比越大，其高电平持续的时间越长，如图 4.20 所示。
>
>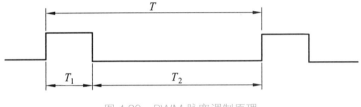
>
> 图 4.20　PWM 脉宽调制原理
>
> 如图 4.20 所示，在一个信号周期中，高电平持续的时间为 T_1，低电平持续的时间为 T_2，高电平持续的时间与信号周期的比值，称为占空比。例如，若信号周期 $T=4$ μs，高电平持续的时间 $T_1=1$ μs，则占空比为 $T_1/T = 1/4 = 0.25$。
>
> 只要改变 T_1 和 T_2 的值，即改变波形的占空比，则高低电平持续的时间就改变了，达到 PWM 脉宽调制的目的。
>
> 随着大规模集成电路技术的不断发展，很多单片机都有内置 PWM 模块。有些 51 单片机内部没有 PWM 模块，本任务设计采用软件进行模拟，该方法简单实用，但占用 CPU 的资源多。

（1）电路连接：

分析图 1.2 单片机实训电路板原理图可知，单片机实训电路板已经包含了图 4.19 的时钟电路、复位电路、电源、LED 发光二极管驱动电路（台灯光源），而且 P0.0 和 P0.1 端口的上拉电阻，电路板也用 1K 的电阻排替代了，因此，整个电路只需要连接 S1 ~ S2 共 2 个按键。根据任务控制要求可知，本系统中，同一时刻只有一个按键是接通的（增亮或者减亮），所以在实际连接中，将一根杜邦线（两段都为母接头）的一母接头端插入单片机电路板 J7 的 0 V 插针，而将杜邦线的另一母接头端插入 P0.0 或者 P0.1 端口对应的插针上，模拟按键 S1、S2 的接通。本任务的电路连接及相关硬件如图 4.15 所示。

（2）程序运行与测试：

控制程序如 example4-5.c 所示，将 example4-5.c 源程序输入完成后，进行编译、链接，生成二进制代码文件 example4-5.hex，然后将二进制代码文件下载到 STC89C52 单片机的程序存储器中。

PWM 可调光台灯控制系统的程序流程如图 4.21 所示。先判断 P0.0 引脚的按键是否按下，如果按下则"将控制灯亮延时时间的变量 i 的值增大，将控制灯灭延时时间的变量 j 的值减小"；再判断 P0.1 引脚的按键是否按下，如果按下则"将控制灯亮延时时间的变量 i 的值减小，将控制灯灭延时时间的变量 j 的值增大"；然后驱动灯亮并延时"i"时间，再驱动灯灭并延时"j"时间。通过改变灯亮和灯灭的持续时长比值，达到调节台灯亮度的目的。

因灯的亮度有最大值，所以延时时间设置了上限值 1000 和下限值 0，当达到上限或者下限时，利用语句"if（j==0）{j=1000；i=0；}"和"if（i==0）{i=1000；j=0；}"重置延时值，使调到最亮再返回到最暗或者调到最暗再返回到最亮。

用杜邦线连接电路，测试结果。当 P0.0 引脚与 0 V 接通时（相当于 S1 按键按下），台灯（8 个 LED 发光二极管）逐渐变亮，达到最亮后跳变为最暗再继续逐渐变亮；当 P0.1 引脚与 0 V 接通时（相当于 S2 按键按下），台灯（8 个 LED 发光二极管）逐渐变暗，达到最暗后跳变为最亮再继续逐渐变暗；当 P0.0 和 P0.1 引脚都没按键接通时，台灯保持当前的亮度。

PWM 可调光台灯控制系统源程序代码如下：

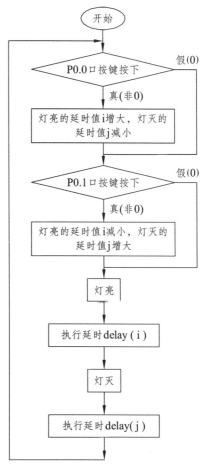

图 4.21　PWM 可调光台灯控制程序流程

```
// 程序：example4-5.c
// 功能：PWM 可调光台灯控制程序
#include <stc89.h>                    // 包含头文件 stc89.h
#define Lamp_Off 0xff                 // 定义符号常量 Lamp_Off，表示灯灭
#define Lamp_On  0x00                 // 定义符号常量 Lamp_On，表示灯亮
// 函数名：delay
// 函数功能：实现软件延时
// 形式参数：无符号整形变量 i，控制空循环的循环次数
// 返回值：无
void  delay（unsigned int i）          // 延时函数
{
    unsigned int j;                   // 定义无符号字符型变量 j
    for（j=0；j<i；j + +）             //for 循环语句实现软件延时
```

```c
    ;
    }
 sbit Light_Up=P0^0;                    //亮度增加按钮，P0.0 引脚
 sbit Light_Down=P0^1;                  //亮度降低按钮，P0.1 引脚
 void main()                            //主函数
 {
   unsigned int i, j;                   //定义变量，记录程序运行的次数
   i=0; j=1000;
   while（1）
   {
    if（Light_Up==0）                    //如果加亮的按键 P0.0 按下
 {
       delay（100）；                     //去抖动，延时
       if（Light_Up==0）                 //再次判断按键是否按下
        {
     i＋＋; j--;
       if（j==0）{j=1000; i=0; }         //调到最亮，再返回到最暗
      }
 }
       if（Light_Down==0）               //如果减亮的按键 P0.1 按下
 {
       delay（100）；                     //去抖动，延时
       if（Light_Down==0）               //再次判断按键是否按下
        {
           i--; j＋＋;
        if（i==0）{i=1000; j=0; }        //调到最暗，再返回到最亮
      }
 }
    P2=Lamp_On;                         //灯亮，符号常量 Lamp_On 的使用，等效于 P2=0x00;
  delay（i）；                           //灯亮的延时时间
  P2=Lamp_Off;                          //灯灭，符号常量 Lamp_Off 的使用，等效于 P2=0xff;
  delay（j）；                           //灯灭的延时时间
   }
  }
```

【任务小结】

本任务采用 MCS-51 单片机输出 8 个 PWM 脉宽调制信号来控制 LED 发光二极管的亮度，模拟台灯的调光控制。单片机读取连接到 P0.0 和 P0.1 端口上的亮度调节按钮 S1 和 S2 的状态，判断是需要调亮还是调暗，来调整 PWM 电平信号的占空比，以达到调节台灯亮度的目的。

通过本任务的设计制作，使读者进一步加强 51 单片机并行 I/O 端口应用的能力，并掌握 PWM 脉宽调制技术原理及编程技术，熟悉单片机应用系统的开发过程。

4.4　C 语言的函数

函数是 C 语言程序的基本组成模块。一个 C 语言程序就是由一个主函数 main() 和若干个模块化的子函数构成的，所以也把 C 语言称为函数式语言。例如，任务 4-4 中的 example4-5.c 程序包含两个函数 delay() 和 main()。C 语言的函数知识结构如图 4.22 所示。

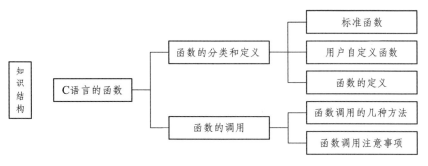

图 4.22　C 语言的函数知识结构

小提示：

　　C 语言采用函数作为子程序模块，因此它易于实现结构化程序设计，使程序的层次结构清晰、直观，便于程序的编写、阅读、调试及维护，将程序设计中经常用到的一些计算或操作编成通用的函数，以供随时调用，还能够大大减轻程序员的代码编写工作。

　　因为在 C 语言函数中定义的变量都是局部变量，只在本函数内有效，所以也不用担心各个函数间变量名冲突的问题。

C 语言程序中有且仅有一个主函数 main()。程序总是由主函数开始执行，由主函数根据需要来调用其他函数，其他函数可以有多个。

4.4.1　函数的分类和定义

从用户使用的角度来看，函数有两种类型：标准函数和用户自定义函数。

1. 标准函数

标准函数也称为标准库函数，是由 C51 编译器提供的，以头文件的形式给出。

Keil uVision 编译器提供了 100 多个标准库函数。常用的 C51 标准库函数包括一般 I/O 端口函数、访问 SFR 地址函数等。常用 C51 标准库函数请参考附录 A。

用户可以直接调用标准函数。使用标准库函数时，必须在源程序的开始使用预处理命令"#include"将有关的头文件包含进来。

2. 用户自定义函数

用户自定义函数是用户根据需要自行编写的函数，它必须先定义之后才能被调用。函数定义的一般形式如下：

```
函数类型 函数名（形式参数表）          //注意，函数定义，这里不能带分号
形式参数说明;                          //注意，此处的分号不能少
{
  局部变量定义;
  函数体语句;
  return 语句;
}
```

其中，"函数类型"说明自定义函数返回值的类型。

小知识：

　　如果一个函数被调用执行完成后，需要向调用者返回一个执行结果，我们就将这个结果称为"函数返回值"，而将这种具有函数返回值的函数称为有返回值函数。这种需要返回函数值的函数必须在函数定义和函数说明中明确返回值的类型，即将函数返回值的数据类型定义为函数类型。

　　如果一个函数被调用执行完成后不需要向调用者返回函数值，这种函数称为无返回值函数。通常这种函数的功能已经在函数执行时完成了，不需要再返回给调用函数任何值。定义无返回值函数时，函数类型采用无值型关键字"void"。例如，我们经常使用的延时函数 delay() 就是无返回值函数，定义时使用了 "void delay（unsigned char i）"之类的语句。

"函数名"是自定义函数的名字。

"形式参数表"给出函数被调用时传递数据的形式参数，形式参数的类型必须加以说明，ANSI C 标准允许在形式参数表中对形式参数的类型进行说明。如果定义的是无参数函数，可以没有形式参数表，但是圆括号不能省略。

"局部变量定义"是对在函数内部需要使用的局部变量进行定义，也称为内部变量。

"函数体语句"是为完成函数的特定功能而设置的语句。

"return 语句"用于返回函数执行的结果。对于无返回值的函数，该语句可以省略。

因此，一个函数由下面两部分组成：

（1）函数定义，即函数的第一行，包括函数类型、函数名、函数参数（形式参数）名、参数类型等。

（2）函数体，即花括号 { } 内的部分。函数体由定义局部变量数据类型的说明部分和实现函数功能的执行部分组成。

小经验：

（1）下面是经常用到的软件延时函数，该函数完成 i 次空循环操作，其中次数 i 作为一个形式参数出现在子函数中。

（2）定义函数时通常加上函数头部注释，主要用来说明函数名称、函数功能、形式参数、返回值等内容，如有必要还可以增加创建日期、修改记录（备注）等相关项目。函数头部注释放在每个函数的顶端，用注释符"//"或"/*……*/"进行注释。

```c
// 函数名：delay
// 函数功能：实现软件延时
// 形式参数：无符号整形变量i，控制空循环的循环次数
// 返回值：无
void  delay（unsigned int i）           // 函数定义
{                                       // unsigned int i 为形式参数
  unsigned int j;                       // 局部变量定义
  for（j=0；j<i；j + + ）
  ;
}                                       // 用一对花括号 { } 括起来的是函数体
```

4.4.2　函数的调用

在 C 语言程序中，不管是调用标准函数还是调用用户自定义函数，都必须遵循"先定义、后调用"的原则。调用标准函数时，必须在源程序的开始处使用预处理命令"#include"将有关的头文件包含进来；调用用户自定义函数时，必须在调用前先定义或声明该函数。否则编译器按顺序编译程序时因"不认识"该函数名称而导致编译失败。

调用函数的一般格式为：

函数名（实际参数列表）

对于有参数类型的函数，若实际参数列表中有多个实参，则各参数之间用逗号隔开。实参与形参要顺序对应，个数应相等，类型应一致。

按照函数调用在主调用函数中出现的位置，函数可以有以下 3 种调用方式：

（1）函数语句。把被调用函数作为主调用函数的一个语句。例如，常用的延时函数调用语句：

delay（1000）；

此时不要求被调用函数返回值，只要求函数完成一定的操作，实现特定的功能。

（2）函数表达式。被调用函数以一个运算对象的形式出现在一个表达式中，这种表达式称为函数表达式。这时要求被调用函数返回一定的数值，并以该数值参加表达式的运算。例如：

a=2*max（a，b）；

函数 max（a，b）返回一个数值，将该值乘以 2，乘积赋值给变量 a。

（3）函数参数。被调用函数作为另一个函数的实参或者本函数的实参，例如：

m=max（a，max（b，c））；

小提示：

在一个函数中，调用另一个函数需要具备如下条件：

（1）被调用函数必须是已经存在的函数（即标准库函数或者用户自己已经定义的函数）。

如果函数定义在调用之后，那么必须在调用之前对函数进行声明。例如，任务 4-3 中程序 example4-4.c，在 main() 函数前使用了语句 "void delay（unsigned char i）；" 对函数进行声明，告诉编译器该 delay 函数在后面进行了定义，并给出了该函数编译需要的返回类型、参数类型等相关信息。

（2）如果程序中使用的自定义函数不是在本源程序文件中定义的，那么在程序开始要用 extern 修饰符进行函数原型说明。

注意！初学者很容易混淆"函数定义""函数声明""函数调用"的概念，这里，用下面的例子进行说明。

任务 4-1 中的程序 example4-1.c 如表中 A 列所示。第 4 行 "void delay（unsigned char i）；" 就是函数声明，告诉编译器"本程序后面定义了一个无返回值、函数名为 delay、参数为无符号字符型变量这样的函数"，否则编译器语法检查通不过就不可能链接生成可执行文件；第 10 行和第 12 行为函数调用，执行具体的延时功能；第 20 行为函数定义，具体确定了该函数的功能。

所以，函数声明就是为了告诉编译器相关的信息。如果将 delay 函数定义在主函数 main() 前面，如 B 列所示，那么就不需要进行该函数声明。因为编译器按照顺序先编译了该 dclay 函数，已经知道了相关的信息。但是，将用户自定义函数放在主函数 main() 之前，虽然省掉了函数声明的"麻烦"，但造成了整个程序"头重脚轻"，程序可读性降低的弊端，不符合 C 语言编程常规。

A	B
自定义函数"先声明 - 再调用 - 后定义"例子	自定义函数"先定义 - 再调用"例子

```
1  // 程序：example4-1.c                              1  // 程序：example4-1.c
…                                                    …
…                                                    …
4  void delay（unsigned char i）；  // 函数声明       4  void  delay（unsigned char i）        // 函数定义
5  void main()                                       5  {
6  {                                                 6      unsigned char j, k;
7      while（1）                                     7      for（k=0; k<i; k + +）
8      {                                             8      for（j=0; j<255; j + +）；
…                                                    9  }
10      delay（200）；        // 函数调用            10  void main()
…                                                    11  {
12      delay（200）；        // 函数调用            12      while（1）
13  }                                               13      {
14  }                                               …
…                                                    15      delay（200）；      // 函数调用
…                                                    …
20  void  delay（unsigned char i）  // 函数定义      17      delay（200）；      // 函数调用
21  {                                               18      }
22      unsigned char j, k;                          19  }
23      for（k=0; k<i; k + +）
24      for（j=0; j<255; j + +）；
25  }
```

知识梳理与总结

本项目介绍了 MCS-51 系列单片机并行 I/O 端口的结构、功能和操作方法，以及 C 语言的程序结构、基本语句、数据类型、运算符合表达式及结构化程序设计方法，主要内容包括：

（1）C 语言是结构化程序设计语言，有 3 种基本程序结构：顺序结构、选择结构和循环结构，且具有丰富的运算符和面向单片机硬件结构的数据类型，处理能力极强。

（2）C 语言的基础语句包括表达式语句、赋值语句、if 语句、switch 语句、while、do-while 和 for 语句等。

（3）C 语言除了具有标准 C 的所有标准数据类型外，为了更加有效地利用 8051 的结构，还扩展了一些特殊的数据类型：bit、sbit、sfr 和 sfr16，用于访问 8051 的特殊功能寄存器和可寻地址。

（4）函数是 C 语言程序的基本组成单元，一个 C 源程序中至少包含一个函数，一个 C 源程序中有且仅有一个主函数 main()。C 程序总是从 main() 函数开始执行的。

（5）C51 函数分为内部标准函数和用户自定义函数。任何函数都与变量一样，在使用之前必须先定义，再使用。调用内部函数需要在 C 程序之前用预处理命令"#include"包含定义了此函数原型的头文件名；自定义函数可以采用调用前先定义，也可以采用调用前先声明、再调用、后定义的方式。

习题 4

4.1   单项选择题

（1）最基本的 C 语言语句是 _____。

A. 赋值语句   B. 表达式语句

C. 循环语句   D. 复合语句

（2）下面叙述不正确的是 _____。

A. 一个 C 源程序可以由一个或多个函数组成

B. 一个 C 源程序必须包含一个函数 main()

C. 在 C 程序中，注释说明只能位于一条语句的后面

D. C 程序的基本组成单位是函数

（3）C 程序总是从 _____ 开始执行的。

A. 主函数   B. 主程序

C. 子程序   D. 主过程

（4）C51 程序中常常把 _____ 作为循环体，用于消耗 CPU 时间，产生延时效果。

A. 赋值语句   B. 表达式语句

C. 循环语句   D. 空语句

（5）C 语言的 if 语句中，用作判断的表达式为 _____。

A. 关系表达式   B. 逻辑表达式

C. 算术表达式   D. 任意表达式

（6）在 C 语言中，当 do-while 语句中的条件为 _____ 时，结束循环。

A. 0   B. false

C. true   D. 非 0

（7）下面的 while 循环执行了 _____ 次空语句。

while（i=3）;

A. 无限次   B. 0 次

C. 1 次   D. 2 次

（8）以下描述正确的是 _____。

A. continue 语句的作用是结束整个循环的执行

B. 只能在循环体内和 switch 语句体内使用 break 语句

C. 在循环体内使用 break 语句或 continue 语句的作用相同

D. 以上三种描述都不正确

（9）在 C51 的数据类型中，unsigned char 型数据的长度为 ＿＿＿＿＿＿。

A. 8 位　　　　　　　　　　　　B. 16 位

C. 32 位　　　　　　　　　　　　D. 64 位

（10）在 C51 的数据类型中，unsigned char 型数据的值域为 ＿＿＿＿＿＿。

A. −128 ～ 127　　　　　　　　　B. −32 768 ～ + 32 767

C. 0 ～ 255　　　　　　　　　　　D. 0 ～ 65 535

（11）在 C51 的数据类型中，unsigned int 型数据的长度为 ＿＿＿＿＿＿。

A. 8 位　　　　　　　　　　　　B. 16 位

C. 32 位　　　　　　　　　　　　D. 64 位

（12）在 C51 的数据类型中，unsigned int 型数据的值域为 ＿＿＿＿＿＿。

A. −128 ～ 127　　　　　　　　　B. −32 768 ～ + 32 767

C. 0 ～ 255　　　　　　　　　　　D. 0 ～ 65 535

（13）在 C 语言中，如果一个变量的取值范围为 0 ～ 3 000 000 000，那么将这个变量定义为 ＿＿＿＿＿＿ 比较合适。

A. unsigned char　　　　　　　　B. signed int

C. unsigned long　　　　　　　　D. signed long int

4.2　填空题

（1）在 MCS-51 系列单片机的 4 个并行输入 / 输出端口中，常用于第二功能的是 ＿＿＿＿＿。

（2）用于 C51 编程访问 MCS-51 单片机的并行 I/O 端口时，可以按 ＿＿＿＿＿ 寻址操作，还可以按 ＿＿＿＿＿ 操作。

（3）一个 C 源程序至少应包括一个 ＿＿＿＿＿ 函数。

（4）C51 中定义一个可位寻址的变量 FLAG 访问 P3 口的 P3.0 引脚的方法是 ＿＿＿＿＿。

（5）C51 扩充的数据类型 ＿＿＿＿＿ 用来访问 MCS-51 单片机内部的所有特殊功能寄存器。

（6）结构化程序设计的三种基本结构式 ＿＿＿＿＿。

（7）表达式语句由 ＿＿＿＿＿＿＿＿＿＿ 组成。

（8）＿＿＿＿＿＿＿＿＿＿ 语句一般用单一条件或分支数目较少的场合，如果编写超过 3 个以上分支的程序，可用多分支选择的 ＿＿＿＿＿＿ 语句。

（9）while 语句和 do-while 语句的区别在于：＿＿＿＿＿＿＿ 语句是先执行、后判断，而 ＿＿＿＿＿＿＿ 语句是先判断、后执行。

（10）下面 while 循环执行了 ＿＿＿＿＿＿＿ 空语句。

```
i=5
while（i!=0）；
```

（11）下面的延时函数 delay() 执行了 ＿＿＿＿＿＿＿ 次空语句。

```
void delay（void）
{
 int i;
 for（i=0；i<10000；i＋+）；
{
```

（12）在单片机的 C 语言程序设计中，_____ 类型数据经常用于处理 ASCII 字符或用于小于等于 255 的整型数。

（13）C51 中的变量存储器类型是指 _____。

4.3   上机操作题

（1）修改 example4-1.c 程序，并调试通过，使单片机实训电路板 P2 口插接的 8 个 LED 发光二极管按照表 4.16 的要求闪烁，闪烁间隔约 2 s。

表 4.16   8 个 LED 发光二极管闪烁的要求

P1 口引脚	P2.7	P2.6	P2.5	P2.4	P2.3	P2.2	P2.1	P2.0
对应灯的状态 1	○	●	○	●	○	●	○	●
对应灯的状态 2	●	○	●	○	●	○	●	○

注：● 表示灭   ○表示亮

（2）修改 example4-1.c 程序，并调试通过，使单片机实训电路板 P2 口插接的 8 个 LED 发光二极管按照表 4.17 的要求闪烁，闪烁间隔约 1 s。

表 4.17   8 个 LED 发光二极管闪光要求

P1 口引脚	P2.7	P2.6	P2.5	P2.4	P2.3	P2.2	P2.1	P2.0
对应灯的状态 1	●	●	●	○	○	●	●	●
对应灯的状态 2	●	●	○	●	●	○	●	●
对应灯的状态 3	●	○	●	●	●	●	○	●
对应灯的状态 4	○	●	●	●	●	●	●	○

注：● 表示灭   ○表示亮

（3）在单片机实训电路板上，用插接在 P2 端口的 8 个 LED 发光二极管，循环显示数字 0 ~ 99 的 8421BCD 码（即 P2.7 ~ P2.4 指示十位上的数字，P2.3 ~ P2.0 指示个位上的数字），参照表 4.18（其余数字省略）。

表 4.18   8 个 LED 发光二极管显示数字

数字（举例）	引 脚							
	P2.7	P2.6	P2.5	P2.4	P2.3	P2.2	P2.1	P2.0
08	○	○	○	○	●	○	○	○
15	○	○	○	●	○	●	○	●
37	○	○	●	●	○	●	●	●
99	●	○	○	●	●	○	○	●

项目 5

显示和键盘技术应用

单片机应用系统经常需要连接一些外部设备，其中显示器和键盘是构成人机对话的一种基本方式，使用最为频繁。本项目将介绍常用的显示器件、键盘工作原理以及它们如何与单片机连接，如何相互传送信息等技术。

教学导航

教	知识重点	1. LED 数码管显示和接口； 2. LED 大屏幕显示和接口； 3. 独立式按键接口； 4. 矩阵式按键接口
	知识难点	1. LED 动态显示接口； 2. LED 点阵大屏幕显示接口； 3. 矩阵式按键接口
	推荐教学方式	从工作任务入手，让学生逐步熟悉各种显示器件和键盘的工作原理、接口及编程方法
	建议学时	16 学时
学	推荐学习方法	1. 从简单任务入手，以发光二极管的发光控制为起点，再扩展到 8 个连在一起的发光二极管即数码管。学习数码管时可以先回忆发光二极管的控制，学习数码管接口控制时可以先接 1 个数码管再扩展到多个数码管； 2. LED 数码管的动态显示和 LED 大屏幕显示的原理相似，可以比较学习
	必须掌握的理论知识	1. LED 数码管显示接口； 2. LED 点阵大屏幕显示接口； 3. 独立式按键接口与矩阵式按键接口
	必须掌握的技能	1. LED 数码管显示控制； 2. LED 大屏幕显示器的制作与调试； 3. 独立式按键接口和矩阵式按键接口

任务 5-1　带位指示的 4 位 LED 数码管循环显示数字控制

【任务目的】

（1）在 4 位 LED 数码管（8 段码）上循环显示数字 0 ~ 9。

（2）了解 LED 数码管的结构与静态显示原理。

（3）掌握 LED 数码管字形码的编码方法。

（4）了解单片机与 LED 数码管外部显示驱动电路的接口技术。

（5）进一步掌握 C 语言基本语句、运算符和表达式的灵活运用。

【任务要求】

（1）单片机上电后，第 1 个 LED 数码管依次显示数字 0、1、2……7、8、9（同时插接在 P2.3 上的发光二极管点亮）；

（2）第 1 个 LED 数码管熄灭，第 2 个 LED 数码管开始依次显示数字 0、1、2……7、8、9（同时插接在 P2.2 上的发光二极管点亮）；

（3）第 2 个 LED 数码管熄灭，第 3 个 LED 数码管开始依次显示数字 0、1、2……7、8、9（同时插接在 P2.1 上的发光二极管点亮）；

（4）第 3 个 LED 数码管熄灭，第 4 个 LED 数码管开始依次显示数字 0、1、2……7、8、9（同时插接在 P2.0 上的发光二极管点亮）；

（5）第 4 个 LED 数码管熄灭，重复步骤（1）；

（6）显示的时间间隔约为 2 s。

【电路原理图设计】

根据任务要求，设计带位指示的 4 位 LED 数码管循环显示数字控制电路原理图如图 5.1 所示，电路包括单片机、复位电路（含按键复位）、时钟电路、电源电路、4 位 LED 数码管控制电路、4 个 LED 发光二极管控制电路。

4 位 LED 数码管控制电路为单片机 P1.0 ~ P1.7 引脚分别连接到了一个 PNP 型三极管的基极，当 P1.0 ~ P1.7 某个引脚输出低电平 0 V 时（同时 P2.0 也输出低电平 0 V），其连接的三极管导通，5 V 电源从三极管的发射极流入，集电极流出到 LED 数码管的相应发光二极管阳极，然后从发光二极管的共阴极端 com 流出，经 200Ω 的限流电阻后，流入 P2.0（0 V 低电平），形成一个回路。

例如，如果要使左边第 1 位 LED 数码管的 a 管发光，必须让 P1.0 和 P2.0 都输出低电平。此时，因为 P1.0 输出低电平，所以将三极管 Q1 导通，5 V 电源 →Q1 发射极 →Q1 集电极 →a 管阳极 →LED 数码管共阴极公共端 com1→200Ω 限流电阻 →P2.0（0 V），形成了一个 LED 发光二极管的点亮回路。同理，要使该 LED 数码管的 b 管发光，必须 P1.1 和 P2.0 都输出低电平，要使 c 管发光，必须 P1.2 和 P2.0 都输出低电平……依次类推。

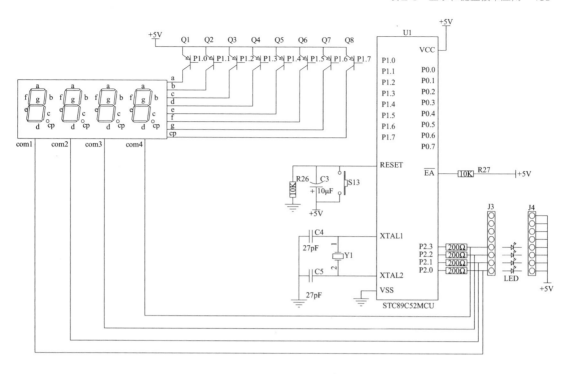

图 5.1　带位指示的 4 位 LED 数码管循环显示数字控制电路原理图

　　4 个 LED 发光二极管控制电路是我们非常熟悉的电路，前面控制任务中多次用到，当 P2.0 ~ P2.3 任一引脚输出低电平时，连接该引脚的 LED 发光二极管点亮，此电路图中该 LED 发光二极管用来指示对应的 LED 数码管被选中，即某个 LED 发光二极管点亮时，对应的 LED 数码管被选中（可理解为该 LED 数码管被输出激活）。

小知识：

　　（1）在单片机系统中，经常利用 LED 数码管来显示单片机系统的工作状态、运算结果等各种信息，LED 数码管是单片机人机对话的一种重要输出设备。

　　（2）LED 数码管由 8 个发光二极管（以下简称段）组成，通过不同的发光段组合可用来显示数字 0 ~ 9、字符 A ~ F、H、L、P、R、U、Y、符号 "-" 以及小数点 "." 等。

　　（3）数码管分为共阴极数码管和共阳极数码管。顾名思义，共阴极数码管就是将构成数码管的 8 个 LED 发光二极管的阴极（"负"极）连接起来形成公共端，要使该数码管有显示，必须在该公共端连接"低电平"，否则该数码管不会有电流经过所以就不会有显示了。同理，共阳极数码管就是将构成数码管的 8 个 LED 发光二极管的阳极（"正"极）连接起来形成公共端。

　　（4）因为 LED 数码管要想获得足够的亮度，需要一定的电流，单片机输出的电流有限，所以图 5.1 电路中 P1.0 ~ P1.7 连接的 PNP 型三极管，起到驱动器的作用，单片机只需要输出低电平使对应的三极管导通，而驱动 LED 数码管的电流由外部电源提供。

　　（5）三极管分为 PNP 型和 NPN 型两种，其工作状态分为"放大状态"和"饱和状态"，在电子电路中，一般使用其放大功能（工作于"放大状态"），在单片机接口电路中，如本任务图 5.1 带位指示的 4 位 LED 数码管循环显示数字控制电路原理图中，就是使用其开关功能（工作于"饱和状态"，处于导通或者截止），充当一个开关的功能。

【 源程序设计 】

　　程序设计思路：利用 for 循环语句，在 P2.0 ~ P2.3 口依次输出低电平选中第 1 ~ 4 位 LED 数码管（即片选），然后在 P1.0 ~ P1.7 口循环输出数字 0 ~ 9 的字形码并延时。

　　带位指示的 4 位 LED 数码管循环显示控制的源程序 example5-1.c 如下：

```
// 程序：example5-1.c
// 功能：带位指示的 4 位 LED 数码管循环显示数字控制
// 运行效果：按照电路图，在 P2.0 ~ P2.3 分别插接 4 个 LED 发光二极管后，发光二极管依次点亮
// 的同时，对应的数码管循环显示数字 0 ~ 9
#include <STC89.H>
void delay (unsigned char i);              // 延时函数声明
```

```
void main()
{unsigned char Seg_Bit, j;          //定义存储数码管片选号的变量 Seg_Bit
 while（1）
  {  for（Seg_Bit=0; Seg_Bit<4; Seg_Bit ++）          //依次选择 4 个数码管中的 1 个（即片选）
   {  if（Seg_Bit==0）{P23=0; P22=1; P21=1; P20=1; } //选择第 1 位数码管输出
      if（Seg_Bit==1）{P23=1; P22=0; P21=1; P20=1; } //选择第 2 位数码管输出
      if（Seg_Bit==2）{P23=1; P22=1; P21=0; P20=1; } //选择第 3 位数码管输出
      if（Seg_Bit==3）{P23=1; P22=1; P21=1; P20=0; } //选择第 4 位 LED 数码管输出
      for（j=0; j<=9; j ++）                          //对应每个数码管，循环显示数字 0 ~ 9
      {
       if（j==0）P1= ~ 0x3f;        //数字 "0" 的字形码，显示数字 "0"
                                    //字形码采用了正逻辑计算，对应实际电路，需要取反
       if（j==1）P1= ~ 0x06;        //数字 "1" 的字形码，显示数字 "1"
       if（j==2）P1= ~ 0x5b;        //数字 "2" 的字形码，显示数字 "2"
       if（j==3）P1= ~ 0x4f;        //数字 "3" 的字形码，显示数字 "3"
       if（j==4）P1= ~ 0x66;        //数字 "4" 的字形码，显示数字 "4"
       if（j==5）P1= ~ 0x6d;        //数字 "5" 的字形码，显示数字 "5"
       if（j==6）P1= ~ 0x7d;        //数字 "6" 的字形码，显示数字 "6"
       if（j==7）P1= ~ 0x07;        //数字 "7" 的字形码，显示数字 "7"
       if（j==8）P1= ~ 0x7f;        //数字 "8" 的字形码，显示数字 "8"
       if（j==9）P1= ~ 0x6f;        //数字 "9" 的字形码，显示数字 "9"
      delay（200）;                 //显示延时，为无符号字符型数据，值不能大于 255
      }
    }
  }
}
// 函数名：delay
// 函数功能：实现软件延时
// 形式参数：unsigned char i;
//i 控制空循环的外循环次数，共循环 i*255 次
// 返回值：无
void  delay（unsigned char i）      //延时函数，无符号字符型变量 i 为形式参数
{
  unsigned char j, k;              //定义无符号字符型变量 j 和 k
  for（k=0; k<i; k ++）            //双重 for 循环语句实现软件延时
   for（j=0; j<255; j ++）;
  }
```

【程序运行与测试】

　　程序下载到单片机中后，将 4 个 LED 发光二极管插入单片机实训电路板的 J3、J4 圆孔插座中（注意 LED 发光二极管的长脚插右边即 J4，短脚插左边即 J3），接通电源，即可观察到 4 个 LED 数码管从右往左，依次循环显示数字 0，1，2……7，8，9，同时 4 个 LED 发光二极管中相应的管点亮（相当于实现了由 4 位 LED 发光二极管构成的流水灯效果）。

　　带位指示的 4 位 LED 数码管循环显示数字控制的硬件电路如图 5.2 所示的圈出区域。

图 5.2　带位指示的 4 位 LED 数码管循环显示数字控制的硬件电路

【任务小结】

　　通过"带位指示的 4 位 LED 数码管循环显示数字控制"的设计和制作，让读者进一步掌握 C 语言的基本语句与运算符，熟悉了 LED 数码管的结构与使用，并初步了解了单片机与 LED 数码管的接口电路设计及编程控制方法。

　　（1）简单地说，LED 数码管就是将几个 LED 发光二极管的阴极（或者阳极）连接起来组成公共端，形成共阴极（或者共阳极）数码管。表示一个数字"8"需要 a、b、c、d、e、f、g 共 7 个 LED 发光二极管，所以现在数码管一般都制作成 7 个发光二极管封装的形式，每一个发光二极管都是长条形状，像"一段一段"组成的，所以现在通常叫作"7 段码数码管"。有时，为了表示小数点，需要加多一个发光二极管，这样就形成了 8 个 LED 发光二极管组成的数码管，简单地称为"8 段码数码管"。本教材采用的单片机实训电路板就是选用的 8 段码数码管。

　　（2）单片机芯片通过的电流很小，不能驱动较大的负载。如果直接依靠单片机输出的电流驱动数码管，会因为电流不够导致数码管发光很暗，所以在单片机接口电路中，单片机通常不会直接驱动负载（例如，4 个数码管就是本任务的最大负载），而是依靠输出的高 / 低电平（所需电流非常微弱）来控制三极管等元件的导通与截止。而驱动负载（例如本任务的 4 个数码管）的电流，由其他外部电源来提供，从而达到所谓的"小电流控制大电流"的目的。在图 5.1 带位指示的 4 位 LED 数码管循环显示数字控制电路中，连接的外部 5 V 电源和 8 个 PNP 三极管组成的电路，就是 4 个数码管的驱动电路。

5.1　认识 LED 数码管

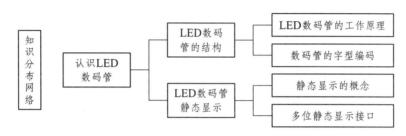

图 5.3　LED 数码管知识分布网络

5.1.1　LED 数码管的结构

在单片机应用系统中，LED 数码管是单片机人机对话的一种重要输出设备，经常用来显示单片机应用系统的工作状态、运算结果等各种信息。

单个 LED 数码管由显示面板、塑料外壳和引脚 3 部分构成，其外形和结构如图 5.4 所示。LED 数码管由 8 个 LED 发光二极管（以下简称段）构成，通过不同的发光段组合可用来显示数字 0 ~ 9、字符 A ~ F、H、L、P、R、U、Y、符号"-"及小数点"."等信息。

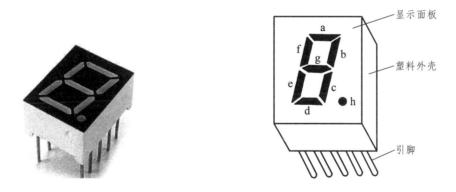

图 5.4　LED 数码管外形结构

1. LED 数码管的工作原理

LED 数码管可分为共阳极和共阴极两种结构。

共阳极数码管的内部结构原理如图 5.5（a）所示，8 个发光二极管的阳极连接在一起，作为公共控制端（com），接高电平时，该数码管才能工作。其阴极作为"段"控制端，当某段控制段为低电平时，该段对应的发光二极管导通并点亮。通过点亮不同的段，显示出不同的字符。如显示数字 1 时，b、c 两端接低电平，其他各端接高电平。

共阴极数码管的内部结构如图 5.5（b）所示，8 个发光二极管的阴极连接在一起，作为公共控制端（com），接低电平时，该数码管才能工作。阳极作为"段"控制端，当某段控制段为高电平时，该段对应的发光二极管导通并点亮。

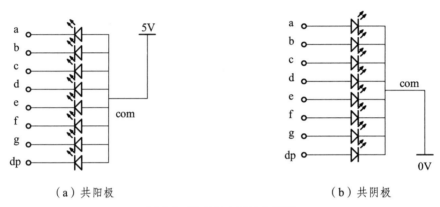

图 5.5　数码管内部结构原理

小提示：

通过判断任意段与公共端连接的发光二极管的极性就可以判断出数码管是共阳极还是共阴极的。

将指针式万用表调至电阻测量方式，假设数码管是共阳极的，那么将指针式万用表的黑表笔（接万用表电池正极）与数码管的 com 端相连，然后用红表笔（接万用表电池负极）逐个接触数码管的各段，数码管的各段将逐个点亮，则数码管是共阳极的。如果数码管的各段均不亮，则说明数码管是共阴极的。如果数码管只有部分段点亮，而另一部分不亮，则说明数码管已经损坏。

注意，数码管的公共端可以查阅相关的资料，或者利用万用表逐个引脚测试进行判断。

2．LED 数码管字型编码

从任务 5-1 中可知，若将数值 0 送至单片机的 P1 口，数码管上不会显示数字"0"。显然，要使数码管显示出数字或字符，直接将相应的数字或字符送至数码管的段控制端是不行的，必须使段控制端输出相应的字形编码。

将单片机 P1 口的 P1.0、P1.1、…、P1.7 八个引脚依次与数码管的 a、b、…、f、g、dp 八个段控制引脚相连接。根据图 5.4 数码管外形结构可知，如果使用的是共阳极数码管，com 端接 +

5 V，要显示数字"0"，则数码管的 a、b、c、d、e、f 六个段应点亮，其他段熄灭，需向 P1 口传送数据 11000000B（0xC0），该数据就是字符"0"相应的共阳极字形编码。若共阴极的数码管 com 端接地，要显示数字"1"，则数码管的 b、c 两端点亮，其他段熄灭，需向 P1 口传送数据 00000110 B（0x06），这就是字符"1"的共阴极字形码。

表 5.1 分别列出了共阳极、共阴极数码管显示的字形编码。从表 5.1 可以看出，共阳极和共阴极数码管的字形编码值互为取反。

表 5.1　数码管字形编码

显示字符	共阳极数码管									共阴极数码管								
	dp	g	f	e	d	c	b	a	字形码	dp	g	f	e	d	c	b	a	字形码
0	1	1	0	0	0	0	0	0	C0H	0	0	1	1	1	1	1	1	3FH
1	1	1	1	1	1	0	0	1	F9H	0	0	0	0	0	1	1	0	06H
2	1	0	1	0	0	1	0	0	A4H	0	1	0	1	1	0	1	1	5BH
3	1	0	1	1	0	0	0	0	B0H	0	1	0	0	1	1	1	1	4FH
4	1	0	0	1	1	0	0	1	99H	0	1	1	0	0	1	1	0	66H
5	1	0	0	1	0	0	1	0	92H	0	1	1	0	1	1	0	1	6DH
6	1	0	0	0	0	0	1	0	82H	0	1	1	1	1	1	0	1	7DH
7	1	1	1	1	1	0	0	0	F8H	0	0	0	0	0	1	1	1	07H
8	1	0	0	0	0	0	0	0	80H	0	1	1	1	1	1	1	1	7FH
9	1	0	0	1	0	0	0	0	90H	0	1	1	0	1	1	1	1	6FH
A	1	0	0	0	1	0	0	0	88H	0	1	1	1	0	1	1	1	77H
B	1	0	0	0	0	0	1	1	83H	0	1	1	1	1	1	0	0	7CH
C	1	1	0	0	0	1	1	0	C6H	0	0	1	1	1	0	0	1	39H
D	1	0	1	0	0	0	0	1	A1H	0	1	0	1	1	1	1	0	5EH
E	1	0	0	0	0	1	1	0	86H	0	1	1	1	1	0	0	1	79H
F	1	0	0	0	1	1	1	0	8EH	0	1	1	1	0	0	0	1	71H
H	1	0	0	0	1	0	0	1	89H	0	1	1	1	0	1	1	0	76H
L	1	1	0	0	0	1	1	1	C7H	0	0	1	1	1	0	0	0	38H
P	1	0	0	0	1	1	0	0	8CH	0	1	1	1	0	0	1	1	73H
R	1	1	0	0	1	1	1	0	CEH	0	0	1	1	0	0	0	1	31H
U	1	1	0	0	0	0	0	1	C1H	0	0	1	1	1	1	1	0	3EH
Y	1	0	0	1	0	0	0	1	91H	0	1	1	0	1	1	1	0	6EH
-	1	0	1	1	1	1	1	1	BFH	0	1	0	0	0	0	0	0	40H
.	0	1	1	1	1	1	1	1	7FH	1	0	0	0	0	0	0	0	80H
熄灭	1	1	1	1	1	1	1	1	FFH	0	0	0	0	0	0	0	0	00H

3．多位 LED 数码管

将单个的 LED 数码管进行组合，就形成如图 5.6 所示的 4 位、6 位（市面上还有 2 位、3 位、5 位等）等多位数码管。

本教材使用的单片机实训电路板就是采用的 4 位共阴极数码管，它就是 4 个单独的共阴极数码管的组合，有 a、b、c、d、e、f、g、dp、com1、com2、com3 和 com4 共 12 个引脚，其中，a、b、c、d、e、f、g、dp 是 4 个数码管中 8 个二极管的阳极端，com1、com2、com3、com4 是 4 个数码管的共阴极公共端。图 5.7 所示为单片机实训电路板 4 位共阴极数码管的引脚。

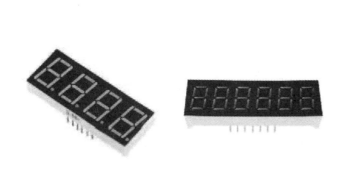

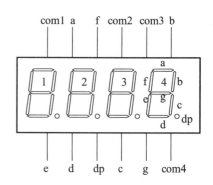

图 5.6   多位数码管外形结构   图 5.7   共阴极 4 位 LED 数码管引脚

5.1.2   LED 数码管静态显示

数码管静态显示是指数码管显示字符时，数码管的公共端恒定接地低电平（共阴极）或 +5 V 电源高电平（共阳极）。将每个数码管的 8 个段控制引脚分别与单片机的一个 8 位 I/O 端口相连接。只要 I/O 端口有显示字形码输出，数码管就显示给定字符，并保持字形码输出，直到 I/O 端口输出新的字形码。

在图 5.1 带位指示的 4 位 LED 数码管循环显示数字控制电路原理图中，将 4 位 LED 数码管的共阴极公共端直接连接 0 V，改成如图 5.8 所示的数码管静态显示电路，就成为数码管静态输出了，此时，只要 P1 口输出相应的字符码，4 个 LED 数码管就会同时显示相同的字符（相当于一位数码管的功能），当然也就达不到任务 5-1 要求的"每个数码管依次循环显示"的功能。

数码管静态显示方式时，较小的电流就可获得较高的亮度，且占用 CPU 时间少，编程简单，便于监测和控制。但占用单片机的 I/O 端口线多，n 位数码管的静态显示需占用 $8n$ 个 I/O 端口，所以限制了单片机连接数码管的个数。同时，硬件电路复杂，成本高，因此，数码管静态显示方式适合显示位数较少的场合。

【数码管静态显示应用实例】

根据图 5.1 带位指示的 4 位 LED 数码管循环显示数字控制电路原理图，可以模拟实现数码管静态显示功能。

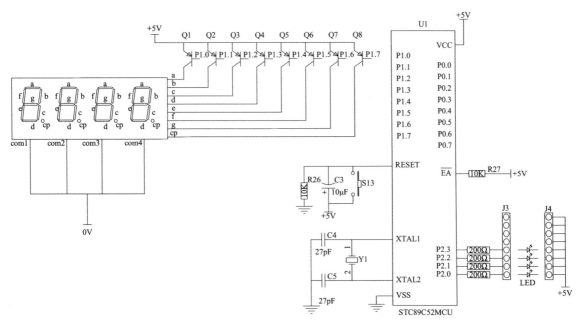

图 5.8　带位指示的 4 位 LED 数码管循环显示数字控制电路原理图

　　将任务 5-1 的控制任务要求改为：系统要求单片机上电后，4 个数码管（同时显示）循环依次显示数字 0、1、2……7、8、9（同时插接在 P2.0 ~ P2.3 上的发光二极管一直点亮）。

　　静态显示实例——4 位 LED 数码管同时循环显示数字控制源程序 example5-1a.c 如下：

```
// 程序：example5-1a.c
// 功能：静态显示实例——4 位 LED 数码管同时循环显示数字控制
// 运行效果：按照电路图，在 P2.0 ~ P2.3 分别插接 4 个 LED 发光二极管后，发光二极管同时点亮
//4 个数码管同时循环显示数字 0-9
#include <STC89.H>
void delay（unsigned char i）;              // 延时函数声明
void main()
{unsigned char j;                          // 定义存储数码管片选号的变量 Seg_Bit
 while（1）
 {  P23=0；P22=0；P21=0；P20=0；           //4 个数码管同时被选中
    for（j=0；j<=9；j + +）                // 对应每个数码管，循环显示数字 0 ~ 9
    {
    if（j==0）P1= ~ 0x3f；                 // 数字"0"的字形码，显示数字"0"
                                          // 字形码采用了正逻辑计算，对应实际电路，需要取反
    if（j==1）P1= ~ 0x06；                 // 数字"1"的字形码，显示数字"1"
    if（j==2）P1= ~ 0x5b；                 // 数字"2"的字形码，显示数字"2"
    if（j==3）P1= ~ 0x4f；                 // 数字"3"的字形码，显示数字"3"
    if（j==4）P1= ~ 0x66；                 // 数字"4"的字形码，显示数字"4"
    if（j==5）P1= ~ 0x6d；                 // 数字"5"的字形码，显示数字"5"
    if（j==6）P1= ~ 0x7d；                 // 数字"6"的字形码，显示数字"6"
    if（j==7）P1= ~ 0x07；                 // 数字"7"的字形码，显示数字"7"
    if（j==8）P1= ~ 0x7f；                 // 数字"8"的字形码，显示数字"8"
    if（j==9）P1= ~ 0x6f；                 // 数字"9"的字形码，显示数字"9"
    delay（200）；                         // 显示延时，为无符号字符型数据，值不能大于 255
    }
 }
}
// 函数名：delay
// 函数功能：实现软件延时
// 形式参数：unsigned char i;
//i 控制空循环的外循环次数，共循环 i*255 次
```

```
//返回值: 无
void  delay (unsigned char i)                    // 延时函数，无符号字符型变量 i 为形式参数
{
    unsigned char j, k;                          // 定义无符号字符型变量 j 和 k
    for (k=0; k<i; k + +)                        // 双重 for 循环语句实现软件延时
      for (j=0; j<255; j + +);
}
```

任务 5-2　8 路抢答器设计

【任务目的】

（1）设计一个具有 8 个按键输入和 1 个 LED 数码管显示的抢答器控制系统。

（2）理解 C 语言中数组的基本概念和应用方法。

（3）进一步熟悉单片机与 LED 数码管的接口电路设计及编程控制方法。

（4）进一步掌握 C 语言 if、switch 等条件语句的灵活运用。

【任务要求】

（1）在单片机实训电路板上，通过外接按钮，实现一个具有 8 个按键输入和 1 个 LED 数码管显示的抢答器控制系统。

（2）外接 8 个独立式按键（可以直接用导线插接替代，参照图 4.15）作为抢答输入按键，序号分别为 0 ~ 7，每个参赛者对应一个序号。当某一参赛者首先按下自己对应的抢答按键时，则抢答成功，在数码管上显示该参赛者的序号，此时抢答器不再接受其他抢答操作。

（3）按下系统复位按钮，系统再次进行下一轮的抢答流程。

【电路原理图设计】

根据任务要求，设计抢答器电路如图 5.9 所示，电路包括单片机、复位电路（含按键复位）、时钟电路、电源电路、按键电路、LED 数码管控制电路。其中，按键电路为在单片机 P0.0 ~ P0.7 引脚分别连接了一个弹性按键 S1 ~ S8（在实际连接时，参照前面任务可用杜邦线替代）作为抢答器的按键。

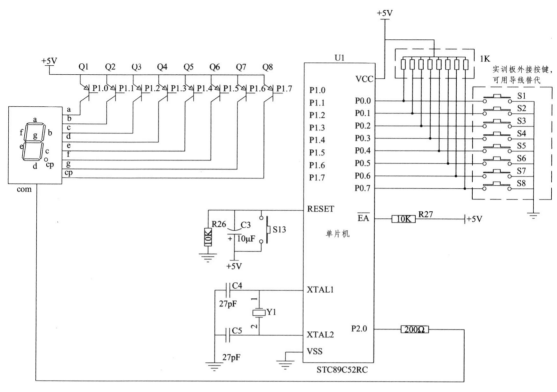

图 5.9　8 路抢答器控制系统电路原理图

LED 数码管电路为单片机 P1.0 ~ P1.7 引脚分别连接到了一个 PNP 型三极管的基极，当 P1.0 ~ P1.7 某个引脚输出低电平 0 V 时（同时 P2.0 也输出低电平 0 V），其连接的三极管导通，5 V 电源从三极管的发射极流入，集电极流出到 LED 数码管的相应发光二极管阳极，然后从发光二极管的共阴极端 com 流出，经 200 Ω 的限流电阻后，流入 P2.0（0 V 低电平），形成一个回路。例如，如果要使 LED 数码管的 a 管发光，必须 P1.0 和 P2.0 都输出低电平，此时，因为 P1.0 输出低电平，所以三极管 Q1 导通，5 V 电源 →Q1 发射极 →Q1 集电极 →a 管阳极 →LED 数码管共阴极公共端 →200 Ω 限流电阻 →P2.0（0 V），形成了一个 LED 发光二极管的点亮回路。同理，要使 LED 数码管的 b 管发光，必须 P1.1 和 P2.0 都输出低电平，要使 c 管发光，必须 P1.2 和 P2.0 都输出低电平……依次类推。

按键复位电路由按键 S13、电阻 R26、电容 C3 组成，此电路同时也具备单片机上电复位功能。单片机通电瞬间，该电路产生复位信号，单片机正常工作时，按下按键 S13，也能使单片机复位，按键 S13 在本任务中作为系统复位的按键。

小知识：

（1）在单片机系统中，经常采用 LED 数码管来显示单片机系统的工作状态、运算结果等各种信息，LED 数码管是单片机人机对话的一种重要输出设备。

（2）LED 数码管由 8 个发光二极管（以下简称段）构成，通过不同的发光字段组合可用来显示数字 0 ~ 9、字符 A ~ F、H、L、P、R、U、Y、符号 "-" 以及小数点 "." 等。

（3）因为 LED 数码管要想获得足够的亮度，需要一定的电流，单片机输出的电流有限，所以图 5.9 电路中，P1.0 ~ P1.7 连接的 PNP 型三极管，起到驱动器的作用，单片机只需要输出低电平使对应的三极管导通，而驱动 LED 数码管的电流由外部电源提供。

（4）按键采用独立式按键接法，每个按键都单独占用一根 I/O 端口线，适用于按键数目比较少的应用场合，优点是软件结构简单。

（5）电路中 P0 口外接的上拉电阻是保证按键断开时，I/O 端口为高电平；按键按下时相应端口为低电平。

【源程序设计】

程序设计思路：系统上电时，数码管显示 "-"，表示开始抢答，当记录到最先按下的按键序号后，数码管将显示该参赛者的序号，同时无法再接受其他按键的输入；当系统按下复位按钮 S13 时，系统显示 "-"，表示可以接受新一轮的抢答。

8 路抢答器控制源程序如下：

```
// 程序：example5-2.c
// 功能：8 路抢答器控制程序
#include <STC89.H>
void main()
{unsigned char ButtonNum;          // 定义保存按键信息的变量
 unsigned char seg7[]={0x3f, 0x06, 0x5b, 0x4f, 0x66, 0x6d, 0x7d, 0x07, 0x7f, 0x6f};
                                    //0 ~ 9 的字形码，按高电平接通录入

 while（1）
  {   P1= ~ 0x40;                   // 显示 "-" 符号
   P20=0;                           // 共阴极 8 断码，片选信号
     P0=0xff;                       // 读引脚状态前，先置 1
     do
     {
 ButtonNum=P0;                      // 读取抢答器按键状态
     }while（ButtonNum==0xff）；      // 没有任何人抢答，继续读取
   switch（ButtonNum）
   {
       case 0xfe：P1= ~ seg7[1]；break；   //P0.0 端口抢答按下，显示数字 "1"
       case 0xfd：P1= ~ seg7[2]；break；   //P0.1 端口抢答按下，显示数字 "2"
       case 0xfb：P1= ~ seg7[3]；break；   //P0.2 端口抢答按下，显示数字 "3"
       case 0xf7：P1= ~ seg7[4]；break；   //P0.3 端口抢答按下，显示数字 "4"
       case 0xef：P1= ~ seg7[5]；break；   //P0.4 端口抢答按下，显示数字 "5"
       case 0xdf：P1= ~ seg7[6]；break；   //P0.5 端口抢答按下，显示数字 "6"
       case 0xbf：P1= ~ seg7[7]；break；   //P0.6 端口抢答按下，显示数字 "7"
       case 0x7f：P1= ~ seg7[8]；break；   //P0.7 端口抢答按下，显示数字 "8"
       default：        break；
   }
     while（1）；                    // 无限循环，一直显示抢答者序号，直到按下复位按键
   }
 }
```

小知识：

在程序设计中，为了处理方便，把具有相同类型的若干数据项按有序的形式组织起来，这些按序排列的同类数据元素的集合称为数组。在上面的程序中，定义了数组 seg [ ]。

unsigned char seg7[ ]={0x3f, 0x06, 0x5b, 0x4f, 0x66, 0x6d, 0x7d, 0x07, 0x7f, 0x6f}；

数组中的元素有固定数目和相同类型，数组元素的数据类型就是该数组的基本类型。上面数组的类型是无符号字符型，数组名为 seg7，数组元素个数为 10 个。

数组元素也是一种变量，其标志方法为数组名后跟一个下标，例如：seg7[0]、seg7[1]……seg7 [9]。

【任务小结】

通过 8 路抢答器的设计和制作，让读者理解 C 语言中数组的应用，进一步熟悉单片机与 LED 数码管的接口电路设计及编程控制方法。

通常 LED 数码管字形码编码时采用正逻辑，即某 LED 二极管需要点亮时，其对应的引脚为高电平 1。但为了使 LED 数码管有足够的亮度，图 5.1 设计电路采用了三极管反相驱动电路，所以程序中调用字形码时采用了取反的操作，例如，"P1= ~ seg7[1]"，相当于两次取反的操作，结果就为正了。

单片机实训电路板外接按键 S1 ～ S8，因单片机实训电路板的 P0 口已经连接了 1 kΩ 的上拉电阻排，所以在图 5.9 电路连接中，可用一条杜邦线模拟替代外接的按键，即杜邦线的一端连接电路板 J7 的 0 V，一端连接 P0 的某个端口，即可实现按键 S1 ～ S8 的通断效果。

5.2 C 语言数组

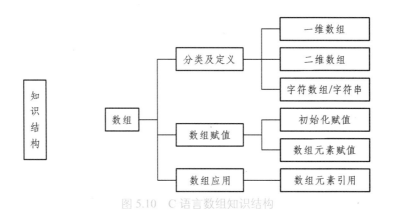

图 5.10 C 语言数组知识结构

在程序设计中，为了处理方便，把具有相同类型的若干数据项按有序的形式组织起来，这些按序排列的同类数据元素的集合称为数组。组成数组的各个数据分项称为数组元素。

数组属于常用的数据类型，数组中的元素有固定数目和相同类型，数组元素的数据类型就是该数组的基本类型。例如，整数数据的有序集合称为整型数组，字符型数据的有序集合称为字符数组。

数组可分为一维、二维、三维和多维数组等，最常用的是一维、二维、三维和字符数组。

5.2.1　一维数组

1．一维数组定义

在 C 语言中，数组必须先定义、后使用。一维数组的定义格式如下：

类型说明符 数组名 [常量表达式]；

类型说明符是指数组中的各个数组元素的数据类型；数组名是用户定义的数组标识符；方括号中的常用量表达式表示数组元素的个数，也称为数组的长度。

例如：

```
int a[10];           //定义整数数组 a，包含 10 个元素 a[0]、a[1]、…、a[9]
float b[10], s[20];  //定义实型数组 b，包含 10 个元素 b[0]、b[1]、…、b[9]；
                     //实型数组 s，包含 20 个元素 s[0]、s[1]、…、s[19]
char seg7[15];       //定义字符数组 seg7，有 15 个元素 seg7[0]、seg7 [1]、…、seg7 [14]
```

定义数组时，应注意以下几点：

（1）数组的类型实际上是指数组元素的取值类型。对于同一个数组，所有元素的数据类型都是相同的。

（2）数组名的书写规则应符合标识符的书写规定。

（3）数组名不能与其他变量名相同。

例如，在下面的程序段中，因为变量 abc 和数组 abc 同名，程序编译时出现错误无法通过。

```
void main()
{
int abc;
char abc[10];
……
}
```

（4）方括号中常量表达式表示数组元素的个数，如 a[5] 表示数组 a 有 5 个元素。数组元素的下标从 0 开始计算，5 个元素分别为 a[0]、a[1]、a[2]、a[3]、a[4]。

（5）数组定义时其长度必须固定，不能定义一个可变长度的数组。也就是说，数组方括号中的内容不可以是变量，但可以是符号常数和常量表达式。

例如，下面的数组定义是合法的：

```
#define NUM 5
main()
{
 int abc[NUM], b[7 + 8];
…
}
```

但是，下述定义方法是错误的：

```
main()
{
int num=10;              // 定义变量 num
int a[num];
…
}
```

（6）允许在同一个类型说明中，说明多个数组和多个变量，例如：

```
int a, b, c, d, k1[10], k2[20];
```

2．数组元素

数组元素也是一种变量，其标志方法为数组后跟一个下标。下标表示该数组元素在数组中的顺序号，只能为整型常量或整型表达式。如为小数时，C 编译器将自动取整。定义数组元素的一般形式为：

数组名 [下标]

例如，ab[5]、num[i + j]、a[+ +] 都是合法的数组元素。

在程序中不能一次引用整个数组，只能逐个使用数组元素。例如，数组 a 包括 10 个数组元素，累加 10 个数组元素之和，必须使用下面的循环语句逐个累加各数组元素：

```
int  a[10], sum;
sum=0;
for（i=0; i<10; i + + ) sum=sum + a[i];
```

不能用一个语句累加整个数组，下面的写法是错误的：

```
sum=sum + a
```

3．数组赋值

给数组赋值的方法有赋值语句和初始化赋值两种。

在程序执行过程中，可以用赋值语句对数组元素逐个赋值，例如：

```
for（i=1; i<10; i + + )
    num[i]=i;
```

数组初始化赋值是指在数组定义时给数组元素赋予初值，这种赋值方法是在编译阶段进行的，可以减少程序运算时间，提高程序执行效率。初始化赋值的一般形式为：

类型说明符 数组名 [常量表达式]={ 值，值，… 值 }；

其中，在 {} 中的各数据值即为相应数组元素的初值，各值之间用逗号间隔。例如，在 8 路抢答器设计程序 example5-1.c 中用来定义 0 ~ 9 字形码的数组：

```
unsigned char seg7[]={0x3f, 0x06, 0x5b, 0x4f, 0x66, 0x6d, 0x7d, 0x07, 0x7f, 0x6f};
```

此段程序在定义数组的同时，也给数组进行了赋值，相当于包含如下内容：

```
seg7 [0]=0x3f; seg7 [1]=0x06; …seg7 [9]=0x6f;
```

这里定义数组 "seg7[ ]" 时，没有指定数组的元素个数，在 {} 中赋值的各数据值的个数就是数组中的元素个数。因此，数组 seg7[ ] 的元素个数是 10 个。

小提示：

数组长度和数组元素下标在形式上有些相似，但这两者具有完全不同的含义。数组说明方括号中给出的是长度，即可取下标的最大值加 1；而数组元素中的下标是该元素在数组中的位置标识。前者只能是常量，后者可以是常量、变量或表达式。

5.2.2　二维数组

在一些数据处理中，一维的数组不能很好地存储数据。例如，要保存一个学校学生的成绩，至少要包含该生所在班级和该生在班级中的序号，要表达"103 班 15 号张三同学的成绩 98 分"，可以采用 "Student[103][15]=98" 的形式，103 是班级号，15 是班级中的序号，这种形式就是二维数组。

定义二维数组的一般形式是：

类型说明符 数组名 [常量表达式 1][常量表达式 2]；

其中常量表达式 1 表示第一维下标的长度，常量表达式 2 表示第二维下标的长度，例如：

int num[3][4]；

定义了一个 3 行 4 列的数组，数组名为 num，该数组包括 3×4 个数组元素，即：

num[0][0], num[0][1], num[0][2], num[0][3]

num[1][0], num[1][1], num[1][2], num[1][3]

num[2][0], num[2][1], num[2][2], num[2][3]

二维数组的存放方式是按行排列的，放完一行后顺次放入第二行。对于上面定义的二维数组，先存放 num[0] 行，再存放 num[1] 行，最后存放 num[2] 行；每行中的 4 个元素也是依次存放的。由于数组 num 说明为 int 类型，该类型数据占 2 字节的内存空间，所以每个元素均占有 2 个字节。

二维数组的初始化赋值可按行分段赋值，也可按行连续赋值。

例如，对数组 a [3][4] 可按下列方式赋值：

（1）按行分段赋值可写为：

int a[3][4]={{80, 75, 92, 61}, {65, 71, 59, 63}, {70, 85, 87, 90}}；

（2）按行连续赋值可写为：

int a[3][4]={80, 75, 92, 61, 65, 71, 59, 63, 70, 85, 87, 90}；

以上两种赋初值的结果是完全相同的。

二维数组的应用参见任务 5-4 8×8 点阵 LED 显示器循环显示数字 0 ~ 9 的控制程序 example5-4.c。在该程序中，定义了一个 10 行 8 列的二维数组 led[10][8]，用于存储 10 个数据的字形码，其定义与赋初始值如下：

```
unsigned char code led[10][8]={ {0x18, 0x24, 0x24, 0x24, 0x24, 0x24, 0x24, 0x18},      //0
                                {0x00, 0x18, 0x1c, 0x18, 0x18, 0x18, 0x18, 0x18},      //1
                                {0x00, 0x1e, 0x30, 0x30, 0x1c, 0x06, 0x06, 0x3e},      //2
                                {0x00, 0x1e, 0x30, 0x30, 0x1c, 0x30, 0x30, 0x1e},      //3
                                {0x00, 0x30, 0x38, 0x34, 0x32, 0x3e, 0x30, 0x30},      //4
```

$$\{0x00, 0x1e, 0x02, 0x1e, 0x30, 0x30, 0x30, 0x1e\}, \quad //5$$
$$\{0x00, 0x1c, 0x06, 0x1e, 0x36, 0x36, 0x36, 0x1c\}, \quad //6$$
$$\{0x00, 0x3f, 0x30, 0x18, 0x18, 0x0c, 0x0c, 0x0c\}, \quad //7$$
$$\{0x00, 0x1c, 0x36, 0x36, 0x1c, 0x36, 0x36, 0x1c\}, \quad //8$$
$$\{0x00, 0x1c, 0x36, 0x36, 0x36, 0x3c, 0x30, 0x1c\}\}; \quad //9$$

可以看出，数组 led[10][8] 采用了按行分段赋值的方式，共 10 行，每行包含 8 个元素，每行的数据用 "{ }" 括起来，清晰明了。当需要赋值的数据比较多时，通常采用此方法。但要注意，采用此方法赋值时，在 "{ }" 后一定要加上逗号 ',' 运算符。

5.2.3　字符数组

用来存放字符的数组称为字符数组，每一个数组元素就是一个字符。

字符数组的使用说明与整型数组相同，如 "char ch[10]；" 语句，说明 ch 为字符数组，也包含 10 个字符元素。

字符数组的初始化赋值是直接将各字符赋给数组中的各个元素，例如：

char ch[10]={ 'c', 'h', 'i', 'n', 'e', 's', 'e', '\0'};

以上定义说明了一个包含 10 个数组元素的字符数组 ch，并且将 8 个字符分别赋值到 ch[0] ~ ch[7]，而 ch[8] 和 ch[9] 系统将自动赋值空格字符。

当对全体数组元素赋初值时也可以省去长度说明，例如：

char ch[ ]= {'c', 'h', 'i', 'n', 'e', 's', 'e', '\0'};

这个 ch 数组的长度自定义为 8。

通常用字符数组来存放一个字符串。字符串总是以 '\0' 来作为串的结束符号。因此，当把一个字符串存入一个数组时，也要把结束符 '\0' 存入数组，并以此作为字符串的结束标志。

C 语言允许用字符串的方式对数组作初始化赋值，例如：

char ch[ ] = {'c', 'h', 'i', 'n', 'e', 's', 'e', '\0'};

可写为：

char ch[]={"Chinese"};

或去掉 {}，写为：

char ch[]="Chinese";

一个字符串可以用一维数组来装入，但数组的元素数目一定要比字符多一个，即字符串结束符 '\0'，由 C 编译器自动加上。

子任务 1　8 按键输入的简易密码锁

【任务目的】

（1）设计一个 8 按键输入的简易密码锁控制系统。

（2）巩固 C 语言数组的灵活使用。

（3）初步探索 C 程序的程序处理技巧（一次按键输入的判断）。

（4）进一步掌握 C 程序顺序编程的方法。

【任务要求】

（1）设计具有 8 个按键输入和 1 个 LED 数码管显示的简易密码锁。

（2）简易密码锁的基本功能如下：

① P0 口的 8 个按键，分别代表十进制数 1 ~ 8；

② 密码在程序的数组中事先设定；

③ 系统上电后，LED 数码管持续显示"-"，表示等待密码输入状态；

④ 按下再松开按键 1 次，表示输入 1 位密码，4 位数密码输入完成后，进行密码正确与否的判断。

⑤ 4 位数密码输入正确则显示字符"P"约 5 s，并通过 P2.6 端口将锁打开，连接在 P2.6 上的 LED 发光二极管点亮；密码错误则显示字符"E"约 5 s，继续保持锁定状态。

【电路原理图】

电路原理图参照任务 5-2 的 8 路抢答器设计电路原理图，在此电路的基础上，再增加一个连接在 P2.6 的 LED 发光二极管，以模拟密码输入正确后开锁的动作。

请读者自行画出本任务的完整电路原理图。

【程序设计】

程序设计思路：

（1）数据处理：根据控制的需要，4 位 LED 数码管需要显示数字 0 ~ 8、字符"-"、字符"P"、字符"E"共 12 个字符，为了方便，建立一个含 13 个元素的数组 seg7[13]，将数字 0 ~ 9、字符"-"、字符"P"、字符"E"在 LED 数码管上显示的字形码放于该数组中，显示时直接调用。

（2）数据结构：为预先设置的密码数据和输入的密码数据分别建立两个数组。PaseeWord1[4] 存放预先设置的密码并赋初始值"PaseeWord1[4]={0x01，0x04，0x10，0x40}；"，为了输入判断简便，直接将 8 个按键对应的十进制数转换为十六进制存储，"0x01，0x04，0x10，0x40"，分别代表按键"1、3、5、7"；PaseeWord2[4] 用于存放输入的密码数据，不需要赋初值。

判断输入的密码是否和预先设置的密码一致时，PaseeWord2[i] 与 PaseeWord1[i] 两个数组的对应元素值一一进行"等于"比较，就能轻易地判断出是否一致。采用 C 语言表达为"PaseeWord2[0]==PaseeWord1[0]&&PaseeWord2[1]==PaseeWord1[1]&&PaseeWord2[2]==PaseeWord1[2]&&PaseeWord2[3]==PaseeWord1[3]"。

（3）按键处理：

如何判断完成了一个密码的输入（按键按下，并且松开）是本任务的一个难点。这里要采用一点编程的小技巧,设置2个临时变量 temp 和 finishied,temp 用于记录按键按下去时对应的按键值,finishied 用于标记按键已经压下,当松开按键时,检测到的"空"键值和保存的按键值不同,就表示完成了一次有效的按键,用 C 语言表达则为"if(ButtonNum==0x00&&finishied==1)"。按键处理采用了如下代码:

```
ButtonNum= ~ P0;                          //读按键值,并取反
if(ButtonNum!=0x00&&temp!=ButtonNum)      //有按键按下,并且不是持续按下
        { temp=ButtonNum;                 //记录按键值
          finishied=1;                    //做标记
        }
    if(ButtonNum==0x00&&finishied==1)     //有按下按键,并且已经松开,
                                          //即完成了一次有效的按键输入
    { PaseeWord2[i]=temp;                 //保存输入的密码
      temp=99;                            //复位临时变量
      …
      …
    }
```

8 按键输入的简易密码锁参考源程序如下:

```
// 程序: example5-2a.c
/* 功能: 8 按键输入的简易密码锁
(1)P0 口的 8 个按键,分别代表十进制数 1 ~ 8;
(2)密码在程序的数组中事先设定;
(3)系统上电后,LED 数码管持续显示 "-",表示等待密码输入状态;
(4)按下再松开按键 1 次,表示输入 1 位密码,4 位数密码输入完成后,进行密码正确与否的判断;
(5)4 位数密码输入正确则显示字符 "P" 约 5 s,并通过 P2.6 端口将锁打开,连接在 P2.6 上的 LED
发光二极管点亮;否则显示字符 "E" 约 5 s,继续保持锁定状态。
*/
#include <STC89.H>
void main()
{unsigned char ButtonNum;                             //定义保存按键信息的变量
unsigned int i, j, k, finishied, temp=99;
unsigned char PaseeWord1[4]={0x01, 0x04, 0x10, 0x40};  //预先设定的密码,1、3、5、7
unsigned char PaseeWord2[4];
unsigned char seg7[13]={0x3f, 0x06, 0x5b, 0x4f, 0x66, 0x6d, 0x7d, 0x07, 0x7f, 0x6f, 0x40, 0x73, 0x79};
                                                       //"0 ~ 9、-、P、E"的字形码,按高电平接通录入
while(1)
{ P1= ~ seg7[10];                                      //显示 "-" 符号
```

```
   P20=0;                                    // 片选信号，选中第 1 个 LED 数码管
   ButtonNum= ~ P0;                          // 读 P0 引脚状态
   if（ButtonNum!=0x00&&temp!=ButtonNum）     // 有按键按下，并且不是持续按下
   { temp=ButtonNum;                         // 记录按键值
         finishied=1;                        // 做标记
   }
   if（ButtonNum==0x00&&finishied==1）
                                             // 有按下按键，并且已经松开，即完成了一次有效的按键输入
{ PaseeWord2[i]=temp;                         // 保存输入的密码
   temp=99;                                  // 复位临时变量
   finishied=0;                              // 复位按键标记
   switch（PaseeWord2[i]）                     // 判断当前按键值，进行显示
       {
       case 0x01：P1= ~ seg7[1]; break;        // 按下 P0.0，LED 数码管显示数字 "1"
       case 0x02：P1= ~ seg7[2]; break;        // 按下 P0.1，LED 数码管显示数字 "2"
       case 0x04：P1= ~ seg7[3]; break;        // 按下 P0.2，LED 数码管显示数字 "3"
       case 0x08：P1= ~ seg7[4]; break;        // 按下 P0.3，LED 数码管显示数字 "4"
       case 0x10：P1= ~ seg7[5]; break;        // 按下 P0.4，LED 数码管显示数字 "5"
       case 0x20：P1= ~ seg7[6]; break;        // 按下 P0.5，LED 数码管显示数字 "6"
       case 0x40：P1= ~ seg7[7]; break;        // 按下 P0.6，LED 数码管显示数字 "7"
       case 0x80：P1= ~ seg7[8]; break;        // 按下 P0.7，LED 数码管显示数字 "8"
       default：  P1= ~ seg7[0];  break;       // 按下其他组合，LED 数码管显示数字 "0"
       }
   i + +;                                    // 加 1，为下一次输入做准备
   for（j=0; j<1000; j + +）                   // 延时，显示按键值大约 2 s
     for（k=0; k<200; k + +）
               ;
}
   /* 以下程序段，用于处理 4 个密码数字输入完成，进行密码输入情况进行处理 */
   if（i==4）                                  //4 位数密码输入完成，开始判断密码正确与否
   { i=0;
    ifPaseeWord2[0]==PaseeWord1[0]&&PaseeWord2[1]==PaseeWord1[1]&&PaseeWord2[2]
    ==PaseeWord1[2]&&PaseeWord2[3]==PaseeWord1[3]）
         {P1= ~ seg7[11];                    // 密码正确，LED 数码管显示 "P"
         P26=0;                              //LED 灯亮，模拟开锁
         }
   else
```

```
              P1= ~ seg7[12];                    // 密码错误，LED 数码管显示"E"
          for（j=0；j<1000；j + +）               // 延时，显示密码输入结果约 5 s
            for（k=0；k<1000；k + +）
                          ；
              P26=1；                             //LED 灯灭，模拟关锁
          }
      /* 密码判断处理完成 */
      }
  }
```

任务 5-3　用 4 位 LED 数码管实现的日期滚动显示控制

【任务目的】

（1）掌握 LED 数码管动态显示原理与方法。

（2）用 4 位 LED 数码管实现 10 位数日期的滚动显示。

（3）熟悉单片机动态显示 LED 数码管的控制方法。

（4）进一步掌握 C 语言基本语句、运算符和表达式的灵活运用；熟悉 C 语言编程时的数据处理技巧。

（5）进一步熟练运用数组。

【任务要求】

（1）上电后，4 位 LED 数码管上循环滚动显示"2018-01-15"10 个字符。

（2）字符滚动的顺序为从右往左。

（3）4 位 LED 数码管具体的显示顺序为（"灭"表示该 LED 数码管不显示任何内容）：灭、灭、灭、2→灭、灭、2、0→灭、2、0、1→2、0、1、8→0、1、8、-→1、8、-、0→8、-、0、1→-、0、1、-→0、1、-、1→1、-、1、5→-、1、5、灭→1、5、灭、灭→5、灭、灭、灭→灭、灭、灭、2……

【电路原理图设计】

根据任务要求，设计如图 5.11 所示的用 4 位 LED 数码管实现的日期滚动显示控制系统原理图，电路包括单片机、复位电路（含按键复位）、时钟电路、电源电路、4 位 LED 数码管控制电路。

此电路与图 5.1 带位指示的 4 位 LED 数码管循环显示数字控制电路原理图基本相同，只是删除了其 4 位 LED 发光二极管部分电路。

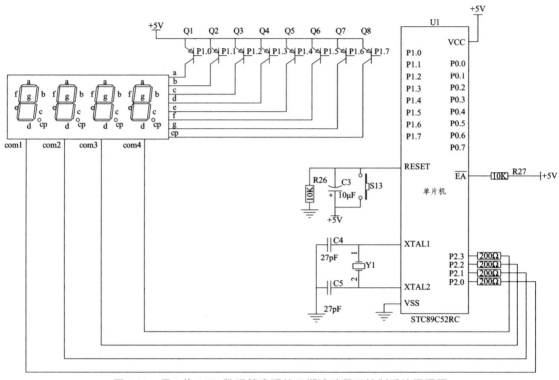

图 5.11　用 4 位 LED 数码管实现的日期滚动显示控制系统原理图

【源程序设计】

　　程序设计思路(从右往左滚动)：将要滚动显示的"全灭、全灭、全灭、2、0、1、8、-、0、1、-、1、5、全灭、全灭、全灭" 16 个字符，依次存储在数组 seg7[ ] 中；依次进行 13 轮的显示(用变量 i 控制)，每 1 轮显示中，利用左移位 "<<" 操作符，从左至右(P20 ~ P23)依次选中 1 位数码管进行显示(用变量 j 控制，j 为 0 ~ 3)，其显示字形码为 seg7[i + j]。为了调节滚动的速度，设置每轮显示 20 遍的 for 循环。程序流程图如图 5.12 所示。

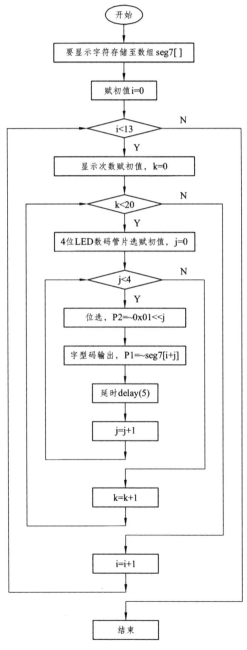

图 5.12　用 4 位 LED 数码管实现的日期滚动显示控制程序流程图

用 4 位 LED 数码学实现的日期滚动显示控制的源程序 example5-3.c 如下：

```
// 程序：example5-3.c
// 功能：用 4 位 LED 数码管实现的日期滚动显示控制
// 系统上电后，4 位 LED 数码管滚动显示 2018-01-15
// 改变变量 k 的值，可以调节滚动的速度，k 值越大，滚动越慢
// 将 delay() 函数的延时时间调大，能清楚发到该动态显示的过程
#include <STC89.h>
void delay（unsigned char i）;            // 延时函数声明
void main()
{//unsigned char seg7[]={0x3f, 0x06, 0x5b, 0x4f, 0x66, 0x6d, 0x7d, 0x07, 0x7f, 0x6f};
//0 ~ 9 的字形码
 unsigned char seg7[]={0x00, 0x00, 0x00, 0x5b, 0x3f, 0x06, 0x7f, 0x40, 0x3f, 0x06, 0x40,
0x06, 0x6d, 0x00, 0x00, 0x00};
     // 全灭、全灭、全灭、2、0、1、8、-、0、1、-、1、5、全灭、全灭、全灭；共 16 个字符
     //0x40 为字符 '-' 的字形码
     //0x00 为数码管全灭的字形码。因为屏幕在滚动的开始和最后，都只有一个字符在显示，其他数码
管是熄灭的
     unsigned int i, j, k;
     while（1）
     { for（i=0; i<13; i + +）              // 为了显示所有字符，需要滚动 13 次
        for（k=0; k<20; k + +）             // 显示多遍，改变 k 的值，可以调节滚动的速度
        {
        for（j=0; j<4; j + +）             //4 个数码管，利用视觉暂留，动态显示
            {
                P2= ~（0x01<<j）;    //0x01 左移 j 位（0 ~ 3），依次选中第 1、2、3、4 位 LED 数码管
                P1= ~ seg7[i + j];           // 输出字形码
                delay（5）;                   // 延时
                    // 当该延时值过大时，如 delay（50），超过眼睛的视觉暂留时间，
                    // 则同一时刻，只有 1 个数码管显示
            }
        }
     }
}
// 函数名：delay
// 函数功能：实现软件延时
// 形式参数：unsigned char i;
//i 控制空循环的外循环次数，共循环 i×255 次
// 返回值：无
```

```
void  delay（unsigned char i）              // 延时函数，无符号字符型变量 i 为形式参数
{
  unsigned char j，k；                      // 定义无符号字符型变量 j 和 k
  for（k=0；k<i；k + +）                    // 双重 for 循环语句实现软件延时
    for（j=0；j<255；j + +）；
}
```

【程序运行与测试】

编译连接后，将生成的 *.hex 文件下载到单片机中，确认 4 位 LED 数码管已经插入单片机实训电路板上，然后运行。能发现 "2018-01-15" 10 个字符在 4 个数码管上，从最右边的一位开始，从右往左移动显示。最开始只有第 4 位（即最右边）数码管显示一个 "2" 字符，最后只有第 1 位（即最左边）数码管显示一个 "5" 字符。

用 4 位 LED 数码管实现的日期滚动显示运行过程如图 5.13 所示。

增大 delay（5）的延时值至一定值时，如 delay（100），因超过人眼视觉暂留的时间，会发现同一时刻 4 位 LED 数码管上只有一个字符显示出来。通过增大延时值来观察运行效果这种方法，也能帮助我们理解本程序的动态显示控制原理。

语 句 "for（k=0；k<20；k + +）" 循环显示多遍，是为了调节显示字符移动的速度，增大变量 k 的值，能发现移动的速度变慢了。

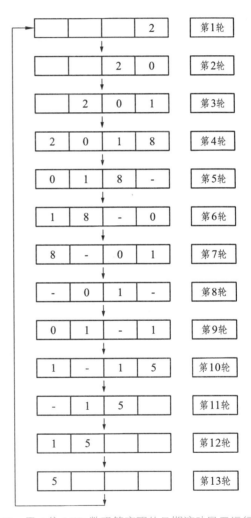

图 5.13　用 4 位 LED 数码管实现的日期滚动显示运行过程

5.3　LED 数码管动态显示

在单片机应用系统设计中，往往需要采用各种显示器件来显示控制信息和处理结果。当采用数码管显示，且位数较多时，一般采用数码管动态显示控制方式。

　　动态显示是一种按位轮流点亮各位数码管，高速交替地进行显示，利用人眼的视觉暂留，使人感觉看到多个数码管同时显示的控制方式。

　　数码管动态显示电路通常是将所有数码管的各个显示段分别并联起来，仅用一个并行 I/O 端口控制，成为"段选端"。各位数码管的公共端，成为"位选端"，由另一个 I/O 端口控制。用 4 位 LED 数码管实现的日期滚动显示控制系统就是数码管动态显示硬件连接的例子。

　　动态显示是指按位轮流点亮各位数码管，即在某一时段，只让其中一位数码管的"位选端"有效，并送出相应的字形显示编码。此时，其他位的数码管因"位选端"无效而处于熄灭状态；下一时段按顺序选通另一位数码管，并送出相应的字形显示编码，按此规律循环下去，即可使各位数码管分别间断地显示出相应的字符。这一过程也称为动态扫描显示。

　　与静态显示方式相比，当显示位数较多时，动态显示方式可节省 I/O 端口资源，其硬件电路简单，但其显示的亮度低于静态显示方式。由于 CPU 要不断地依次运行扫描显示程序，将占用 CPU 更多的时间。若显示位数较少，采用静态显示方式更加简便。

　　动态显示方式在实际应用中需要不断地扫描数码管才能得到稳定显示效果，因此在程序中不能有比较长时间地停止数码管扫描的语句，否则会影响显示效果，甚至无法显示。

　　通常，在程序设计中，把数码管扫描过程变成一个相对独立的扫描函数，在程序中需要延时或等待查询的地方调用该函数，代替空操作延时，就可以保证扫描过程不会间隔时间太长。

任务 5-4　8×8 点阵 LED 显示器循环显示数字 0 ～ 9

　　8×8 点阵 LED 显示器相比较 LED 数码管，属于大屏幕显示器，共有 64 个像素点，而 LED 数码管只有 8 个"像素点"。本任务不需要外接任何元件，便可在单片机实训电路板的 8×8 点阵 LED 显示器上循环显示"0 ～ 9"10 个数字字符。对于 8×8 点阵 LED 显示器控制的了解，可以先学习子任务 1"8×8 点阵 LED 显示器单点显示控制"和子任务 2"8×8 点阵 LED 显示器上单个字符显示控制"。

【任务目的】

　　（1）在单片机实训电路板的 8×8 点阵 LED 显示器上循环显示数字 0 ～ 9。

　　（2）了解 8×8 点阵 LED 显示器的工作原理与使用方法。

　　（3）掌握 8×8 点阵 LED 显示器字符码的编码方法。

　　（4）了解单片机应用系统常用电路芯片锁存器的使用。

　　（5）熟悉单片机外部接口电路的设计与控制，初步了解单片机控制系统的开发过程。

（6）进一步掌握 LED 显示器的动态显示技术。

（7）进一步掌握二维数组的使用。

【任务要求】

（1）系统上电后，单片机实训电路板的 8×8 点阵 LED 显示器循环显示数字 0 ~ 9。

（2）要求显示图像清晰、稳定。

（3）0 ~ 9 显示数字切换的速度，在程序中可以随意更改。

【电路原理图设计】

根据任务要求，设计如图 5.14 所示的 8×8 点阵 LED 显示器显示控制系统原理图，电路包括单片机、复位电路（含按键复位）、时钟电路、电源电路、8×8 点阵 LED 显示器控制电路。

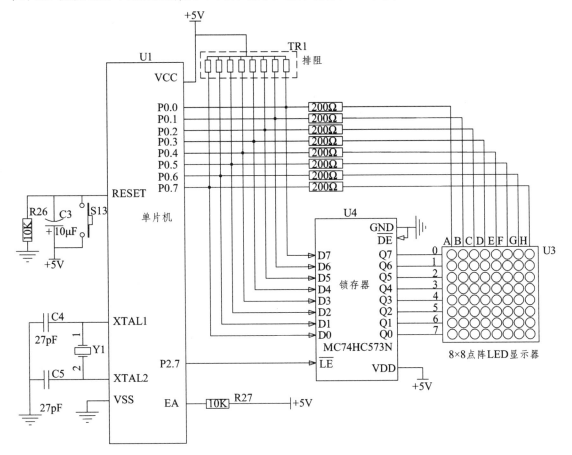

图 5.14　8×8 点阵 LED 显示器显示控制系统原理图

此电路为整个单片机实训电路板的一部分，为了节省单片机引脚资源，在 8×8 点阵 LED 显示器控制电路中使用了一个 74HC573 锁存器，分时利用 P0 端口输出行信号与列信号。

8×8 点阵 LED 显示器循环显示数字 0 ～ 9 的控制系统硬件电路如图 5.15 所示的多边形框区域部分。

图 5.15　8×8 点阵 LED 显示器显示控制系统硬件电路

【源程序设计】

程序设计思路：将要显示的 10 个数字 0 ～ 9 的字形码存入一个 10 行 8 列的二维数组 led[10][8] 中。需要显示某个数字时，利用 P27 端口控制锁存器的锁存使能端，先打开锁存器，从 P0 口输出行信号选中第 1 行，然后关闭锁存器，从 P0 口输出该数字的第 1 行字形码，延时后再打开锁存器输出行信号选中第 2 行，关闭锁存器后再输出该数字的第 2 行字形码，以此类推。整个程序流程如图 5.16 所示。

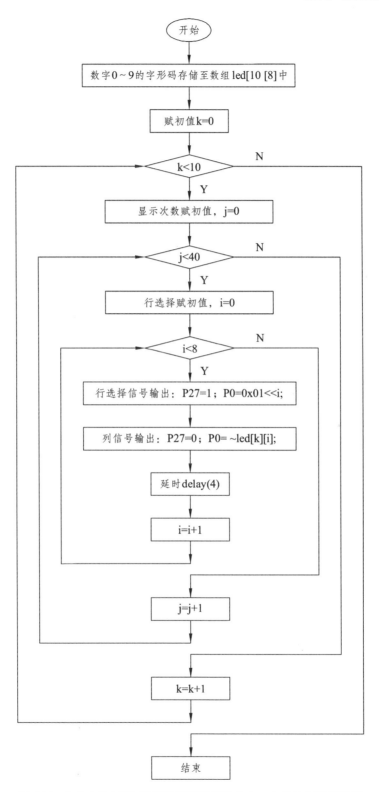

图 5.16　8×8 点阵 LED 显示器循环显示数字 0 ～ 9 的控制程序流程

8×8 点阵 LED 显示器循环显示数字 0 ~ 9 的源程序 example5-4.c 如下：

```c
// 程序：example5-4.c
// 功能：在 8×8 点阵 LED 显示器上循环显示数字 0 ~ 9
#include  "STC89.H"
void delay（unsigned char i）;
void main()
{ unsigned char code led[10][8]={{0x18, 0x24, 0x24, 0x24, 0x24, 0x24, 0x24, 0x18},     //0
                    {0x00, 0x18, 0x1c, 0x18, 0x18, 0x18, 0x18, 0x18},     //1
                    {0x00, 0x1e, 0x30, 0x30, 0x1c, 0x06, 0x06, 0x3e},     //2
                    {0x00, 0x1e, 0x30, 0x30, 0x1c, 0x30, 0x30, 0x1e},     //3
                    {0x00, 0x30, 0x38, 0x34, 0x32, 0x3e, 0x30, 0x30},     //4
                    {0x00, 0x1e, 0x02, 0x1e, 0x30, 0x30, 0x30, 0x1e},     //5
                    {0x00, 0x1c, 0x06, 0x1e, 0x36, 0x36, 0x36, 0x1c},     //6
                    {0x00, 0x3f, 0x30, 0x18, 0x18, 0x0c, 0x0c, 0x0c},     //7
                    {0x00, 0x1c, 0x36, 0x36, 0x1c, 0x36, 0x36, 0x1c},     //8
                    {0x00, 0x1c, 0x36, 0x36, 0x36, 0x3c, 0x30, 0x1c}};    //9

  unsigned int i, j, k;
  while（1）
  {
    for（k=0；k<10；k + +）                    // 字符个数控制变量
    { j=0;
      while（j<40）                           // 每个字符显示 40 次
          { for（i=0；i<8；i + +）
        { P27=1;                             // 打开锁存器，即锁存器输入与输出直通
          P0=0x01<<i;                        //P0 口向 8×8 点阵 LED 显示器输入行选择信号
                      P27=0;                 // 关闭锁存器，即锁存器输出保持
          P0= ~ led[k][i];                   // 输出列信号至 8×8 点阵 LED 显示器
                      delay（4）;
        }
          j + +;
        }
      }
    }
}

void  delay（unsigned char i）              // 延时函数，无符号字符型变量 i 为形式参数
```

```
{
    unsigned char j, k;                // 定义无符号字符型变量 j 和 k
    for ( k=0; k<i; k + + )            // 双重 for 循环语句实现软件延时
      for ( j=0; j<255; j + + );
}
```

【程序运行与测试】

编译连接后，将生成的 *.hex 文件下载到单片机中，能观察到在 8×8 点阵 LED 显示器上循环显示数字 0 ~ 9。

改变显示次数 k 的值，能改变字符变换的频率，k 的值越大，字符变换的频率越慢。

说明：分析图 5.14，因打开锁存器输出行信号时，此行信号也输送至 8×8 点阵 LED 显示器的列信号端，导致显示器的该行会有部分点会点亮，例如，输出 "P0=0x01" 时，第 1 行的第 2 ~ 第 8 个点是会点亮的，但这并不是我们所希望的，所以在后面输出列信号时，通过语句 "delay（4）；" 延长列信号输出的时间，使这个 "非正常" 点亮的时间相对缩短，其亮度就会相对较暗。如果将延时时间增大，如增大到 "delay（20）；"，其 "非正常" 点亮的亮度就已经观察不到了，但此时字符显示就因为行信号刷新太慢导致字符显示存在闪烁的弊端，这就是这个电路板存在的固有缺陷。

5.4　8×8 点阵 LED 显示器及其接口

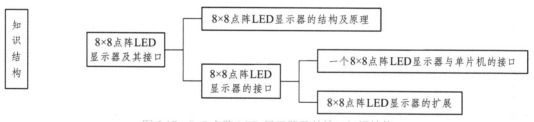

图 5.17　8×8 点阵 LED 显示器及其接口知识结构

5.4.1　8×8 点阵 LED 显示器的结构及原理

8×8 点阵 LED 显示器的外形如图 5.18 所示。它不仅能显示文字，还可以显示图形、图像，并且能产生各种动画效果，是广告宣传、新闻传播的有力工具。8×8 点阵 LED 显示器不仅有单色显示，还有彩色显示，其应用越来越广泛，已渗透到人们的日常生活中。

图 5.18　8×8 点阵 LED 显示器外形

　　m×n 点阵 LED 显示器是把很多 LED 发光二极管按矩阵方式排列在一起，通过对每个 LED 进行发光控制，来完成各种字符或图形显示的。最常见的 LED 点阵显示器有 5×7（5 列 7 行）、7×9（7 列 9 行）、8×8（8 列 8 行）结构。

　　8×8 点阵 LED 显示器由一个一个的点（LED 发光二极管）组成，总点数为行数与列数的积，引脚数为行数与列数的和。

　　将一块 8×8 的 LED 点阵剖开来看，其内部等效电路如图 5.19 所示。它由 8 行 8 列 LED 构成，对外共有 16 个引脚，其中 8 根行线（Y0 ～ Y7）用数字 0 ～ 7 表示，8 根列线（X0 ～ X7）用字母 A ～ H 表示。

　　从图 5.19 中可以看出，点亮跨接在某行某列的 LED 发光二极管的条件是：对应的行输出高电平，对应的列输出低电平。例如，Y0=1、X7=0 时，对应于右上角的 LED 发光。如果在很短的时间内依次点亮多个发光二极管，由于眼睛视觉暂留的原因，看上去就成了要组成显示的数字、字母或其他图形符号的多个发光二极管稳定点亮的状态，即利用了动态显示的原理。

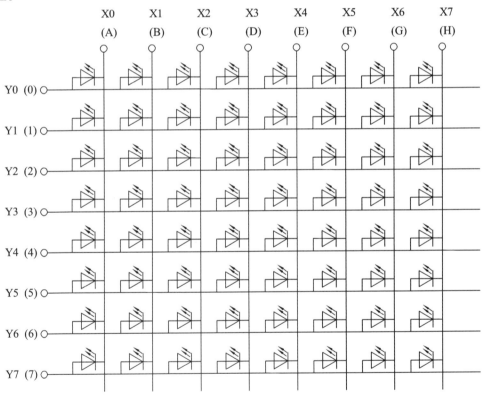

图 5.19　8×8 点阵 LED 显示器等效电路

　　下面介绍如何用 LED 大屏幕稳定显示一个字符。

　　假设需要显示"大"字，则 8×8 点阵 LED 显示器需要点亮的位置和对应的行数据如图 5.20 所示（注意：根据图 5.14，P0.0 是连接在数据最低位的第 A 列，P0.7 是连接在数据最高位的第 H 列）。

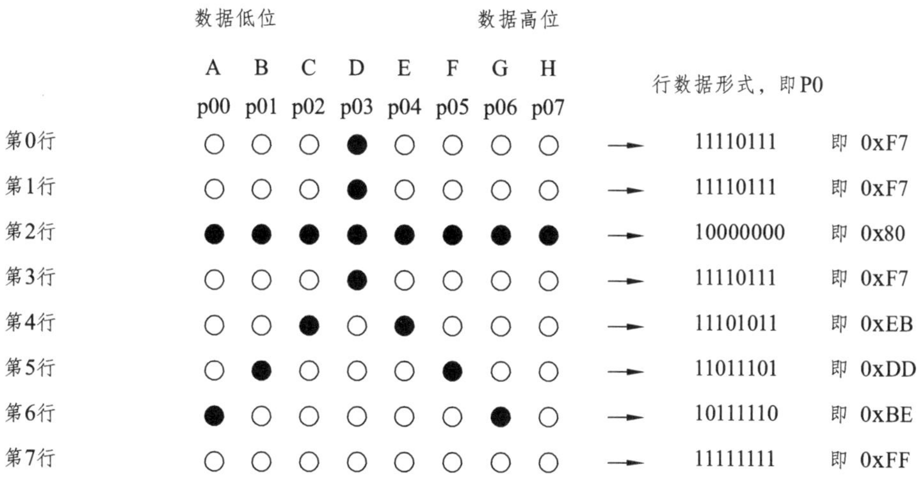

	数据低位				数据高位				行数据形式，即 P0	
	A	B	C	D	E	F	G	H		
	p00	p01	p02	p03	p04	p05	p06	p07		
第0行	○	○	○	●	○	○	○	○	11110111	即 0xF7
第1行	○	○	○	●	○	○	○	○	11110111	即 0xF7
第2行	●	●	●	●	●	●	●	●	10000000	即 0x80
第3行	○	○	○	●	○	○	○	○	11110111	即 0xF7
第4行	○	○	●	○	●	○	○	○	11101011	即 0xEB
第5行	○	●	○	○	○	●	○	○	11011101	即 0xDD
第6行	●	○	○	○	○	○	●	○	10111110	即 0xBE
第7行	○	○	○	○	○	○	○	○	11111111	即 0xFF

图 5.20　"大"字显示字形码

显示"大"字的过程如下：

先给第 0 行送高电平（行高电平有效），同时给 8 列送 11110111（列低电平有效）；然后给第 1 行送高电平，同时给 8 列送 11110111，……最后给第 7 行送高电平，同时给 8 列送11111111。每行点亮延时时间为约 1 ms，第 1 行结束后再从第 1 行开始循环显示。利用视觉暂留现象，人眼看到的就是一个稳定的"大"字。

5.4.2　74HC573 锁存器的原理与使用

一个 8×8 点阵 LED 显示器共有 8 行 8 列 16 个引脚，使用时，为了节约单片机宝贵的引脚资源，需要使用锁存器来分时输出行和列的信号。

锁存，就是把信号暂存以维持某种电平状态。所谓锁存器（Latch），就是输出端的状态不会随输入端的状态变化而变化，仅在有锁存信号时输入的状态才被保存到输出，直到下一个锁存信号到来时才改变。

锁存器是一种对脉冲电平敏感的存储单元电路，它们可以在特定输入脉冲电平作用下改变状态。锁存器的最主要作用：

（1）缓存，输出控制不影响锁存器的内部工作，旧数据可以保持，甚至当输出被关闭时，新的数据也可以置入；

（2）完成高速控制器与慢速外设的不同步；

（3）驱动作用；

（4）分时使用 I/O 口，使一个 I/O 口既能输出也能输入。

锁存器是利用电平控制数据的输入，分为不带使能控制的锁存器和带使能控制的锁存器。任务 5-4 使用的 74HC573 锁存器，是带使能控制的锁存器，下面介绍这款锁存器的使用。

如图 5.21 所示，74HC573 锁存器为双列直插式芯片，共有 20 个引脚，其引脚功能如表 5.1 所示。

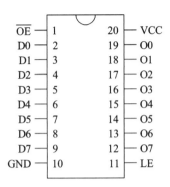

图 5.21   74HC573 锁存器外形与引脚

74HC573 的八个锁存器都是透明的 D 型锁存器，其真值表如表 5.2 所示，当使能端（$\overline{\text{LE}}$）为高电平时，锁存器直通打开，O0 ～ O7 输出端将输出输入端（D0 ～ D7）的数据，即此时锁存器的输出端和输入端是直通的；当使能端（$\overline{\text{LE}}$）为低电平时，锁存器直通关闭，数据输出端（O）与数据输入端（D）隔离，输出端（O0 ～ O7）锁存并保持输出当前的数据。

表 5.1   74HC573 引脚功能

引脚编号	引脚名	引脚定义功能
1	$\overline{\text{OE}}$	3 态输入（低电平）
2、3、4、5、6、7、8、9	D0 ～ D7	数据输入端
10	GND	电源地
11	$\overline{\text{LE}}$	锁存使能端（低电平）
12、13、14、15、16、17、18、19	O7 ～ O0	数据输出端
20	VCC	电源端

表 5.2   74HC573 真值表

输入引脚			输出引脚
$\overline{\text{OE}}$	$\overline{\text{LE}}$	输入数据 D0 ～ D7	输出数据 O0 ～ O7
L	H	L	L
L	H	H	H
L	L	X	保持不变
H	X	X	高组态
L：低电平；H：高电平；X：任意			

任务 5-4 中，如图 5.14 所示，将 74HC573 锁存器的输出使能端 $\overline{\text{LE}}$ 直接连接在低电平（接地），当连接锁存使能端 $\overline{\text{LE}}$ 的 P2.7 输出高电平时，锁存打开，此时，从 P0 口输出的行信号经过锁存器，输出至 8×8 点阵 LED 显示器的行信号（虽然此时也会直接输出至显示器的列信号，但此数据会被后面输出的数据覆盖），然后 P2.7 输出低电平，锁存关闭，前面输出的行信号被锁存保持输出给 8×8 点阵 LED 显示器的行信号，而此时从 P0 输出的列信号被所存器隔离仅直接送至 8×8 点阵 LED 显示器的列信号，因为 8×8 点阵 LED 显示器的行信号和列信号都存在，所以就能控制其点亮了。因此，利用锁存器只需 P2.7 和 P0 的 8 个端口，就达到了控制 8×8 点阵 LED 显示器 16 个引脚的目的，节省了宝贵的引脚资源。

总结任务 5-4 中利用 74HC573 锁存器控制 8×8 点阵 LED 显示器的过程如下：

P2.7 输出高电平（锁存使能端 $\overline{\text{LE}}$）→ 锁存器打开 → P0 输出行信号 → P2.7 输出低电平（锁

存使能端 $\overline{LE}$) → 锁存器关闭 → 行信号被锁存保持输出 →P0 输出列信号（被锁存器隔离，无法输出至显示器的行）→ 行与列信号同时存在，8×8 点阵 LED 显示器显示字符信息。

5.4.3　8×8 点阵 LED 显示器的控制与使用

为了掌握 8×8 点阵 LED 显示器的使用，先完成几个子任务，掌握如何使用锁存器控制 8×8 点阵 LED 显示器。

单片机实训电路板上采用的 8×8 点阵 LED 显示器型号为"1088BS-B"，可以理解成共阳极的 8×8 点阵显示器，当行信号为高电平，列信号为低电平时，显示器对应的点点亮。

子任务 1　8×8 点阵 LED 显示器单点显示控制

任务要求：根据图 5.14 所示的电路图，在 8×8 点阵 LED 显示器上点亮第 4 行第 3 列（C）的点。
编制源程序 example5-4a.c 如下：

```
// 程序：example5-4a.c
// 功能：在 8×8 点阵 LED 显示器上点亮第 4 行第 3 列（C）的点
#include   "STC89.H"
void delay（unsigned char i）;
void main()
{ while（1）
  {
  P27=1;                    // 打开锁存器，即锁存器输入与输出直通
  P0=0x08;                  // 行数据送 8×8 点阵的行信号，选中第 4 行
  P27=0;                    // 关闭锁存器
  P0= ~ 0x04;               // 输出列数据至 8×8 点阵 LED，第 3 列为 0，其余为 1
delay（200）;                // 延时
    }
}
  void  delay（unsigned char i）     // 延时函数，无符号字符型变量 i 为形式参数
  {
    unsigned char j, k;             // 定义无符号字符型变量 j 和 k
    for（k=0; k<i; k + +）          // 双重 for 循环语句实现软件延时
    for（j=0; j<255; j + +）;
  }
```

下载运行程序，能观察到第 4 行第 3 列的点点亮。
试一试：

如果将行数据语句"P0=0x08"改成"P0=0x11"，则第3列第1行和第5行的点点亮。

如果将行数据语句"P0=0x08；"改成"P0=0xFF；"，则第3列8个点全部点亮。

如果将列数据输出语句"P0= ~ 0x04；"改成"P0= ~ 0x88；"，则第4行第4列和第8列的点点亮。

如果将列数据输出语句"P0= ~ 0x04；"改成"P0= ~ 0xFF；"，则第4行8个点全部点亮。

子任务2　8×8点阵LED显示器上单个字符显示控制

任务要求：根据图5.14所示的电路图，在8×8点阵LED显示器上稳定显示数字"8"。

编制源程序example5-4b.c如下：

```
// 程序：example5-4b.c
// 功能：在8×8点阵LED显示器上稳定显示数字8
#include   "STC89.H"
void delay（unsigned char i）;
void main()
{unsigned char code led[]={0x00, 0x1c, 0x36, 0x36, 0x1c, 0x36, 0x36, 0x1c};      // 数字8的字形码
 unsigned int i;
while（1）
  {
    for（i=0；i<8；i + +）
    { P27=1;                            // 打开锁存器，即锁存器输入与输出直通
      P0=0x01<<i;                       //P0口向8×8点阵LED显示器输入行选择信号
            P27=0;                      // 关闭锁存器，即锁存器输出保持
      P0= ~ led[i];
    // 输出列信号至8×8点阵LED显示器
            delay（4）;
    }
   }
}
  void  delay（unsigned char i）              // 延时函数，无符号字符型变量i为形式参数
  {
    unsigned char j, k;                  // 定义无符号字符型变量j和k
    for（k=0；k<i；k + +）               // 双重for循环语句实现软件延时
     for（j=0；j<255；j + +）;
  }
```

下载运行程序，能观察到稳定显示数字"8"。

试一试：

如果将数组赋值语句："unsigned char code led[]={0x00, 0x1c, 0x36, 0x36, 0x1c, 0x36, 0x36, 0x1c};"改成"unsigned char code led[]={0x18, 0x24, 0x24, 0x24, 0x24, 0x24, 0x24, 0x18};"，则稳定显示数字"0"。

任务 5-5　4×3 矩阵键盘键值查询与按键计数显示控制

【任务目的】

（1）在 4 位 LED 数码管上，显示一个 4 行 3 列（共 12 个按键）矩阵键盘的按键键值，并对按键次数进行计数。

（2）了解矩阵键盘的接口电路及键盘扫描查询键值的原理和方法。

（3）进一步熟悉 C 语言函数的调用。

（4）进一步熟练操作 Keil uVision 和 STC-ISP 软件进行综合性程序的设计与调试。

【任务要求】

（1）上电后，在任意时刻按下 4×3 矩阵键盘的任意键，在 4 位 LED 数码管的前 2 位上显示其键值（键值范围为 01、02、03……11、12），当没有任何按键按下时，显示"00"。

（2）每按键一次，在后 2 位的 LED 数码管上显示按压键的累加次数，达到 100 次后计数清零，重新开始计数。

（3）按下并松开按键才能算按键 1 次。

【电路原理图设计】

根据任务要求，设计如图 5.22 所示的 4×3 矩阵键盘键值查询与按键计数显示控制系统原理图，电路包括单片机、复位电路（含按键复位）、时钟电路、电源电路、4×3 矩阵键盘电路、4 位 LED 数码管显示驱动电路。

此电路为单片机实训电路板整个电路的一部分，在矩阵键盘电路中，使用 P3.4、P3.5、P3.6、P3.7 提供键盘的 4 个行信号，使用 P2.4、P2.5、P2.6 提供键盘的 3 个列信号。电路中，在列信号连接外部 10 kΩ 的上拉电阻和 5 V 电源。键盘扫描中，通过 P2.4、P2.5、P2.6，逐列加低电平，然后读取行信号 P3.4、P3.5、P3.6、P3.7，如果某行为 0，则说明该行有键被按下。通过这种逐列扫描的方式，就能准确判断具体某个键被按下。

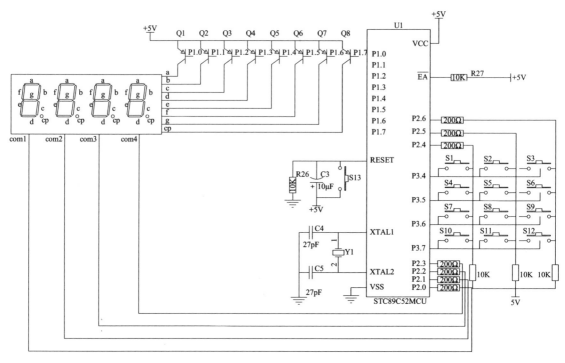

图 5.22　4×3 矩阵键盘键值查询与按键计数显示控制系统原理图

4×3 矩阵键盘键值查询与按键计数显示控制系统的硬件电路如图 5.23 所示的圈出区域部分。

图 5.23 4×3 矩阵键盘键值查询与按键计数显示控制系统硬件电路

【源程序设计】

程序设计思路：先扫描键盘获得按键键值，再进行按键键值的显示和按键次数计数值的显示。因为该矩阵键盘只有 12 个按键，其键值用 2 位数表示，通过除 10 "/10" 运算获得十位数数值，通过对 10 求余数 "%10" 运算获得个位数数值，同理获得按键次数的十位和个位数值。最后在 4 位 LED 数码管上动态显示键值和计数值的 4 个数字。整个程序流程如图 5.24 所示。

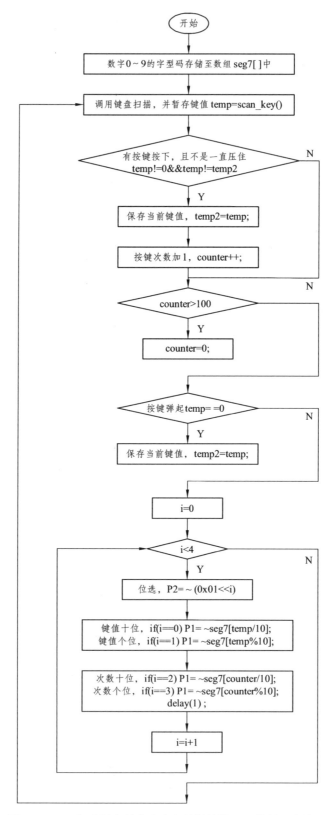

图 5.24　4×3 矩阵键盘键值查询与按键计数显示控制程序流程

4×3 矩阵键盘键值查询与按键计数显示控制的源程序 example5-5.c 如下：

```c
// 程序：example5-5.c
// 功能：4×3 矩阵键盘键值查询与按键计数；控制要求：
// 按下 4×3 矩阵键盘的任意键，在 4 位 LED 数码管的前 2 位上显示其键值；
// 键值范围为 01、02、03……11、12，当没有任何按键按下时，显示"00"；同时，在 4 位 LED 数码
// 管的后 2 位上显示按压键盘的累加次数（按下、弹起交替算 1 次），达 100 次后计数清零
#include <STC89.H>
void delay (unsigned i);                 // 延时函数
unsigned char scan_key (void);           // 键盘扫描函数


void main()
{unsigned i, temp, temp2=0, counter=0;
unsigned char seg7[]={0x3f, 0x06, 0x5b, 0x4f, 0x66, 0x6d, 0x7d, 0x07, 0x7f, 0x6f};      //0 ~ 9 的字形码
while (1)
  { temp=scan_key();                     // 调用键盘扫描程序，将按键值存于 temp
   if (temp!=0&&temp!=temp2)             // 如果有键按下，并且不是一直按着键没松开
     { temp2=temp;                       // 保存当前的键值（用于下一个键值做对比）
      counter ++;                        // 按键次数加 1
      if (counter==100)       counter=0; // 按键次数达 100 后计数清零
     }                                   // 如果一直按住某个键不放，按键次数是不会增加的
    if (temp==0) temp2=temp;             // 连续点击某个键，次数要累加
   for (i=0; i<4; i ++)                  //4 位 LED 数码管动态显示
    { P2= ~ (0x01<<i);                   // 位选
      if (i==0) P1= ~ seg7[temp/10];     // 显示按键的键值——十位数
      if (i==1) P1= ~ seg7[temp%10];     // 显示按键的键值——个位数
      if (i==2) P1= ~ seg7[counter/10];  // 显示按键的次数——十位数
      if (i==3) P1= ~ seg7[counter%10];  // 显示按键的次数——个位数
     delay (1);                          // 延时
    }
  }
}


unsigned char scan_key (void)           //4 行 3 列的键盘扫描程序，P2.4 ~ P2.6 逐列加低电平，
                                        // 逐行扫描 P3.4 ~ P3.7，低电平表示该行有按键输入
```

```
{ unsigned i, temp, m, n;
 bit find=0;
 for（i=0；i<3；i + +）
  {
   if（i==0）{P24=0；P25=1；P26=1；}          / 第 1 列 P2.4 加低电平
   if（i==1）{P24=1；P25=0；P26=1；}          // 第 2 列 P2.5 加低电平
   if（i==2）{P24=1；P25=1；P26=0；}          // 第 3 列 P2.6 加低电平
   temp= ~ P3；                              // 读取行值，并取反（有按键按下，则对应端口为 1）
   temp=temp&0xf0；                          // 屏蔽掉行值低 4 位
   while（temp!=0x00）                        // （对应列）如果有键按下
    { m=i；                                   // 保存列号 m
      find=1；                                // 有键按下标志
      switch（temp）                          // 判断行值
        { case 0x10：n=0；break；              // 第 1 行按下，n=0；
          case 0x20：n=1；break；              // 第 2 行按下，n=1；
          case 0x40：n=2；break；              // 第 3 行按下，n=2；
          case 0x80：n=3；break；              // 第 4 行按下，n=3；
          default：break；
        } break；
    }
  }
 if（find==0）return 0；                      // 如果没有键被按下，返回键值 0
  else return（n*3 + m + 1）；                 // 如果有键被按下，返回 1 ~ 12 的键值
}
void delay（unsigned i）                      // 定义延时函数
{
int j，k；
for（k=0；k<i；k + +）
for（j=0；j<255；j + +）；
}
```

【程序运行与测试】

编译连接后，将生成的 *.hex 文件下载到单片机中，能观察到按下任意键，在 4 位 LED 数码管的前 2 位上显示 01 ~ 12 的键值（第 1 行第 1 列键值为 01、第 1 行第 2 列键值为 02、第 1 行

第 3 列键值为 03、第 2 行第 1 列键值为 04、第 2 行第 2 列键值为 05、……第 3 行第 2 列键值为 11、第 3 行第 3 列键值为 12），同时，在数码管的后 2 位上显示 01 ~ 99 的按键次数。每按一次（从键没被按下变成按下）次数加 1，一直按住次数不变。按住按键时显示具体的键值，松开按键时键值显示为 00。

5.5　单片机与键盘接口技术

单片机应用系统中经常使用的按键开关如图 5.25 所示。

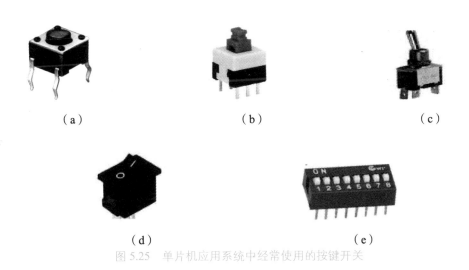

（a）　　　　　　　　　　（b）　　　　　　　　　　（c）

（d）　　　　　　　　（e）

图 5.25　单片机应用系统中经常使用的按键开关

图 5.25（a）所示为不带自锁的弹性按键，即按下按键时，两个触点闭合导通，放开时，触点在弹力作用下自动弹起，断开连接，本教材所使用的单片机实训电路板复位按钮、中断按钮、键盘按钮都是采用这种不带自锁的弹性按键。

图 5.25（b）所示为带自锁的弹性按键，当按下按键时，两个触点闭合导通，放开时，仍然保持导通，再次按下按键时，按键弹起，断开连接，单片机实训电路板的电源开关就是采用这种带自锁的弹性按键。

图 5.25（c）所示为拨动开关，通过拨动上面的金属开关，可以在两个状态之间切换。

图 5.25（d）所示为常用的电源开关。

图 5.25（e）所示为拨码开关，相当于多个拨动开关封装在一起，体积小，使用非常方便，通常用作参数设置。

键盘按照接口原理可分为编码键盘与非编码键盘两类。这两类键盘的主要区别是识别键符及给出相应键码的方法。编码键盘主要用硬件来实现对按健的识别，硬件结构复杂；非编码键盘主要由软件来实现按键的定义与识别，硬件结构简单，软件编程量大。这里将要介绍的独立式按键和矩阵式键盘都是非编码键盘。

5.5.1 独立式按键

1．独立式按键硬件接口

如图 4.14 简易八音符声光电子琴控制电路，是单片机与独立式按键的典型接口电路，直接用单片机的 I/O 端口线 P0.0 ~ P0.7 控制按键，每个按键单独占用一根 I/O 端口线，相互独立，每个按键的工作不会影响其他 I/O 端口线的状态。

独立式按键的电路配置灵活，软件结构简单，但每个按键必须占用一根 I/O 端口线，因此，在按键较多时，I/O 端口线浪费较大，通常很少采用。

2．独立式按键程序设计

独立式按键程序设计一般采用查询方式。先逐位查询每根 I/O 口线的输入状态，如某一根 I/O 端口线输入为低电平，则可确认该 I/O 端口线所对应的按键已按下，然后，再转向该键的功能处理程序。

子任务 1 拨码开关的设置值显示控制

（1）任务要求：设计一个 8 位的拨码开关设置值显示控制系统。当拨码开关进行任何拨码设置时，在 4 位 LED 数码管上根据其数值大小自动显示其对应的十进制数值。数值为 1 位数时，则 1 个 LED 数码管显示；数值为 2 位数时，则用 2 个 LED 数码管显示；数值为 3 位数时，则用 3 个 LED 数码管显示。

（2）电路设计：设计电路原理图如图 5.26 所示，P0 口连接一个 DIP8 拨码开关，该拨码开关为 8 位的数据输入。

说明：在单片机实训电路板上可以使用 8 条杜邦线连接来实现拨码开关的功能，如图 5.27 所示。

（3）程序设计：

读取 8 位拨码开关连接的 P0 口数据，因为只有 8 位拨码开关，所以数值范围为 0 ~ 255，数据位数为 1 ~ 3 位。先判断数据位数，确定 LED 数码管动态刷新的个数，利用除法"/"运算符和求余"%"运算符获取各数位的具体数字，然后在 LED 数码管上显示出来。

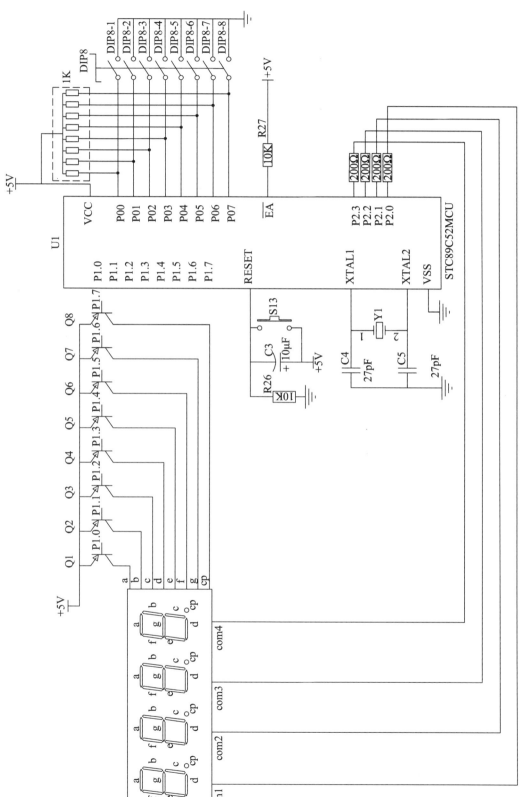

图 5.26　8 位拨码开关设置值的显示控制系统原理图

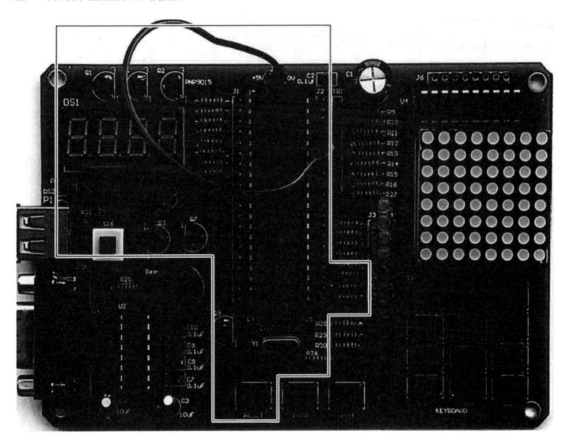

图 5.27　8 位拨码开关设置值的显示控制系统硬件电路

8 位拨码开关设置值的显示控制系统源程序 example5-5a.c 如下：

```
// 程序：example5-5a.c
// 功能：8 位拨码开关设置值的显示控制；控制要求：
// 当拨码开关进行任何拨码设置时，在 4 位 LED 数码管上根据其数值大小自动显示其对应的十进制数值；
#include <STC89.H>
void delay（unsigned i）；  // 延时函数
void main()
{unsigned char i，temp，weishu；
unsigned char seg7[]={0x3f，0x06，0x5b，0x4f，0x66，0x6d，0x7d，0x07，0x7f，0x6f}；          //0～9 的字形码
 while（1）
 {  temp= ~ P0；                                   // 读取 8 位拨码开关状态
  if（temp<10）                                   // 判断数据是几位数
     weishu=1；
    else if（temp<100）
     weishu=2；
    else
```

```
        weishu=3;
    for（i=0；i<weishu；i + +）              //LED 数码管动态显示，几位数就用几个 LED 数码管
    { P2= ~（0x08>>i）；                      // 位选，4 位 LED 从右到左显示
        if（i==0）P1= ~ seg7[temp%10]；        // 显示个位数
        if（i==1）P1= ~ seg7[（temp/10）%10]；  // 显示十位数
        if（i==2）P1= ~ seg7[temp/100]；       // 显示百位数
        delay（4）；                            // 延时
    }
  }
}
void delay（unsigned i）                      // 定义延时函数
{
int j，k；
for（k=0；k<i；k + +）
for（j=0；j<255；j + +）；
}
```

（4）连接运行：

在单片机实训电路板上，利用杜邦线代替 8 位拨码开关（不连接表示 0，连接表示 1），按图 5.26 进行连接。编译连接后下载 *.hex 程序至单片机中，运行能发现，LED 数码管根据杜邦线（拨码开关）的连接状态，在 1 ~ 3 位数码管上显示设置的十进制值。数值为 1 位数时，用 1 个 LED 数码管显示；数值为 2 位数时，用 2 个 LED 数码管显示；数值为 3 位数时，则用 3 个 LED 数码管显示。

5.5.2　矩阵式键盘

通常，在单片机应用系统中，若使用的按键较多时，通常采用矩阵式键盘，较独立式按键键盘要节省很多的 I/O 口资源。

1. 矩阵式键盘的结构

如图 5.28 所示，矩阵式键盘的结构，由 4 根行线和 3 根列线组成，按键位于行、列线的交叉点上，行线和列线分别连接到按键的两端，且列线通过上拉电阻接到 + 5 V 电源上，构成一个 4×3（12 个按键）的矩阵式键盘。

通常，矩阵式键盘的列线由单片机输出口控制，行线连接单片机的输入口。

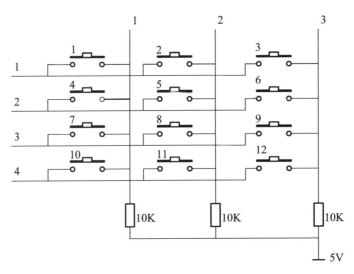

图 5.28　矩阵式键盘的结构

2．矩阵式键盘按键的识别

最常用的矩阵式键盘识别按键方法包括逐渐列扫描法、行列反转法等。

1）逐列扫描法

采用逐列扫描法识别矩阵式键盘按键的方法如下：

第一步，判断有无按键按下。

向所有的列线上输出低电平，再读入所有的行信号。如果 12 个按键中任意一个被按下，那么读入的行电平则不全为高；如果 12 个按键中无键按下，则读的行电平全为高（单片机默认输出为高电平，当外部无信号时，读入端口的结果为高电平）。如图 5.28 所示，如果 S4 键被按下，则 S4 键所在的第 2 行与第 1 列导通，第 2 行电平被拉低。读入的行信号为低电平，表示有键按下。

那么，读到第 2 行为低电平时是否就能判断一定是 S4 键被按下呢？很显然，不能，还有可能是 S5 或 S6 键被按下，所以要判断具体的按键还要进行按键识别。

第二步，逐列扫描判断具体的按键。

判断具体的按键的方法是往列线上逐列送低电平。先给第 1 列送低电平，第 2、3 列为高电平，读入的行电平状态就显示了位于第 1 列 S1 、S4、S7、S10 的 4 个按键的状态，若读入的行值为全高，则表示无键按下；再给第 2 列送低电平，第 1、3 列为高电平，读入的行电平状态则显示了 S2、S5、S8、S11 的 4 个按键的状态，依次类推，直至 3 列全部扫描完，再重新从第 1 列开始。

键盘扫描程序通常反复被调用，一般编制成子函数的形式方便进行使用。4×3 矩阵式键盘按键扫描子函数 scan_key() 设计如下（不干扰其他 I/O 端口）：

```
// 函数名：scan_key
// 函数功能：4×3 矩阵式键盘按键扫描程序（不干扰其他 I/O 端口）
//4 行 3 列的键盘扫描程序，P2.4 ~ P2.6 逐列加低电平，
// 逐行扫描 P3.4 ~ P3.7，低电平表示该行有按键输入
unsigned char scan_key（void）
{ unsigned i，temp，m，n；
 bit find=0；
 for（i=0；i<3；i + +）
  {
   if（i==0）{P24=0；P25=1；P26=1；}          // 第 1 列 P2.4 加低电平
   if（i==1）{P24=1；P25=0；P26=1；}          // 第 2 列 P2.5 加低电平
   if（i==2）{P24=1；P25=1；P26=0；}          // 第 3 列 P2.6 加低电平
   temp= ~ P3；                              //读取行值，并取反(有按键按下，则对应端口为 1)
   temp=temp&0xf0；                          // 屏蔽掉行值低 4 位
   while（temp!=0x00）                        // （对应列）如果有键按下
    { m=i；                                  // 保存列号 m
      find=1；                               // 有键按下标志
      switch（temp）                          // 判断行值
       { case 0x10：n=0；break；               // 第 1 行按下，n=0；
         case 0x20：n=1；break；               // 第 2 行按下，n=1；
         case 0x40：n=2；break；               // 第 3 行按下，n=2；
         case 0x80：n=3；break；               // 第 4 行按下，n=3；
         default：break；
        } break；
     }
  }
 if（find==0）return 0；                       // 如果没有键被按下，返回键值 0
   else return（n*3 + m + 1）；               // 如果有键被按下，返回 1 ~ 12 的键值
}
```

在上面程序中，按键的行号、列号和键值如图 5.28 所示，键值与列号、行号之间的关系为：键值 = 行号 ×3 +列号 + 1。

由此可见，键盘编程扫描法识别按键一般应包括以下内容：

（1）判别有无键按下。

（2）键盘扫描取得闭合键的行、列号。

（3）用计算法或查表法得到键值。

（4）将闭合键的键值保存，同时转去执行该闭合键的功能。

2）行列反转法

行列反转法的基本原理是通过给行、列端口输入两次相反的值，再将分别读入的行值和列值进行求和或按位"或"运算，得到每个键的扫描码。

第一步，向所有的列线上输出低电平，行线输出高电平，然后读入行信号。如果12个按键中任意一个被按下，那么读入的行电平则不全为高；如果12个按键中无键按下，则读入的行电平全为高，记录此时的行值。

第二步，向所有的列线上输出高电平，行线输出低电平（行列反转），读入所有的列信号，并记录此时的列值。

第三步，计算键值。根据记录的行值和列值计算出具体的按键键值，或者将行值和列值合并成扫描码，通过查找扫描码表的方法得出键值。

用行列反转法识别矩阵式键盘按键的程序在此处不具体介绍。

小知识：

除了上面给出编程扫描法识别按键外，还可以采用下面两种方法识别按键。

一种是定时扫描方式，每隔一段时间对键盘扫描一次；另一种是利用单片机定时器产生一个定时时间（如19 ms），采用中断方式，当定时时间到产生定时器溢出中断，CPU 响应中断后，在中断函数中对键盘进行编程扫描，识别键值。

采用以上两种键盘扫描方式时，无论是否有按键按下，CPU 都要定时扫描键盘，而单片机应用系统工作时并不是经常需要键盘输入，因此，CPU 经常处于空扫描状态。为提高 CPU 的工作效率，可采用中断扫描方式。当无键按下时，CPU 处理自己的工作；当有键按下时，产生中断申请，CPU 转去执行键盘扫描函数，并识别键值，这一应用充分体现了中断处理的实时处理功能。

子任务2　4×3 矩阵式键盘按键扫描 8421BCD 码键值显示系统

（1）任务要求：设计一个4行3列（共12个按键）的矩阵键盘，在4位 LED 发光二极管上按照 8421BCD 码（例如，十进制13的 BCD 码显示为1101）显示按键的键值（键值范围为01、02、03……11、12），灯亮表示1，灯灭表示0。

（2）电路设计：设计电路原理图如图5.29所示，本电路为单片机实训电路板的一部分。P2.4 ~ P2.7 提供矩阵键盘的列扫描电平，P3.4 ~ P3.7 读取键盘的行状态，P2.0 ~ P2.3 作为键值 8421BCD 码显示指示灯。

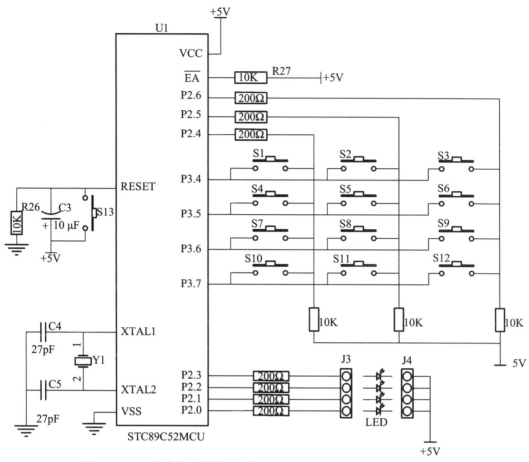

图 5.29　4×3 矩阵式键盘按键扫描 8421BCD 码键值显示系统电路原理图

（3）程序设计：

该程序的主要部分为键盘扫描子程序。在键盘扫描子程序中，返回的键值为十进制数，在用 P2.0 ～ P2.3 端口输出时，不用转换直接输出就是 8421BCD 码。但是，为了不影响 P2 口高 4 位 P2.4 ～ P2.6、8×8 点阵 LED 显示器驱动的 74HC573 锁存使能信号控制端口 P2.7 的正常功能，要进行数据的保存和恢复。

4×3 矩阵式键盘按键扫描 8421BCD 码键值显示系统源程序 example5-5b.c 如下：

```
// 程序：example5-5b.c
// 功能：4×3 矩阵式键盘按键扫描 8421BCD 码键值显示；控制要求：
// 用 4 位 LED 发光二极管按照 8421BCD 码显示按键的键值；灯亮为 1，灯灭为 0
#include <STC89.H>
unsigned char scan_key（void）;                 // 键盘扫描函数
void main()
{unsigned char temp;
 while（1）
 { temp=scan_key();                            // 调用键盘扫描程序，将按键值存于 temp
```

```
        P2=（P2|0x0f）&（~ temp|0xf0）;        // 保存并恢复 P2 的高 4 位，P2 的低 4 位输出
                                                //P2 口的 LED 灯为反逻辑，故 temp 要取反

    }
}


unsigned char scan_key（void）                 //4 行 3 列的键盘扫描程序，P2.4 ~ P2.6 逐列加低电平，
                                                // 逐行扫描 P3.4 ~ P3.7，低电平表示该行有按键输入

{ unsigned i, temp, m, n;
  bit find=0;
  for（i=0; i<3; i + +）
    {
    if（i==0）{P24=0; P25=1; P26=1; }          // 第 1 列 P2.4 加低电平
    if（i==1）{P24=1; P25=0; P26=1; }          // 第 2 列 P2.5 加低电平
    if（i==2）{P24=1; P25=1; P26=0; }          // 第 3 列 P2.6 加低电平
    temp= ~ P3;                                 // 读取行值，并取反（有按键按下，则对应端口为 1）
    temp=temp&0xf0;                             // 屏蔽掉行值低 4 位
    while（temp!=0x00）                         // （对应列）如果有键按下
    { m=i;                                      // 保存列号 m
       find=1;                                  // 有键按下标志
       switch（temp）                           // 判断行值
         { case 0x10: n=0; break;               // 第 1 行按下，n=0;
           case 0x20: n=1; break;               // 第 2 行按下，n=1;
           case 0x40: n=2; break;               // 第 3 行按下，n=2;
           case 0x80: n=3; break;               // 第 4 行按下，n=3;
           default: break;
         } break;
      }
    }
  if（find==0）return 0;                        // 如果没有键被按下，返回键值 0
    else return（n*3 + m + 1）;                 // 如果有键被按下，返回 1 ~ 12 的键值
}
```

（4）连接运行：

编译连接后下载 *.hex 程序至单片机中，运行能发现，按住任意键时，4 位 LED 以 8421BCD 码的形式指示按键的键值，并点亮相应指示灯。当按 1 号键时，第 1 个指示灯（最下面）灯点亮；按 2 号键时，第 2 个指示灯点亮；按 3 号键时，第 1、2 个指示灯点亮；按 4 号键时，第 3 个指示灯点亮；按 5 号键时，第 1、3 个指示灯点亮，依此类推……。

知识梳理与总结

本项目介绍了 MCS-51 系列单片机应用系统中常用的显示和键盘技术，以及 C 语言的数组及结构化程序设计方法，主要内容包括：

（1）LED 数码管是将 8 个 LED 发光二极管组合在一起，常用来显示 0 ~ 9 数字等简单符号，根据内部连接的方式，分为共阴极 LED 数码管和共阳极 LED 数码管。

（2）将多个 LED 数码管组合在一起，形成多位的 LED 数码管，常用的有 2 位、4 位、6 位、8 位 LED 数码管。

（3）多位数码管显示控制时，可以采用静态显示和动态显示。对比动态显示，静态显示图像稳定、显示亮度比较亮，但因静态显示占用单片机的 I/O 端口资源多，在单片机控制中，通常采用动态显示控制。

（4）8×8 点阵 LED 显示器是将 64 个 LED 发光二极管组合在一起形成 8 行 8 列的显示器，通常用来逐个显示单字符。为了节省单片机有限的 I/O 口资源，在本教材显示电路中采用了锁存器，仅占用了单片机的 P0.0 ~ P0.7、P2.7 共 9 个 I/O 口，达到了对其的动态显示控制。虽然显示控制上容易出现瑕疵（根据显示频率，行列交汇点可能形成亮度略低的灰点），但对于 I/O 资源非常紧张的单片机实训电路板，也是可取的。

（5）数组是将具有相同类型的若干数据组织在一起的一种数据结构。单片机程序中，常用的数组有一维数组和二维数组，三维数组或者更高维数的数组在单片机应用中一般很少使用。数组的使用既是本项目，也是 C 语言程序设计中最重要的一个知识点。

（6）矩阵键盘是单片机常用的输入形式。通过编制软件程序，实现对矩阵键盘的行列扫描，获取具体按键值。本项目采用了单片机应用系统中常用的 4×3 矩阵结构，使用单片机的 7 个 I/O 口，达到随意读取 12 个按键的目的。

习题 5

5.1 单项选择题

（1）在单片机应用系统中，LED 数码管显示电路通常有 _____ 显示方式。

A. 静态　　　　　　　　　　　　B. 动态

C. 静态和动态　　　　　　　　　D. 查询

（2）_____ 显示方式编程较简单，但占用 I/O 端口线多，其一般适用于显示位数较少的场合。

A. 静态　　　　　　　　　　　　B. 动态

C. 静态和动态　　　　　　　　　D. 查询

（3）LED 数码管若采用动态显示方式，下列说法错误的是 _____。

A. 将各位数码管的段选线并联

B. 将段选线用一个 8 位 I/O 端口控制

C. 将各位数码管的公共端直接连接在 + 5 V 或者 GND 上

D. 将各位数码管的位选线用各自独立的 I/O 端口控制

（4）共阳极 LED 数码管加反相器驱动时显示字符"6"的字形码是 ____。

A. 06H

B. 7DII

C. 82H

D. FAH

（5）一个单片机应用系统用 LED 数码管显示字符"8"的字形码是 80H，可以断定该显示系统用的是 _____。

A. 不加反相驱动的共阴极数码管

B. 加反相驱动的共阴极数码管或不加反相驱动的共阳极数码管

C. 加反相驱动的共阳极数码管

D. 以上都不对

（6）在共阳极数码管使用中，若要仅显示小数点，则其相应的字段码是 _____。

A. 80H

B. 10H

C. 40H

D. 7FH

（7）某一应用系统需要扩展 10 个功能键，通常采用 _____ 方式更好。

A. 独立式按键

B. 矩阵式键盘

C. 动态键盘

D. 静态键盘

（8）6 位 LED 数码管动态显示时，需要占用单片机 _____ 位 I/O 端口。

A. 8

B. 14

C. 18

D. 48

（9）8×8 点阵 LED 显示器内部相当于共有 _____ 个发光二极管。

A. 8

B. 16

C. 32

D. 64

（10）如果采用静态显示，单片机实训电路板的 8×8 点阵 LED 显示器一次最多能点亮 _____ 行。

A. 0

B. 1

C. 8

D. 0 ~ 8

（11）4 行 3 列的矩阵式键盘，扫描方式工作时，需要占用单片机 _____ 位 I/O 端口。

A. 7

B. 8

C. 12

D. 16

5.2　程序设计

（1）将任务 5-3"用 4 位 LED 数码管实现的日期滚动显示"控制要求更改为：单片机上电后，"2017-10-20-hold"15 个字符在 4 个 LED 数码管上，从右往左移动显示。

（2）编制程序，在单片机实训电路板的 8×8 点阵 LED 显示器上，循环显示字符"中国广州欢迎你！"（注：可以利用网上下载的字模软件来自动生成所需的字形码）。

项目 6

定时与中断系统设计

本项目从秒表控制系统设计入手，让读者初步了解 51 单片机内部定时 / 计数器和中断系统的应用。通过完成长计时显示和模拟交通灯控制系统设计，深入学习定时 / 计数器、中断系统的结构和编程技巧，为以后学习单片机检测、控制技术及智能仪器设计打下良好基础。

教学导航

教	知识重点	1．定时器的结构； 2．定时器的工作方式； 3．定时器的应用； 4．中断的基本概念； 5．中断系统； 6．中断程序的编写
	知识难点	中断的概念及中断程序的编写
	推荐教学方式	从工作任务入手，通过秒表系统设计逐渐认识定时器和中断的作用，以交通灯控制系统为载体，深化对定时器和中断概念的理解
	建议学时	8 学时
学	推荐学习方法	通过完成具体的工作任务，注意寻找定时器程序和中断程序的编写技巧，理解相关控制寄存器的作用，对使用定时器和中断非常有用
	必须掌握的理论知识	1．定时器的结构和作用； 2．中断的概念和中断系统的组成； 3．定时器和中断程序的设计方法
	必须掌握的技能	定时和中断程序的应用编程

任务 6-1　长计时显示系统设计

【任务目的】

（1）设计一个计时范围为 00 s ～ 99 h 的长计时显示系统。

（2）熟悉单片机的定时器/计数器及其应用。

（3）掌握单片机的中断系统及其应用。

（4）培养灵活运用C语言函数的能力。

（5）进一步熟练掌握单片机综合程序软件、硬件联调的调试技巧。

【任务要求】

（1）设计一个计时范围为00 s ~ 99 h的长计时器，并在4位LED数码管上显示出来。

（2）正常状态下，4位LED数码管上显示当前计时的"分钟+秒数"。其中，前2位动态显示当前00 ~ 59的分钟数，后2位动态显示当前00 ~ 59的秒数。

（3）任意时刻，按下外部中断0按钮后，4位LED数码管切换显示当前计时的"小时+分钟数"。其中，前2位显示当前00 ~ 99的小时数，后2位动态显示当前00 ~ 59的分钟数。几秒钟后，自动切换回正常显示模式。

（4）任意时刻，按下单片机复位按钮，系统复位，计时重新开始。

（5）要求计时准确。

【电路原理图】

根据任务要求，设计如图6.1所示的长计时显示系统电路原理图，该电路包括单片机、复位电路（含按键复位）、外部中断0电路、时钟电路、电源电路、4位LED数码管显示驱动电路。

此电路为单片机实训电路板整个电路的一部分，S13为按键复位按钮，S14为外部中断0按钮。

【源程序设计】

因为在定时中断函数、LED数码管显示灯函数中都要访问当前计时的时间值，所以设置"时、分、秒"的全局变量"hour""minute""minute"。利用定时器T1进行长计时，采用中断方式进行时间的累计，在中断函数里面进行计时运算处理。因为只有4位LED数码管，但要显示计时的"时、分、秒"6位数字，所以开放外部中断0，正常模式下4位LED数码管显示当前的计时时间"分钟+秒数"，当按下外部中断0按钮后，4位LED数码管切换成显示"小时+分钟"。因为外部中断0的中断优先级高于定时器T1的中断优先级，所以为了保证在执行外部中断0而LED数码管显示当前的"小时+分钟"时也不停止定时器T1的中断计时处理，要利用程序段"PT1=1；"将定时器T1的中断优先级设置为高。

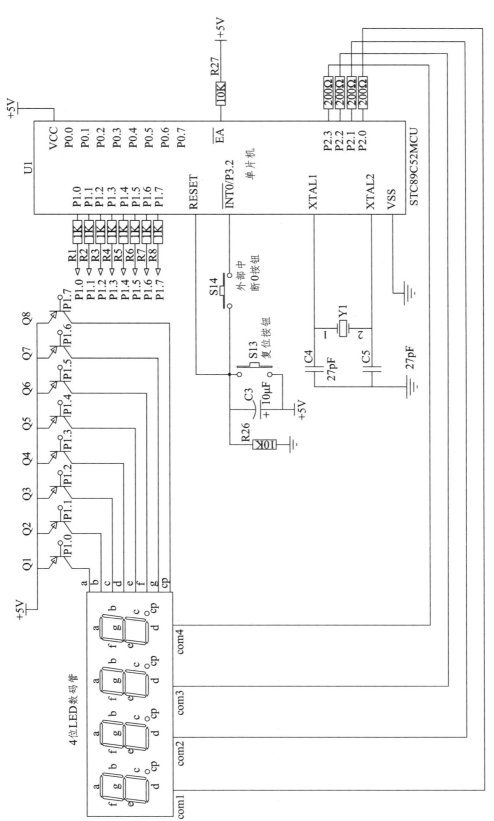

图 6.1　长计时显示系统电路原理图

长计时显示系统的硬件电路如图 6.2 所示的多边形框区域部分。

图 6.2 长计时显示系统系统硬件电路

长计时显示系统设计的源程序 example6-1.c 如下。

```
// 程序：example6-1.c
// 功能：长计时显示系统设计；控制要求：
// 在 4 位 LED 数码管上显示计时时间，计时范围为 00 s ~ 99 h
// 正常模式下 4 位 LED 数码管显示当前计时的 "分 + 秒"，按下外部中断 0 按键，显示当前计时的 "时 + 分"
#include  <STC89.H>
unsigned int hour=0，minute=0，second=0，time=0;
                        // 定义全局变量 hour（时）、minute（分）、second（秒）、time（50ms 计次）
void delay（unsigned int i）;                          // 延时函数声明
void main()
{ unsigned char i;
  unsigned char seg7[]={0x3f，0x06，0x5b，0x4f，0x66，0x6d，0x7d，0x07，0x7f，0x6f};     //0 ~ 9 字形码
  TMOD=0x12;                      // 设置定时器 T1 采用工作方式 1，定时器 T0 采用工作方式 2
  TH1=（65536-50000）/256;        // 设置定时初始值，50ms
  TL1=（65536-50000）%256;
  PT1=1;              // 设置定时器 T1 为高优先级，否则在响应外部中断期间，T1 定时不会产生中断
  TR1=1;             // 启动定时器 T1
  EA=1;              // 打开中断总允许
  ET1=1;             // 打开定时器 T1 中断允许
```

```c
    EX0=1;              // 打开外部中断 0 允许
    IT0=1;              // 外部中断 0 下降沿触发
    while（1）
      for（i=0；i<4；i++）
        {       P2= ~（0x01<<i）；                    // 选择显示位
        if（i==0）P1= ~ seg7[minute/10]；             // 显示第 1 个数字；
        if（i==1）P1= ~（seg7[minute%10]|0x80）；      // 显示第 2 个数字，带小数点；
        if（i==2）P1= ~ seg7[second/10]；             // 显示第 3 个数字；
        if（i==3）P1= ~ seg7[second%10]；             // 显示第 4 个数字；
        delay（4）；                                  // 延时
        }
}
// 函数：Timer_1()
// 功能：每 50ms，定时器 T1 产生中断信号，执行本函数：
void Timer_1()interrupt 3                            // 定时器 T1 中断，中断号为 3
{ time++；                                            // 变量 time 每 50 ms 加 1；
 if（time==20）      {second++；time=0；}             //20 个 50 ms 为 1 秒，秒数加 1；
 if（second==60）{minute++；second=0；}               //60 个 1 秒为 1 分钟，分钟数加 1；
 if（minute==60）{hour++；minute=0；}                 //60 个 1 分为 1 小时，小时数加 1；
 TF1=0；
 TH1=（65536-50000）/256；                            // 重装初始值，50 ms
 TL1=（65536-50000）%256；
 }
// 函数：Show_time()
// 功能：当按下外部中断 0 按钮时，执行该函数，在 4 位 LED 数码管上显示"小时 + 分"
void Show_time()interrupt 0                           // 外部中断 0，中断号为 0
{ unsigned int i, j;
 unsigned char seg7[]={0x3f, 0x06, 0x5b, 0x4f, 0x66, 0x6d, 0x7d, 0x07, 0x7f, 0x6f};    //0 ~ 9 字形码
 unsigned char seg8[]={0xbf, 0x86, 0xdb, 0xcf, 0xe6, 0xed, 0xfd, 0x87, 0xff, 0xef};
                                                      //0 ~ 9 带小数点字形码
 for（j=0；j<100；j++）                                // 显示多遍
   for（i=0；i<4；i++）
     {       P2= ~（0x01<<i）；                        // 选择显示位
     if（i==0）P1= ~ seg7[hour/10]；                   // 显示第 1 个数字；
     if（i==1）P1= ~ seg8[hour%10]；                   // 显示第 2 个数字，带小数点；
     if（i==2）P1= ~ seg7[minute/10]；                 // 显示第 3 个数字；
     if（i==3）P1= ~ seg7[minute%10]；                 // 显示第 4 个数字；
     delay（4）；                                      // 延时
     }
```

```
}
    void delay（unsigned int i）                // 延时函数，n*1ms，采用硬件查询方式
    {unsigned int j, k;
        TL0=0x06;                              // 设置定时初始值，250 μs
      TH0=0x06;                                // 自动重置的初值
        TR0=1;                                 // 启动定时器 T0
    for（j=0; j<i; j++）
        for（k=0; k<4; k++）                    // 延时 1 ms
        { while（!TF0）;                        // 查询，延时时间是否到？
        TF0=0;                                 // 复位溢出标志位
        }
        //TR0=0;                               // 此处定时器 T0 不能关闭
    }
```

小提示:

（1）全局变量是相对于局部变量而言的，凡是在函数外部定义的变量都是全局变量，可以默认有 extern 说明符，因此也称为外部变量。外部变量定义后，其后面的所有函数均可以使用。

例如，秒计数器变量 second 在定时器 T1 中断函数 Timer_1()、外部中断 0 函数 Show_time() 和主函数 main() 中都有使用。

（2）定义全局变量时需要注意，全局变量中的值可以被多个函数修改，其中保留的是最新的修改值。

（3）对定时器编程需要的步骤，定时器初始化（设置工作方式），初值计算和设置，启动定时器计数，计数溢出处理（程序中采用中断处理）。

（4）对中断编程需要的步骤，开放中断源允许，开放总中断允许，中断函数处理。

（5）只有当定时器 T1 定时 50 ms 的时间到了，T1 申请中断，在中断允许的情况下，程序自动跳转到 T1 中断函数 Timer_ 1() 执行。中断函数执行完毕，返回到跳转处继续执行主程序。所以中断函数与之前编写的函数的不同之处在于；该函数无须事先在程序中安排函数调用语句，当事件发生（T1 定时 50 ms 时间到）时，硬件自动跳转到中断函数执行。

【程序运行与测试】

在单片机实训电路板上，无须进行其他连接。编译连接后，将生成的 *.hex 文件下载到单片机中，能观察到在 4 位 LED 数码管上显示计时的"分钟＋秒数"；按下外部中断 0 按钮（印刷电路板上印有"INT0"字样），4 位 LED 数码管上显示计时的"小时＋分钟"，大约 2 s 后自动退出中断；任何时刻按下复位按钮，计时重新开始。

6.1　定时 / 计数器

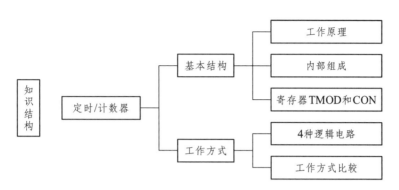

图 6.3　定时 / 计数器知识结构

引入：在单片机的控制应用中，定时是必不可少的。前述的流水灯控制、显示控制等单片机程序中，为了达到延时的效果，都使用了单片机的定时功能，而且采用了类似如下的循环程序实现：

```
void delay（unsigned int i）
{ unsigned int j，k；
    for（k=0；k<i；k + +）
     for（j=0；j<50；j + +）；
}
```

上述程序是采用了软件定时的方法，依靠 CPU 执行循环程序来实现延时功能。这种软件定时的方式完全是靠消耗 CPU 的时间来实现的，定时时间很难精确、程序可移植性差，执行此定时程序时，单片机 CPU 不能处理其他事情（例如，在执行 LED 数码管或者 8×8 点阵 LED 数码管显示器动态刷新显示时，就不能处理键盘扫描了），资源浪费非常严重，所以定时时间不能很长，而且很多情况下，软件定时也无法使用。因此，在单片机实际程序控制中，很少采用软件定时的方法进行应用控制。

为了达到定时的功能，51 系列单片机提供了 2 个硬件定时器：T0 和 T1。该定时器是通过对系统时钟脉冲的计数来实现的。程序控制中，只需要通过设定、修改该计数值，就能改变定时的时间，使用起来既方便又灵活，而且相比较软件定时方式而言，不需要消耗 CPU 资源。

此外，该硬件定时器 T0 和 T1 采用了计数方法实现定时，因此，该硬件电路也具备计数功能。所以生产厂家将单片机的定时和计数功能集成在一起，成为定时器 / 计数器。51 系列单片机有 2 个定时器 / 计数器，分别称为定时器 / 计数器 0 和定时器 / 计数器 1。使用中，通过程序控制来选择是作为定时器使用还是作为计数器使用（要么作为定时器，要么作为计数器）。

因为单片机的定时功能和计数功能共享了同一个硬件电路，在编程使用中，控制方法也基本是一样的，所以在单片机的学习中，定时器和计数器的学习是同时进行的。

6.1.1　定时／计数器的结构

1．定时／计数器的工作原理

定时／计数器的工作原理如图 6.4 所示。

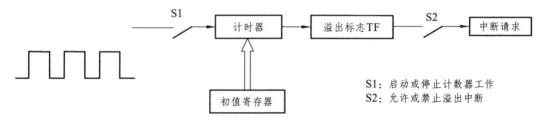

图 6.4　定时／计数器的工作原理

关于定时／计数器的几个相关概念如表 6.1 所示。

表 6.1　定时／计数器相关概念

概　念	说　明
计数器分类	计数器分为加法计数器和减法计算器，前者每来一个计数脉冲，计数值加 1；后者每来一个计数脉冲，计数值减 1
计数器位数	计数器的位数确定了计数器的最大计数个数 M 和计数范围，n 位计数器的最大计数个数 $M=2^n$，计数范围是 $0 \sim 2^n - 1$。例如，8 位计数器的最大计算个数 $M=256$，计数范围是 $0 \sim 255$。
计数／定时功能	作为计数器使用时，计数时钟源来自外部信号引脚，记录该外部信号的脉冲个数；作为定时器使用时，计数时钟源来自内部时钟信号，对设定好的内部脉冲个数进行计数所需要的时间就是定时的时间。
计数器溢出	当 S1 闭合时，计数器从计数初始值开始，对计数脉冲进行加 1 减 1 计数，当加法计数器计到最大值，或减法计数器计到最小值时，计数器产生溢出，将相应的溢出标志位 TF 置 1。计数器溢出也称为计数器翻转
计数器溢出处理	计数器溢出时，溢出标志 TF=1，在程序中可以通过查询该位状态的方法获取计数器状态，查询方式编程参见程序 example6-1a.c；如果 S2 闭合，溢出标志 TF 还可以向 CPU 申请中断，采用中断方式进行计数溢出处理，中断方式编程参见程序 example6-1.c
初值计算	假定计数器为 8 位加法计数器，计数脉冲来自内部时钟信号，$f_{计数}=1\ \text{MHz}$，若要定时 250 μs，计算计数初值的过程如下： （1）计算计数周期：$T_{计数周期} = 1/f_{计数} = 1/（1\ \text{MHz}）= 1\ \text{μs}$； （2）计算计数个数：$count_{计数} = T_{定时时间}/T_{计数周期} = 250/1 = 250$； （3）8 位加法计数器最大计数个数：$M = 256$； （4）加法计数器初值计算：$X_{初值} = M - count_{计数} = 256 - 250 = 6$
定时／计数器编程	定时／计数器编程包括以下 4 个步骤： （1）初始化，确定计数／定时方式、工作方式等； （2）计算并设置计数初值； （3）启动定时／计数器，闭合 S1； （4）计数溢出处理（查询和中断两种方式）

问：假定计数器为减法计数器，计数初值计算有什么不同呢？

答：对于减法计数器，计数个数就是计数初值，即 $X_{初值} = \text{count}_{计数}$。

2. 定时 / 计数器的组成

51 单片机内部有两个 16 位的可编程定时 / 计数器，称为 T0 和 T1，其逻辑结构如图 6.5 所示。51 单片机的定时 / 计数器由 T0、T1、工作方式寄存器 TMOD 和控制寄存器 TCON 四大部分组成，T0、T1 均为加法计数器。

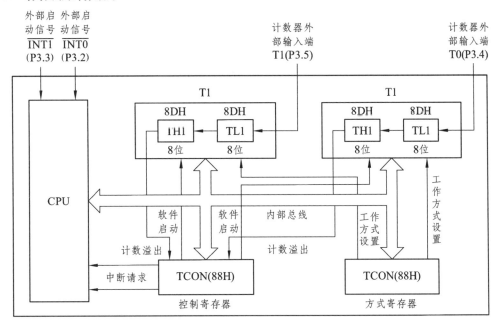

图 6.5　51 单片机定时 / 计数器逻辑结构

下面从定时 / 计数器的工作过程来理解各部分的作用。

定时 / 计数器的工作过程如下：

（1）设置定时 / 计数器的工作方式，通过对工作方式寄存器 TMOD 的设置，确定相应的定时 / 计数器是定时功能还是计数功能，确定工作方式及启动方法。

问：T0 和 T1 可编程选择为定时功能与计数功能，二者有什么不同？

答：T0 和 T1 用作计数器时，分别对单片机引脚 T0（P3.4）或 T1（P3.5）上输入的脉冲进行计数，外部脉冲的下降沿将触发计数，每输入一个脉冲，加法计数器加 1。计数器对外部输入信号的占空比没有特别的限制，但必须保证输入信号的高电平与低电平的持续时间都在一个机器周期以上。

　　用作定时器时，对单片机内部机器周期脉冲进行计数，由于单片机机器周期是固定值，故计数值确定时，定时时间也随之确定。如果51单片机系统采用12 MHz晶振，则计数周期为：$T_{机器周期}$=1/（12×10^6/12）=1 μs。这是最短的定时周期。适当选择定时器的初值可以获取各种定时时间。

　　定时/计数器的工作方式有4种：方式0，方式1，方式2，方式3。

　　定时/计数器的启动方式有2种：软件启动和硬软件（硬件+软件）共同启动。从图6.5中可以看到，除了从控制寄存器TCON发出的软件启动信号外，还有2个外部启动信号引脚，这2个引脚也是单片机的外部中断输入引脚。

　　（2）设置计数初值。T0、T1都是16位加法计数器，分别由两个8位专用寄存器组成，T0由TH0和TL0组成，T1由TH1和TL1组成，TL0、TL1、TH0、TH1的访问地址依次为0x8A ~ 0x8D，每个寄存器均可被单独访问，因此可以被设置为8位，13位或16位的计数器使用。

> 小提示：
>
> 　　计数器的位数确定了计数器的计数范围。8位计数器的计数范围是0 ~ 255（0xFF），其最大值为256。同理，16位计数器的计数范围是0 ~ 65 535（0xFFFF），其最大计数值为65 536。

　　在计数器允许的计数范围内，计数器可以从任何值开始计数，对于加1计数器，当计到最大值时产生溢出。例如，对于8位计数器，当计数值从255再加1时，计数值变为0。

　　定时/计数器允许用户编程设定开始计数的数值，称为赋初值。初值不同，则计数器产生溢出时，计数个数也不同，所以定时的时间也不同了。例如，对于8位计数器，当初值设为100时，再加1计数156个，计数就产生溢出；当初始值设为200时，再加1计数56个，计数器产生溢出。

　　（3）启动定时/计数器。根据第（1）步中设置的定时/计数器启动方式，启动定时/计数器。如果采用软件启动，则需要把控制寄存器中的TR0或TR1置1（使用定时器T0时，使TR0=1，使用定时器T1时使用TR1=1）；如果采用硬软件共同启动方式，不仅需要把控制寄存器中的TR0或TR1置1，还需要相应的外部信号为高电平。

> 小提示：
>
> 　　当设置了定时器的工作方式并启动定时器工作后，定时器就按被设定的工作方式独立工作，不再占用CPU的操作时间，只有在计数器计满溢出时才可能中断CPU当前的操作。

　　（4）计数溢出。计数溢出标志位TF在控制寄存器TCON中，用于通知用户定时/计数器已经计满，用户可以采用查询方式或中断方式进行操作。

3．定时 / 计数器工作方式寄存器 TMOD

两个定时 / 计数器 T0、T1，是作为定时功能还是计数功能使用，是采用软件编程启动还是采用软硬件（软件 + 硬件）共同启动，需要对 TMOD 进行设置。

TMOD 为定时 / 计数器的工作方式寄存器，其格式如图 6.6 所示。

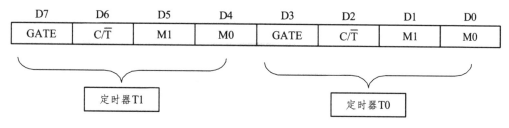

图 6.6　TMOD 的格式

TMOD 的低 4 位为 T0 的工作方式字段，用于对 T0 进行设置；高 4 位为 T1 的工作方式字段，用于对 T1 进行设置，它们的含义完全相同。

（1）M0 和 M1：工作方式选择位。其含义如表 6.2 所示。

表 6.2　工作方式 M0 和 M1

M1	M0	工作方式	功能说明
0	0	方式 0	13 位计数器
0	1	方式 1	16 位计数器
1	0	方式 2	初值自动重载，8 位计数器
1	1	方式 3	T0：分成两个 8 位计数器 T1：停止计数

（2）C/$\overline{\text{T}}$：功能选择位。C/$\overline{\text{T}}$ = 0 时，设置为定时器的工作方式；C/$\overline{\text{T}}$ = 1 时，设置为计数器工作方式。

（3）GATE：门控位。当 GATE = 0 时，软件启动方式，将 TCON 寄存器中的 TR0 或 TR1 置 1 即可启动相应定时器；当 GATE = 1 时，硬软件共同启动方式，软件控制位 TR0 或 TR1 需要置 1，同时还需 $\overline{\text{INT0}}$（P3.2）或 $\overline{\text{INT1}}$（P3.3）为高电平才能启动相应定时器，即允许外中断 $\overline{\text{INT0}}$、$\overline{\text{INT1}}$ 启动定时器。

> **小提示：**
>
> TMOD 不能进行位寻址，只能用字节操作来设置定时器的工作方式，高 4 位定义 T1，低 4 位定义 T0，复位时，TMOD 所有位均清零。
>
> 任务 6-1 中使用了 2 个定时器，T1 用于全局的计时，T0 用于 delay() 函数中的定时。程序中，设置 T1 为软件启动方式，定时功能，工作方式 1，则 GATE=0，C/T=0，M1 M0=01，因此，高 4 位应为 0001；同时，也设置 T0 为软件启动方式，定时功能，工

作方式 2，则 GATE=0，C/T=0，M1 M0 = 10，因此，低 4 位则为 0010，合并高低位为 00010010，即 16 进制数的 0x12。因此，采用如下语句设置定时 / 计数器的工作方式：

TMOD=0x12;   // 设置定时器 T1 采用工作方式 1，定时器 T0 采用工作方式 2

如果任务 6-1 中只使了 1 个定时器 T1，设置 T1 为软件启动方式，定时功能，工作方式 1，则 GATE = 0，C/T = 0，M1 M0 = 01，因此，高 4 位应为 0001；T0 未使用，低 4 位可以随意设置，但低两位不能为 11（因在工作方式 3 时，T1 将停止计数），一般将其设为 0000。合并高低位为 00010000，即 16 进制数的 0x10。因此，则要采用下面的语句设置定时 / 计数器的工作方式：

TMOD=0x10;   // 设置定时器 T1 采用工作方式 1

4．定时 / 计数器控制寄存器 TCON

定时 / 计数器控制寄存器 TCON 的作用是控制定时器的启动、停止，标识定时器的溢出和中断情况，TCON 的格式如图 6.7 所示。

TCON （0x88）	0x8F	0x8E	0x8D	0x8C	0x8B	0x8A	0x89	0x88
	TF1	TR1 x	TF0	TR0	IE1	IT1 x	IE0	IT0 x

图 6.7   TCON 的格式

控制寄存器 TCON 各位的含义如表 6.3 所示。

表 6.3   控制寄存器 TCON 各位的含义

控制位		位名称	说 明
TF1	T1 溢出中断标志	TCON.7	当 T1 计数值满而产生溢出时，由硬件自动置 TF1=1。在中断允许时，该位向 CPU 发出 T1 的中断请求，进入中断服务程序后，该位会被单片机硬件自动清零；在中断被屏蔽时，TF1 可作为查询测试使用，此时只能由软件清零
TR1	T1 运行控制位	TCON.6	由软件置 1 或清零来启动或关闭 T1，当 GATE=1（软件）且 INT1 为高电平（硬件），TR1 置 1 时则启动 T1。当 GATE=0 时，TR1 置 1 就可启动 T1
TF0	T0 溢出中断标志	TCON.5	与 TF1 相同
TR0	T0 运行控制位	TCON.4	与 TR1 相同
IE1	外部中断（INT1）请求标志位	TCON.3	控制外部中断，与定时器 / 计数器无关
1T0	外部中断 1 触发方式选择位	TCON.2	
IE0	外部中断（INT0）请求标志位	TCON.1	
IT0	外部中断 0 触发方式选择位	TCON.0	

TCON 中的低 4 位用于控制外部中断，与定时 / 计数器无关，将在后续项目中介绍。当系统复位时，TCON 的所有位均清零。

TCON 可以进行位操作，溢出标志位清零或启动定时器可都可以采用位操作语句，例如：

TR1=1;	// 启动 T1
TF1=0;	//T1 溢出标志位清 0

小提示：

子任务 1 中程序 example6-1a.c 采用查询溢出标志位 TF0 方式确认 10 ms 定时时间到，查询语句如下：

while（!TF0）;	//TF0 由 0 变 1，定时时间到
TF0=0;	// 查询方式下，TF0 必须由软件清零

6.1.2　定时 / 计数器的工作方式

如表 6.2 所示，工作方式寄存器 TMOD 中的 M0 和 M1 位用于选择 4 种工作方式，逻辑电路如图 6.8 所示。

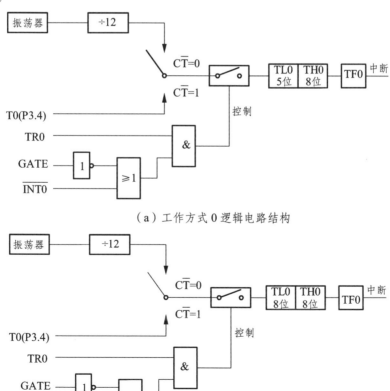

（a）工作方式 0 逻辑电路结构

（b）工作方式 1 逻辑电路结构

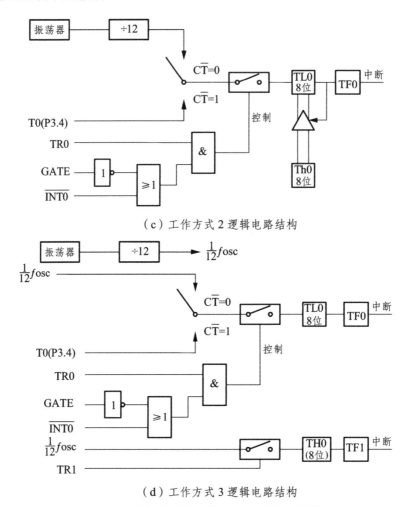

（c）工作方式 2 逻辑电路结构

（d）工作方式 3 逻辑电路结构

图 6.8   定时 / 计数器四种工作方式的逻辑电路

小问答?

问：在图 6.8 的 4 种工作方式中，$C/\overline{T}$ 和 GATE 分别起什么作用？

答：当 $C/\overline{T}$ 时，多路开关连接 12 分频器输出，T0 为定时功能，对单片机机器周期计数。外部信号电平发生由 1 到 0 的负跳变时，计数器加 1，T0 为计数功能。

当 GATE = 0 时，或门被封锁，$\overline{INT0}$ 信号无效。或门输出常 1，打开与门，TR0 直接控制 T0 启动和关闭，TR0 = 1，接通控制开关，T0 从初值开始计数直至溢出。TR0 = 0，则与门被封锁，控制开关被关闭，停止计数。

当 GATE = 1 时，与门的输出由 $\overline{INT0}$ 的输入电平和 TR0 位的状态来确定，若 TR0 = 1 则与门打开，外部信号电平通过 $\overline{INT0}$ 引脚直接开启或关闭 T0，当 $\overline{INT0}$ 为高电平时，允许计数，否则停止计数，若 TR0 = 0 时，则与门被封锁，控制开关被关闭，停止计数。

定时器T0和T1都可以设置为工作方式0、1和2,可以用来做定时/计数功能,主要用法如表6.4所示。

表 6.4　定时器工作方式比较

工作方式	方式 0	方式 1	方式 2
计数位数	13 位定时 / 计数器	16 位定时 / 计数器	8 位定时 / 计数器
计数寄存器	THi 高 8 位, TLi 低 5 位	THi 高 8 位, TLi 低 8 位	TLi
最大计算值 M	8 192	65 536	256
初值计算公式		$X_{初值} = M - T_{定时时间}/T_{机器周期}$	
初值设置	$THi = X_{初值}/32$ $TLi = X_{初值}\%32$	$THi = X_{初值}/256$ $TLi = X_{初值}\%256$	$THi = X_{初值}$ $TLi = X_{初值}$
初值设置举例	假定设定时间为 5 ms,初值设置: THi = (8192 - 500/1) /32; TLi = (8192 - 5000/1) %32	假定设定时间为 5ms,初值设置: THi = (65536 - 50000/1) /256 TLi = (65536 - 50000/1) %256	假定设定时间 5ms,初值设置: THi = 256 - 250/1 TLi = 256 - 250/1
特点	初值不可自动重载	初值不可自动重载	初值可自动重载

注：表中 i 表示 0 或 1,晶振频率假定为 12 MHz, $T_{机器周期}$ 为 1 μs。

小提示:

在工作方式 0 和工作方式 1 下,每次计数溢出后,计数器自动复位为 0,要进行新一轮计数,必须重置计数初值。

重新设置初值影响定时时间精度,又导致编程麻烦。工作方式 2 具有初值自动装载功能,适合用于比较精确的定时场合。

以 T0 为例,在工作方式 2 下,TL0 用作 8 位计数器,TH0 用来保持初值,编程时,TL0 和 TH0 必须由软件赋予相同的初值。一旦 TL0 计数溢出,TF0 将被置位,同时,TH0 中保存的初值自动装入 TL0,进入新一轮计数,如此重复循环不止。

只有 T0 可以设置为工作方式 3,T1 设置为工作方式 3 后不工作,T0 在工作方式 3 时的工作情况如下:

T0 被分解成两个独立的 8 位计数器 TL0 和 TH0。

TL0 占用 T0 的控制位、引脚和中断源,包括 C/$\overline{T}$、GATE、TR0、TF0、T0(P3.4)引脚和 $\overline{INT0}$(P3.2)引脚。它可定时也可计数,除计数位数不同于工作方式 0 外,其功能、操作与工作方式 0 完全相同。

TH0 占用 T1 的控制位 TF1 和 TR1,同时还占用了 T1 的中断源,其启动和关闭仅受 TR1 控制。TH0 只能对机器周期进行计数,可以用作简单的内部定时,不能用作对外部脉冲进行计数,是 T0 附加的一个 8 位定时器。

小提示：

　　当 T0 在工作方式 3 时，T1 仍可设置为方式 0、方式 1 或方式 2。但由于 TR1、TF1 和 T1 的中断源已被 T0 占用，因此，定时器 T1 仅由控制位 C/`T 切换其定时或计数功能。当计数器计满溢出时，只能将输出送往串行口。在这种情况下，T1 一般用作串行口波特率发生器或不需要中断的场合。因 T1 的 TR1 被占用，当设置好工作方式后，T1 自动开始计数；当送入一个设置 T1 为工作方式 3 的方式字后，T1 停止计数。

子任务 1　（采用查询方式实现）时间间隔为 1 s 的流水灯控制

　　（1）任务要求：采用定时器查询方式设计一个时间间隔为 1 s 的流水灯控制系统。

　　（2）电路设计：此电路只需要外接 8 个 LED 发光二极管即可，参见任务 4-1 中图 4.1 所示的 8 个 LED 发光二极管同步闪烁控制电路原理图。

　　（3）程序设计：

　　编制延时子函数 delay_100ms()，采用查询方式，用定时器 T0 的工作方式 1 实现 10 ms 的定时功能。

　　时间间隔为 1 s 的流水灯控制系统源程序 example6-1a.c 如下：

```
// 程序：example6-1a.c
// 功能：时间间隔为 1 s 的流水灯控制；
// 控制要求：采用定时器查询方式实现延时；
#include<stc89.h>
    // 包含头文件 stc89.h，定义了 MCS-51 单片机的特殊功能寄存器
void delay_100ms（unsigned int i）;          // 延时函数声明
void main()                                  // 主函数
{ unsigned char i;
 TMOD=0x01;                                  // 定时器 T0 采用方式 1
 TR0=1;                                      // 启动定时器 T0
 while（1）
  {
  for（i=0; i<8; i++）
    { P2=~（0x80>>i）;                        // 点亮 8 个发光二极管。
    delay_100ms（10）;                        // 调用延时函数，延时时间为 10×100 ms=1 s
    }
  }
}
// 函数名：delay_100 ms
// 函数功能：定时器 T0 采用查询方式实现延时，延时时间单位为 100 ms
```

```
//形式参数：unsigned int i；延时时间为 i×10 ms
void  delay_100ms（unsigned int i）              //延时函数，延时时间为 i×10 ms
{ unsigned int j, k;
 for（j=0；j<i；j++）
  for（k=0；k<10；k++）                          //10 次循环，10 ms×10=100 ms
   {
THO=（65536-10000）/256；                        // 设置定时器 0 初值，10 ms
TL0=（65536-10000）%256；
while（!TF0）；
TF0=0;
   }
}
```

（4）程序运行与测试：

在单片机实训电路板上，将 8 个 LED 发光二极管正确插入 "J3、J4" 插座（注意 LED 发光二极管的长脚接 J4、短脚接 J3）。编译连接后，将生成的 *.hex 文件下载到单片机中。运行测试能发现，8 个 LED 发光二极管实现了流水灯的效果，与以前流水灯不同的是，其切换的时间间隔准确为 1 s。

子任务 2 （计数器应用）按键计数显示控制系统

（1）任务要求：利用单片机计数器功能，在 4 位 LED 数码管上显示单个按键的被按次数，且次数是几位数就使用几个 LED 数码管。

（2）电路设计：根据任务要求，设计如图 6.9 所示的（计数器应用）按键计数显示控制系统电路原理图。该电路包括单片机、复位电路（含按键复位）、时钟电路、电源电路、4 位 LED 数码管显示驱动电路。

此电路为单片机实训电路板整个电路的一部分，S3 为 4×3 矩阵键盘右上角的按键（第 1 行第 3 列），其连接在 P3.4/T0 端口，可以对外部脉冲进行计数。

（3）程序设计：

单片机 T0 作计数器使用，T1 作定时器使用。

① 设置定时器 T1 软启动、定时、方式 0（即 0000）；定时器 T0 软启动、计数、方式 2（即 0110），设置定时 / 计数器工作方式寄存器，使用如下程序段：

```
TMOD=0x06；//设置定时器 T1 软启动、定时、方式 0（0000）；定时器 T0 软启动、计数、方式 2（0110）
```

② 因单片机对外部脉冲计数是检测电平的变化，对应每次 "按下" → "松开" 产生 2 次电平变化的过程，单片机的计数是增加了 2 次的，所以计数器 T0 设置初值如下程序段：

```
TL0=254；                          // 设置计数器 T0 计数的初值，每 2 次溢出
TH0=254；                          // 自动重新装载值
```

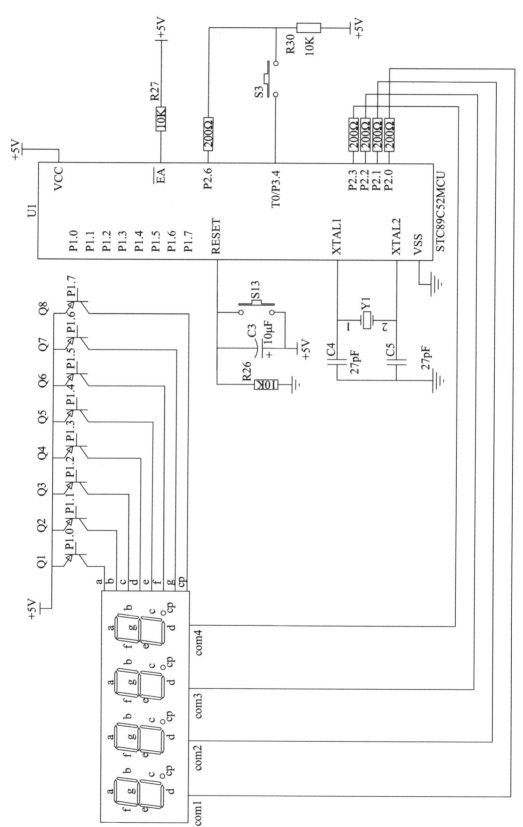

图 6.9 （计数器应用）按键计数显示控制系统电路原理图

③ 计数次数是从 0 逐渐增加的，范围为 0 ~ 9 999，故 LED 数码管要根据显示的数值确定需要几个 LED 数码管进行显示，所以先要判断显示值的位数，利用如下程序段：

```
if（times<10）                    //判断数据是几位数
    weishu=1；
  else if（times<100）
    weishu=2；
  else    if（times<1000）
    weishu=3；
        else
          weishu=4；
```

④ 因 S3 按键电路，需要 P2.6 端口持续输出低电平才能检测到按键的动作，所以 P2.0 ~ P2.3 端口输出 4 位 LED 数码管动态显示所需的位选信号时，不能采用 "P2= ~ 0x01<<i" 类似的语句，否则会覆盖 P2.6 端口的低电平，因此 P2.0 ~ P2.3 进行按位输出，采用了如下程序段：

```
for（i=0；i<weishu；i + +）          //LED 数码管动态显示，几位数就用几个 LED 数码管
  { if（i==0）{P20=1；P21=1；P22=1；P23=0；P1= ~ seg7[times%10]；}         //显示个位数
    if（i==1）{P20=1；P21=1；P22=0；P23=1；P1= ~ seg7[（times/10）%10]；} //显示十位数
    if（i==2）{P20=1；P21=0；P22=1；P23=1；P1= ~ seg7[（times/100）%10]；}//显示百位数
    if（i==3）{P20=0；P21=1；P22=1；P23=1；P1= ~ seg7[（times/1000）%10]；}//显示千位数
    delay（2）；                                              //延时
  }
```

⑤ delay() 延时函数利用定时器 T1 硬件延时，每次定时 5 ms，查询方式，采用了如下程序段：

```
for（k=0；k<i；k + +）
  { TH1=（8192-5000）/32；                    //设置定时器 T1 初值，5 ms
    TL1=（8192-5000）%32；
    TR1=1；                                    //启动定时器 T1
    while（!TF1）；                             //查询，等到定时时间到
    TF1=0；                                    //复位定时器 T1 溢出标志位
  }
```

（计数器应用）按键计数显示控制系统完整的源程序 example6-1b.c 如下：

```
//程序：example6-1b.c
//功能：（计数器应用）按键计数显示控制系统；控制要求：
//利用计数器功能，在 4 位 LED 数码管上显示单个按键的被按次数（几位数就用几个 LED 数码管）
#include<stc89.h>              //包含头文件 stc89.h，定义了 MCS-51 单片机的特殊功能寄存器
void delay（unsigned int i）    //定义延时函数
{int k；
 for（k=0；k<i；k + +）
```

```
    {
        TH1=（8192-5000）/32;              // 设置定时器 T1 初值，5ms
      TL1=（8192-5000）%32;
       TR1=1;
                // 启动定时器 T1
        while（!TF1）;                      // 查询，等到定时时间到
        TF1=0;                             // 复位定时器 T1 溢出标志位
    }
}
void main()                                // 主函数
{ unsigned int i, weishu, times;           // 定义显示位数 weishu、次数 times 变量
  unsigned char seg7[]={0x3f, 0x06, 0x5b, 0x4f, 0x66, 0x6d, 0x7d, 0x07, 0x7f, 0x6f};  //0～9 字形码
  TMOD=0x06;                  // 设置定时器 T1 软启动、定时、方式 0（0000）；定时器 T0 软启动、计数、方式 2（0110）
  TL0=254;                    // 设置计数器 T0 计数的初值，每 2 次溢出
  TH0=254;                    // 自动重新装载值
  TR0=1;                      // 启动计数器 T0
  P26=0;
  while（1）
  {
    if（TF0==1）    {times ++; TF0=0; }     // 按键次数达到溢出
    if（times<10）                          // 判断数据是几位数
        weishu=1;
      else if（times<100）
        weishu=2;
        else    if（times<1000）
        weishu=3;
      else
      weishu=4;
    for（i=0; i<weishu; i ++）                //LED 数码管动态显示，几位数就用几个 LED 数码管
    {
      if（i==0）{P20=1; P21=1; P22=1; P23=0; P1= ~ seg7[times%10]; }          // 显示个位数
      if（i==1）{P20=1; P21=1; P22=0; P23=1; P1= ~ seg7[（times/10）%10]; }    // 显示十位数
      if（i==2）{P20=1; P21=0; P22=1; P23=1; P1= ~ seg7[（times/100）%10]; }   // 显示百位数
      if（i==3）{P20=0; P21=1; P22=1; P23=1; P1= ~ seg7[（times/1000）%10]; }  // 显示千位数
      delay（2）;                                                            // 延时
    }
  }
}
```

（4）程序运行与测试：

在单片机实训电路板上，无须进行其他连接（注意 P2.6 端口不能连接 LED 发光二极管，否则按键动作不能被检测到）。编译连接后，将生成的 *.hex 文件下载到单片机中。运行测试能发现，每按下 S3 按键（印刷电路板上印有 "S3" 字样）并松开后，LED 数码管的显示值加 1。

6.2 中断系统

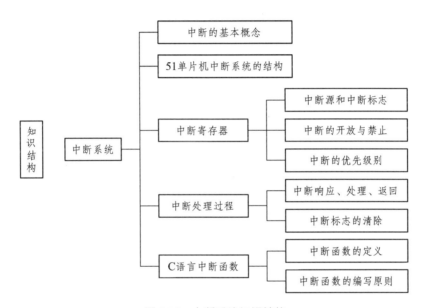

图 6.10 中断系统知识结构

6.2.1 什么是中断

1. 中断及相关概念

举个中断的例子：生活中，如果你正在厨房做饭，此时手机铃声响了（中断产生），你停下做饭去接电话，接完电话再继续做饭。这个停下做饭去接电话的事件，就是中断。

中断是指通过单片机硬件来改变 CPU 的运行方向。计算机在执行程序的过程中，外部设备响应 CPU 发出中断请求信号，要求 CPU 暂时中断当前程序的执行而转去执行相应的处理程序，待处理程序执行完毕后，再继续执行原来被中断的程序。这种程序在执行过程中由于外界的原因而被中间打断的情况称为"中断"。

在任务 6-1 中，当按下外部中断 0 按键后，在引脚 P3.2/INT0 处产生一个下降沿信号，向 CPU 申请中断，CPU 暂时中止当前 LED 数码管动态显示"分钟 + 秒数"的工作，转去执行中断函数 Show_time()，在 4 位 LED 数码管上输出显示当前计时的"小时 + 分钟"，然后再返回主程序中断处继续执行 LED 数码管动态显示"分钟 + 秒数"的工作。

下面给出几个与中断相关的概念，如表 6.5 所示。

表 6.5　中断相关概念

描　述	说　明
中断服务程序	CPU 响应中断后，转去执行相应的处理程序，该处理程序通常称为中断服务程序，任务 6-1 中的程序 example6-1.c 中的中断函数 Show_time() 就是外部中断 0 的中断服务程序。 　　中断函数的函数名没有实际的作用，不会在程序中进行调用，产生中断后具体执行哪个中断函数，由中断函数的中断号决定。例如，外部中断 0 的中断号为 0，在中断函数定义时要利用关键字"interrupt"带上中断号 0。任务 6-1 中的程序 example6-1.c 定义外部中断 0 函数时采用了语句"void Show_time()interrupt 0"
主程序	原来正常运行的程序称为主程序，任务 6-1 中程序 example6-1.c 的 main() 函数就是主程序
断点	主程序被断开的位置（或地址）称为断点
中断源	引起中断的原因或能发出中断申请的来源，称为中断源，任务 6-1 中断源有两个：外部中断 0 和定时器 T1 中断。外部中断 0 为按键"INT0"按下而产生的中断，定时器 T1 中断为启动定时器 T1 后定时时间到而自动产生的中断。两个中断源都会向 CPU 申请中断
中断请求	中断源要求服务的请求称为中断请求（或中断申请）。在子任务 3 中，当按键 INT0 被按下时，在引脚产生一个下降沿信号，向 CPU 申请中断

小提示：

　　中断函数的调用过程类似于一般函数调用，区别在于何时调用一般函数在程序中是事先安排好的；而何时调用中断函数事先却无法确定，因为中断函数的发生是由外部因素决定的，程序中无法事先安排调用语句。因此，调用中断函数的过程是由单片机硬件自动完成的。

2．中断的特点

1）同步工作

中断是 CPU 与接口之间的信息传送方式之一，它使 CPU 与外设同步工作，较好地解决了 CPU 与慢速外设之间的配合问题。CPU 在启动外设工作后继续执行主程序，同时外设也在工作。每当外设做完一件事就发出中断申请，请求 CPU 中断它正在执行的程序，转去执行中断服务程序。中断处理完之后，CPU 恢复执行主程序，外设也继续工作。CPU 可启动多个外设同时工作，极大地提高了 CPU 的工作效率。

2）异常处理

针对难以预料的异常情况，如掉电、存储出错、运算溢出等，可以通过中断系统由故障源向 CPU 发出中断请求，再由 CPU 转到相应的故障处理程序进行处理。

3）实时处理

在实时控制中，现场的各种参数、信息的变化是随机的。这些外界变量可根据要求随时向CPU发出中断申请，请求CPU及时处理，如中断条件满足，CPU马上就会响应，转去执行相应的处理程序，从而实现实时控制。在任务6-1中，CPU通过中断系统实时响应按键"INT0"的操作。

6.2.2　51单片机中断系统的结构

51单片机中断系统的结构如图6.11所示。

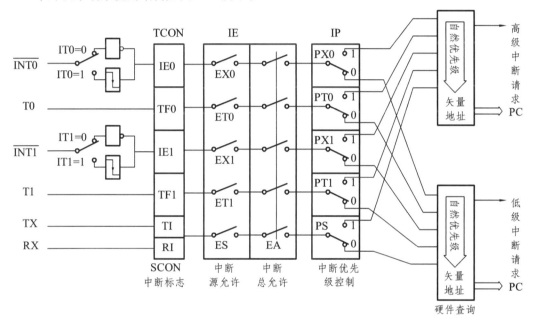

图 6.11　51单片机中断系统的内部结构

由图6.11可知，中断系统主要包括以下各功能部件：

（1）与中断有关的寄存器有4个，分别为中断标志寄存器TCON和串行口控制寄存器SCON、中断允许控制寄存器IE和中断优先级控制寄存器IP。

（2）中断源有5个，分别为外部中断0请求$\overline{\text{INT0}}$、外部中断1请求$\overline{\text{INT1}}$、T0溢出中断请求TF0、T1溢出中断请求TF1和串行口中断请求RI或TI。

（3）中断标志位分布在TCON和SCON两个寄存器中，当中断源向CPU申请中断时，相应中断标志由硬件置位。例如，当T0产生溢出时，T0中断请求标志位TF0由硬件自动置位，向CPU请求中断处理。

（4）中断允许控制位分为中断允许总控制位EA与中断源控制位，它们集中在IE寄存器中，用于控制中断的开放和禁止。

（5）5个中断源的排列顺序由中断优先级控制寄存器IP和自然优先级共同确定。

6.2.3 中断有关寄存器

1. 中断源

51 单片机中断系统有 5 个中断源，如表 6.6 所示。

表 6.6 51 系列单片机中断源

序号	中断源		说 明
1	$\overline{INT0}$	外部中断 0 请求	由 P3.2 引脚输入，通过 IT0 位（TCON.0）来决定是低电平有效还是下降沿有效。一旦输入信号有效，即向 CPU 申请中断，并建立 IE0（TCON.1）中断标志
2	$\overline{INT1}$	外部中断 1 请求	由 P3.3 引脚输入，通过 IT1 位（TCON.2）来决定是低电平有效还是下降沿有效。一旦输入信号有效，即向 CPU 申请中断，并建立 IE1（TCON.3）中断标志
3	TF0	T0 溢出中断请求	当 T0 产生溢出时，T0 溢出中断标志位 TF0（TCON.5）置位（由硬件自动执行），请求中断处理
4	TF1	T1 溢出中断请求	当 T1 产生溢出时，T1 溢出中断标志位 TF1（TCON.7）置位（由硬件自动执行），请求中断处理
5	RI 或 TI	串行口中断请求	当接收或发送完一个串行帧时，内部串行口中断请求标志位 RI（SCON.0）或 TI（SCON.1）置位（由硬件自动执行），请求中断

2. 中断标志

对应每个中断源有一个中断标志位，分别分布在定时控制寄存器 TCON 和串行口控制寄存器 SCON 中。51 中断系统中的中断标志如表 6.7 所示。

表 6.7 51 中断系统中的中断标志位

中断标志位		位名称	说 明
TF1	T1 溢出中断标志	TCON.7	T1 被启动计数后，从初值开始加 1 计数，计满溢出后由硬件置位 TF1，同时向 CPU 发出中断请求，此标志一直保持到 CPU 响应中断后才由硬件自动清零。也可由软件查询该标志，并由软件清零
TF0	T0 溢出中断标志	TCON.5	T0 被启动计数后，从初值开始加 1 计数，计满溢出后由硬件置位 TF0，同时向 CPU 发出中断请求，此标志一直保持到 CPU 响应中断后才由硬件自动清零。也可由软件查询该标志，并由软件清零
IE1	$\overline{INT1}$ 中断标志	TCON.3	IE1=1，外部中断 1 向 CPU 申请中断
IT1	$\overline{INT1}$ 中断触发方式控制位	TCON.2	当 IT1=0 时，外部中断 1 控制为电平触发方式；当 IT1=1 时，外部中断 1 控制为边沿（下降沿）触发方式
IE0	$\overline{INT0}$ 中断标志	TCON.1	IE0=1 外部中断 0 向 CPU 申请中断
IT0	$\overline{INT0}$ 中断触发方式控制位	TCON.0	当 IT0=0 时，外部中断 0 控制为电平触发方式；当 IT0=1 时，外部中断 0 控制为边沿（下降沿）触发方式
TI	串行发送中断标志	SCON.1	CPU 将数据写入发送缓冲器 SBUF 时，启动发送，每发送完一个串行帧，硬件都使 TI 置位；但 CPU 响应中断时并不自动清除 TI，必须由软件清除
RI	串行接收中断标志	SCON.0	当串行口允许接收时，每接收完一个串行帧，硬件都使 RI 置位；同样，CPU 在响应中断时不会自动清除 RI，必须由软件清除

> **小提示：**
>
> 　　（1）在表 6.7 中，IT1 和 IT0 为斜体字，它们不是中断标志位，而是外部中断的中断触发方式控制位。
>
> 　　（2）51 单片机系统复位后，TCON 和 SCON 均清零，应用时要注意各位的初始状态。

　　当中断源要向 CPU 申请中断时，相应中断标志位由硬件自动置 1，只要这些中断标志位为 1，CPU 就会响应相应的中断请求，那么，这些中断标志位如何才能被清除呢？

　　（1）对于 T0、T1 溢出中断和边沿触发的外部中断，CPU 在响应中断后即由硬件自动清除（即复位为 0）其中断标志位 TF0、TF1 或 IE0、IE1，无须采取其他措施。

　　（2）对于串行口中断，CPU 在响应中断后，硬件不能自动清除中断请求标志位 TI 或 RI，必须在中断服务程序中用软件将其清除。

　　（3）对于电平触发的外部中断，其中断请求撤除方法较复杂。因为对于电平触发外部中断，CPU 在响应中断后，硬件不会自动清除其中断请求标志位 IE0 或 IE1，同时，也不能用软件将其清除。所以，在 CPU 响应中断后，应立即撤除 $\overline{\text{INT0}}$ 或 $\overline{\text{INT1}}$ 引脚上的低电平，否则会引起重复中断而导致错误。而 CPU 又无法控制 $\overline{\text{INT0}}$ 或 $\overline{\text{INT1}}$ 外部引脚上的信号，因此，只能通过硬、软件结合才能解决。图 6.12 所示为撤除电平触发外部中断请求的硬件电路。

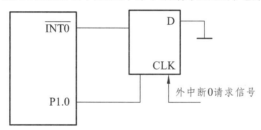

图 6.12　外部中断清除电路

　　由图 6.12 可知，外部中断请求信号不直接加在 $\overline{\text{INT0}}$ 或 $\overline{\text{INT1}}$ 引脚上，而是加在 D 触发器的 CLK 端。触发器 D 端接地，当外部中断请求的正脉冲信号出现在 CLK 端时，Q 端输出为 0，$\overline{\text{INT0}}$ 或 $\overline{\text{INT1}}$ 为低电平，外部中断向单片机发出中断请求。再利用 P1 口的 P1.0 作为应答线，当 CPU 响应中断后，可在中断函数中采用下面两条语句来撤除外部中断请求：

　　P1=P1&0xfe；

　　P1=P1|0x01；

　　第一条语句使 P1.0 为 0，因 P1.0 与 D 触发器的异步置 1 端 S_D 相连，Q 端输出为 1，从而撤除中断请求。第二条语句使 P1.0 变为 1，$\overline{Q}$=1，Q 继续受 CLK 控制，即新的外部中断请求信号又能向单片机申请中断。注意：第二条语句必不可少，否则，将无法再次形成新的外部中断。

3．中断的开放和禁止

51 系列单片机的 5 个中断源都是可屏蔽中断，中断系统内部设有一个专用寄存器 IE，用于控制 CPU 对各中断源的开放或禁止。IE 寄存器的格式如图 6.13 所示。

IE （0xA8）	D7	D6	D5	D4	D3	D2	D1	D0
	EA	x x	x	ES	ET1	EX1 x	ET0	EX0 x

图 6.13　IE 寄存器格式

各中断允许位的含义如表 6.8 所示。

表 6.8　51 单片机中断系统中断允许位的含义

	中断允许位	位名称	说　明
EA	总中断允许控制位	IE.7	EA = 1，开放所有中断，各中断源的允许和禁止可通过相应的中断允许位单独加以控制；EA = 0，禁止所有中断
ES	串行口中断允许位	IE.4	ES = 1，允许串行口中断；ES = 0，禁止串行口中断
ET1	T1 中断允许位	IE.3	ET1 = 1，允许 T1 中断；ET1 = 0，禁止 T1 中断
EX1	外部中断 1（$\overline{\text{INT1}}$）中断允许位	IE.2	EX1 = 1，允许外部中断 1 中断；EX1 = 0，禁止外部中断 1 中断
ET0	T0 中断允许位	IE.1	ET0 = 1，允许 T0 中断；ET0 = 0，禁止 T0 中断
EX0	外部中断 0（$\overline{\text{INT0}}$）中断允许位	IE.0	EX0 = 1，允许外部中断 0 中断；EX0 = 0，禁止外部中断 0 中断

51 单片机系统复位后，IE 寄存器中各中断允许位均被清零，即禁止所有中断。

在任务 6-1 程序 example6-1.c 的主函数中，开放中断源采用了以下语句：

```
EA=1;          //打开中断总允许
ET1=1;         //打开定时器 T1 中断允许
EX0=1;         //打开外部中断 0 允许
IT0=1;         //外部中断 0 采用下降沿触发
```

小经验：

开放中断也可以用下面一条语句实现：

IE=0x88;　　//寄存器 IE=10001000B，同时开放中断总允许位和外部中断 0 允许位

若要在执行当前中断程序时禁止其他更高优先级中断，需先用软件关闭 CPU 中断，或用软件禁止相应高优先级的中断，在中断返回前再开放中断。

4．中断的优先级别

51 系列单片机有两个中断优先级：高优先级和低优先级。

每个中断源都可以通过设置中断优先级寄存器 IP 确定为高优先级中断或低优先级中断，实现二级嵌套。同一优先级别的中断源可能不止一个，因此，也需要进行优先权排队。同一优先级别的中断源采用自然优先级。

中断优先级寄存器 IP，用于锁存各中断源优先级控制位。IP 中的每一位均可由软件来置 1

或清零，1 表示高优先级，0 表示低优先级。其格式如图 6.14 所示。

IP	D7	D6	D5	D4	D3	D2	D1	D0
（0xB8）	x	x x	x	PS	PT1	PX1 x	PT0	PX0 x

图 6.14　中断优先级寄存器 IP 的格式

51 单片机中断系统各中断优先级控制位的含义如表 6.9 所示。

表 6.9　51 单片机中断系统中断优先级控制位的含义

中断优先级控制位		位名称	说　明
PS	串行口中断优先控制位	IP.4	PS = 1，设置穿行口中断为高优先级中断； PS = 0，设置穿行口中断为低优先级中断
PT1	定时器 T1 中断优先控制位	IP.3	PT1 = 1，设置定时器 T1 为高优先级中断； PT1 = 0，设置定时器 T1 为低优先级中断
PX1	外部中断 1 中断优先控制位	IP.2	PX1 = 1，设置外部中断 1 为高优先级中断； PX1 = 0，设置外部中断 1 为低优先级中断
PT0	定时器 T0 中断优先控制位	IP.1	PT0 = 1，设置定时器 T0 为高优先级中断； PT0 = 0，设置定时器 T0 为低优先级中断
PX0	外部中断 0 中断优先控制位	IP.0	PX0 = 1，设置外部中断 0 为高优先级中断； PX0 = 0，设置外部中断 0 为低优先级中断

当系统复位后，IP 低 5 位全部清零，所有中断源均设定为低优先级中断。

同一优先级的中断源将通过内部硬件查询逻辑，按自然优先级顺序确定其优先级别。自然优先级由硬件形成，排列如下：

中断源	同级自然优先级
外部中断 0	最高级
定时器 T0 中断	
外部中断 1	
定时器 T1 中断	
串行口中断	最低级

小提示

PT1=1；　　　　// 设置定时器 T1 为高优先级

如上面语句，任务 6-1 中设置了定时器 T1 的中断优先级为高优先级，否则在响应外部中断 0 期间，因外部中断 0 的自然优先级高于定时器 T1 的优先级，所以 T1 定时时间 50 ms 到了也不会去执行 T1 中断程序，导致计时错误。

6.2.4　中断处理过程

中断处理过程包括中断响应和中断处理两个阶段。不同的计算机因其中断系统的硬件结构不同，其中断响应的方式也有所不同。这里介绍 51 系列单片机的中断过程并对中断响应时间进行说明。

1. 中断响应

中断响应是指 CPU 对中断源中断请求的响应。CPU 并不是任何时刻都能响应中断请求，而是在满足所有中断响应条件且不存在任何一种中断阻断情况下才会响应。

CPU 响应中断的条件是：①有中断源发出中断请求；②中断总允许位 EA 置 1；③申请中断的中断源允许位置 1。

CPU 响应中断的阻断情况有：① CPU 正在响应同级或更高优先级的中断；②当前指令未执行完；③正在执行中断返回或访问寄存器 IE 和 IP。

> **小提示：**
>
> 若存在任何一种阻断情况，中断查询结果即被取消，CPU 不响应中断请求而在下一机器周期继续查询；否则，CPU 在下一机器周期响应中断。

2. 中断响应过程

中断响应过程就是自动调用并执行中断函数的过程。

C51 编译器支持在 C 源程序中直接以函数形式编写中断服务程序。常用中断函数的定义形式如下：

```
void 函数名()    interrupt  n
```

其中，n 为中断类型号，C51 编译器允许 0 ~ 31 个中断，n 的取值范围为 0 ~ 31。表 6.10 所示为 8051 控制器所提供的 5 个中断源所对应的中断类型号和中断服务程序的入口地址。

表 6.10　中断类型号和入口地址

中断源	n	入口地址
外部中断 0	0	0x0003
定时 / 计数器 0	1	0x000B
外部中断 1	2	0x0013
定时 / 计数器 1	3	0x001B
串行口	4	0x0023

在任务 6-1 中，用到了定时器 T1 的溢出中断，中断类型号为 3，该中断函数的程序如下：

```
void Timer_1()interrupt 3              // 定时器 T1 中断，中断号为 3
{
    …
    …
    …
}
```

同时，在任务 6-1 中，也用到了外部中断 0 的中断，中断类型号为 0，该中断函数的程序如下：

```
void Show_time()interrupt 0      // 外部中断 0，中断号为 0
```

```
{
…
…
…
}
```

从上面的中断函数可以看出，中断函数的函数名称只是一个形式，只要符合 C 语言函数名称定义即可，在任何程序中也不会出现该函数的调用语句；中断函数主要用关键字"interrupt"后面的中断号（例如 0）具体说明是哪种类型的中断。

小提示：

编写中断函数时应遵循下列规则：

（1）不能进行参数传递。如果中断过程包括任何参数声明，编译器将产生一个错误信息。

（2）无返回值。如果想定义一个返回值将产生错误。但是，如果是返回整型值编译器将不产生错误信息，因为整型值是默认值，编译器不能清楚识别。

（3）在任何情况下不能直接调用中断函数，否到编译器会产生错误。直接调用中断函数时硬件上没有中断请求存在，因而这个指令的结果是不确定的，并且通常是致命的。

（4）可以在中断函数定义中使用 using 指令指定当前使用的寄存器组，格式如下：

void 函数名（[形式参数]）interrupt n [using m]

51 系列单片机有 4 组寄存器 R0 ~ R7，程序具体使用哪一组寄存器由程序状态字 PSW 中的两位 RS1 和 RS0 来确定。在中断函数定义时可以用 using 指令指定该函数共体使用哪一组寄存器，m 的取值范围为 0、1、2、3，对应 4 组寄存器组。

不同的中断函数使用不同的寄存器组，可以避免中断嵌套调用时的资源冲突。

（5）在中断函数中调用的函数所使用的寄存器组必须与中断函数相同。当没有使用 using 指令时，编译器会选择一个寄存器组用作绝对寄存器访问。程序员必须保证按要求使用相应的寄存器组，C 编译器不会对此进行检查。

（6）编译器自动识别中断函数，即使中断函数的定义放在 main() 函数后面，也不需要在 main() 函数前面申明。

3．中断响应时间

中断响应时间是指从中断请求标志位置位到 CPU 开始执行中断服务程序的第一条语句所需要的时间。中断响应时间形成的过程比较复杂，下面分两种情况加以讨论。

1）中断请求不被阻断的情况

以外部中断为例，CPU 在每个机器周期期间采样其输入引脚 $\overline{INT0}$ 或 $\overline{INT1}$ 端的电平，如果中断请求有效，则自动置位中断请求标志位 IE0 或 IE1，然后在下一个机器周期再对这些值进行查询。如果满足中断响应条件，则 CPU 响应中断请求，在下一个机器周期执行一条硬件长调用指令，使程序转入中断函数执行。该调用指令的执行时间是两个机器周期，因此，外部中断响应时间至少需要 3 个机器周期，这是最短的中断响应时间。一般来说，若系统中只有一个中断源，则中断响应时间为 3 ~ 8 个机器周期。

2）中断请求被阻断的情况

如果系统不满足所有中断响应条件或者存在任何一种中断阻断情况，那么中断请求将被阻断，中断响应时间将会延长。

例如，一个同级或更高级的中断正在进行，则附加的等待时间取决于正在进行的中断服务程序的长度。如果正在执行的一条指令还没有进行到最后一个机器周期，则附加的等待时间为 1 ~ 3 个机器周期（因为一条指令的最长执行时间为 4 个机器周期）。如果正在执行的指令是返回指令或访问 IE 或 IP 的指令，则附加的等待时间在 5 个机器周期之内（最多用 1 个机器周期完成当前指令，再加上最多 4 个机器周期完成下一条指令）。

6.2.5 中断源扩展方法

51 系列单片机仅有两个外部中断请求输入端 $\overline{INT0}$ 和 $\overline{INT1}$，在实际应用中，若外部中断源超过两个，则需扩充外部中断源。下面介绍两种扩充外部中断源的方法。

1. 用定时器扩充外部中断源

在定时器的两个中断标志 TF0 或 TF1、外计数引脚 T0(P3.4)或 T1(P3.5)没有被使用的情况下，可以将它们扩充为外部中断源。方法如下：

将定时器设置成计数方式，计数初值可设为满量程（对于 8 计数器，初值设为 255，以此类推），当它们的计数输入端 T0 或 T1 引脚发生负跳变时，计数器将加 1 产生溢出中断。利用此特性，可把 T0 引脚或 T1 引脚作为外部中断请求输入端，把计数器的溢出中断作为外部中断请求标志。

例如，若将 T0 扩展为外部中断源，将 T0 设定为工作方式 2（初值自动重载工作方式），TH0 和 TL0 的初值均设为 FFH，允许 T0 中断，则 CPU 开放中断。程序如下：

```
TMOD=0x06;
TH0=0xff;
TL0=0xff;
TR0=1;
ET0=1;
EA=1;
…
…
```

当连接在 T0 引脚上的外部中断请求输入线发生负跳变时，TL0 加 1 溢出，TF0 置 1，向 CPU 发出中断申请。T0 引脚相当于边沿触发的外部中断源输入线。

2. 中断和查询相结合方式

两根外部中断输入线（$\overline{INT0}$ 和 $\overline{INT1}$ 脚）的每一根都可以通过或非门连接多个外部中断源，以达到扩展外部中断源的目的，电路原理如图 6.15 所示。

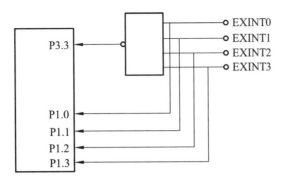

图 6.15　一个外部中断扩展成多个外部中断电路

由图 6.15 可知，4 个外部扩展中断源输入引脚 EXINT0 ～ EXINT3 通过或非门与 $\overline{\text{INT1}}$（P3.3）相连，同时，4 个输入引脚分别连接到单片机 P1.0 ～ P1.3 引脚。

当 4 个输入引脚中有一个或几个出现高电平时，或非门输出为 0，使 $\overline{\text{INT1}}$ 脚为低电平，从而发出中断请求。因此，这些扩充的外部中断源都采用电平触发方式（高电平有效）。

CPU 执行中断服务时，先依次查询 P1 口的中断源输入状态，再转入相应的中断服务程序执行。4 个扩展中断源的优先级顺序由软件查询顺序决定，即最先查询的优先级最高，最后查询的优先级最低。该中断函数如下：

```
void int_1()inetrrupt 2
{
unsigned char i;
P1=0xff;
i=P1;
i&=0x0f;
switch（i）;
{
case 0x01：exint0(); break;          // 调用 exint0()，EXINT0 中断服务 …
case 0x02：exint1(); break;          // 调用 exint1()，EXINT1 中断服务 …
case 0x04：exint2(); break;          // 调用 exint2()，EXINT2 中断服务 …
case 0x08：exint3(); break;          // 调用 exint3()，EXINT3 中断服务 …
default：break;
}
}
```

子任务 3　（采用中断方式实现）4 位数秒表设计

（1）任务要求：利用定时器中断和外部中断，实现有暂停功能的 4 位数秒表（0 ～ 9 999）；要求具备秒数复位、秒表暂停 / 继续功能，同时，要求根据秒数自动选择 LED 数码管显示个数。

（2）电路设计：根据任务要求，设计如图 6.16 所示的 4 位数秒表设计电路原理图。该电路

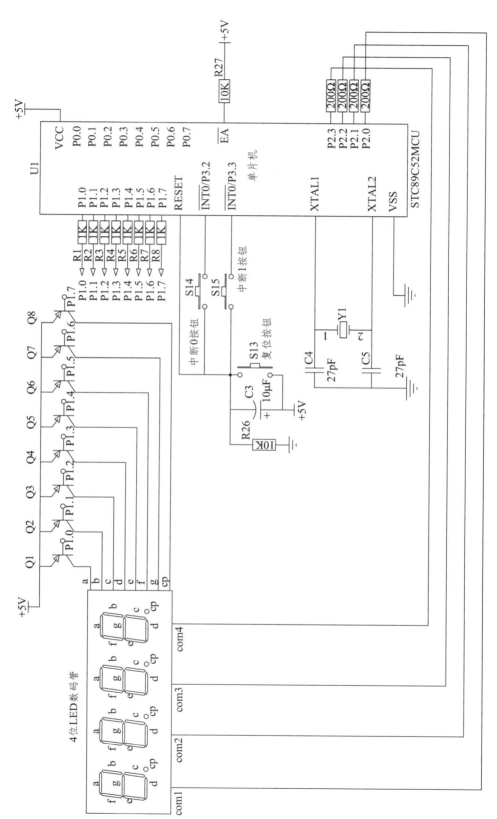

图 6.16　4 位数秒表设计电路原理图

包括单片机、复位电路（含按键复位）、外部中断 0 电路、外部中断 1 电路、时钟电路、电源电路、4 位 LED 数码管显示驱动电路。

此电路仅在任务 6-1 设计的长计时显示系统电路基础上增加了一个外部中断 1 按钮。

此电路为单片机实训电路板整个电路的一部分，S13 为按键复位按钮，S14 为外部中断 0 按钮，S15 为外部中断 1 按钮。

（3）程序设计：

使用定时器 T0、定时器 T1 两个定时器，外部中断 0、外部中断 1 两个外部中断源。

① 设置定时器 T1 软启动、定时、方式 0（即 0000）；定时器 T0 软启动、定时、方式 2（即 0010），设置定时 / 计数器工作方式寄存器，使用如下程序段：

TMOD=0x02；// 设置定时器 T0 软启动、定时、方式 2（0010）；定时器 T1 软启动、定时、方式 0（0000）

② 定时器 T1 用于 LED 数码管动态显示的延时，采用查询方式（此处不再赘述）；定时器 T0 用于秒表的定时，为了保证时间的准确，采用中断方式，每 250 μs 自动执行定时器 T0 中断程序，在中断程序中，清除溢出标志，并对 250 μs 计数，4 000 次为 1 s，程序如下：

```
void time_0()interrupt 1          // 定时器 T0 中断函数，中断号为 1
{
  TF0=0;                          // 清除溢出标志
  count + + ;                     // 对 250 μs 计次
  if（count==4000）               // 计次 4 000 为 1 s
    { count=0;                    // 每 4 000 复位 count
      second + + ;                // 秒数加 1
      }
}
```

③ 开启外部中断 0 和外部中断 1。当按下外部中断 0 按钮 "S14"，执行外部中断 0 的中断函数 int_0()，在外部中断 0 中，TR0 = 0 关闭定时器 T0 即秒表的运行，实现秒表的暂停功能；当按下外部中断 1 按钮 "S15"，执行外部中断 1 的中断函数 int_1()，在外部中断 1 中，TR0=1 开启定时器 T0 继续启动秒表的运行，实现秒表暂停后继续运行的功能。外部中断 0 和外部中断 1 的中断函数分别如下：

```
void int_0()interrupt 0           // 外部中断 0 函数，中断号为 0
{
  TR0=0;                          // 停止定时器 T0，实现暂停功能
}
void int_1()interrupt 2           // 外部中断 1 函数，中断号为 2
{
  TR0=1;                          // 打开定时器 T0，实现继续功能
}
```

④ 在主程序 main() 中，开启中断总允许 EA=1，外部中断 0 允许 EX0=1，外部中断 1 允许 EX1=1，定时器 T0 中断允许 ET0=1，并设置外部中断 0 和外部中断 1 的触发方式为下降沿触发 IT0=1 和 IT1=1。程序段如下：

```
EA=1;                          // 打开中断总允许
ET0=1;                         // 打开定时器 T0 中断允许
EX0=1;                         // 打开外部中断 0 允许
EX1=1;                         // 打开外部中断 0 允许
IT0=1;                         // 外部中断 0 下降沿触发
IT1=1;                         // 外部中断 0 下降沿触发
```

4 位数秒表设计源程序 example6-1c.c 如下：

```
// 程序：example6-1c.c
// 功能：4 位数秒表设计（0 ~ 9999 s）；控制要求：
// 利用定时器中断和外部中断，实现有暂停功能的 4 位数秒表功能
// 具备秒数复位、暂停功能，根据秒数自动选择 LED 数码管个数
#include<stc89.h>              // 包含头文件 stc89.h，定义了 MCS-51 单片机的特殊功能寄存器
unsigned int count, second;    // 设置全局变量，计数 count，秒数 second
void delay_5ms（unsigned int i）;       // 延时函数声明
void main()                    // 主函数
{ unsigned int i, weishu;               // 定义显示位数 weishu、次数 second 变量
  unsigned char seg7[]={0x3f, 0x06, 0x5b, 0x4f, 0x66, 0x6d, 0x7d, 0x07, 0x7f, 0x6f};      //0 ~ 9字形码
  EA=1;              // 打开中断总允许
  ET0=1;             // 打开定时器 T0 中断允许
  EX0=1;             // 打开外部中断 0 允许
  EX1=1;             // 打开外部中断 0 允许
  IT0=1;             // 外部中断 0 下降沿触发
  IT1=1;             // 外部中断 0 下降沿触发
  PT0=1;             // 设置定时器 T0 为高优先级
  TMOD=0x02;         // 设置定时器 T0 软启动、定时、方式2（0010）; 定时器 T1 软启动、定时、方式0（0000）
  TL0=6;             // 设置 T0 的初值，250 μm
  TH0=6;             // 自动重新装载值
  TR0=1;             // 启动定时器 T0
  while（1）
   {
     if（second<10）             // 判断数据是几位数
       weishu=1;
     else if（second<100）
       weishu=2;
```

```
    else     if（second<1000）
      weishu=3；
    else
    weishu=4；
  for（i=0；i<weishu；i++）                      //LED 数码管动态显示，几位数就用几个 LED 数码管
  { P2= ~（0x08>>i）；                          // 选择显示位
        if（i==0）P1= ~ seg7[second%10]；        // 显示个位数
        if（i==1）P1= ~ seg7[（second/10）%10]；  // 显示十位数
        if（i==2）P1= ~ seg7[（second/100）%10]； // 显示百位数
    if（i==3）P1= ~ seg7[（second/1000）%10]；    // 显示千位数
        delay_5ms（2）；                         // 延时
  }
  }
}
// 函数名：int_0
// 功能：外部中断 0，实现暂停 / 继续功能
void int_0()interrupt 0                        // 外部中断 0 函数，中断号为 0
{
 TR0=0； // 停止定时器 T0，实现暂停功能
}
// 函数名：int_1
// 功能：外部中断 1，实现暂停 / 继续功能
void int_1()interrupt 2                        // 外部中断 1 函数，中断号为 2
{
 TR0=1；                                       // 打开定时器 T0，实现继续功能
}
// 函数名：time_0
// 功能：定时器 T0 中断，定时时间到，自动执行
void time_0()interrupt 1                       // 定时器 T0 中断函数，中断号为 1
{
 TF0=0；                                       // 清除溢出标志
 count++；                                     // 对 250 μs 计次
 if（count==4000）                             // 计次 4 000 为 1 s
  { count=0；                                  // 每 4 000 复位 count
    second++；                                 // 秒数加 1
   }
}
```

```
// 函数名：delay
// 功能：定时器 T1 查询方式延时
void delay_5ms（unsigned int i）                      // 定义延时函数
{int k;
 for（k=0；k<i；k + +）
  {
     TH1=（8192-5000）/32；                           // 设置定时器 T1 初值，5 ms
   TL1=（8192-5000）%32；
     TR1=1；                                          // 启动定时器 T1
     while（!TF1）；                                   // 查询，等到定时时间到
   TF1=0；                                            // 复位定时器 T1 溢出标志位
  }
}
```

（4）程序运行与测试：

在单片机实训电路板上，无须进行其他连接。编译连接后，将生成的 *.hex 文件下载到单片机中。运行测试能发现，4 位 LED 数码管动态显示当前的秒数，并自动根据秒数选择需要的 LED 数码管进行显示，1 位数时 1 个数码管显示，2 位数时 2 个数码管显示，3 位数时 3 个数码管显示，4 为数时 4 个数码管显示。任何时刻，按下外部中断 0 "S14" 按键（印刷电路板上印有 "INT0" 字样），秒表暂停计时，按下外部中断 1 "S15" 按键（印刷电路板上印有 "INT1" 字样），秒表继续计时。任意时刻，按下复位按钮 "S13"，秒表复位为 0 重新开始计时。

任务 6-2　模拟交通灯控制系统

【任务目的】

（1）编程控制一个十字路口模拟交通灯的控制系统。

（2）进一步掌握单片机的定时器 / 计数器、中断系统及其应用。

（3）进一步理解定时器的几种工作方式及其应用。

（4）进一步掌握单片机综合程序软件、硬件联调的调试技巧。

【任务要求】

用单片机控制十字路口交通灯系统，实现以下各种情况下的交通灯控制：

（1）正常情况下双方向轮流点亮交通灯，交通灯的状态如表 6.11 所示。

表 6.11　交通灯显示状态

东西方向（简称 A 方向）			南北方向（简称 B 方向）			状态说明
红灯	黄灯	绿灯	红灯	黄灯	绿灯	
灭	灭	亮	亮	灭	灭	A 方向通行，B 方向禁行
灭	灭	闪烁	亮	灭	灭	A 方向提醒，B 方向禁行
灭	亮	灭	亮	灭	灭	A 方向警告，B 方向禁行
亮	灭	灭	灭	灭	亮	A 方向禁行，B 方向通行
亮	灭	灭	灭	灭	闪烁	A 方向禁行，B 方向提醒
亮	灭	灭	灭	亮	灭	A 方向禁行，B 方向警告

（2）特殊情况时，A 方向放行 5 s。

（3）有紧急车辆（如特殊队伍车辆）通过时，A、B 方向均为红灯 10 s。

（4）紧急情况优先级高于特殊情况。

【电路原理图】

本任务需要定时控制东、南、西、北 4 个方向上的 12 盏交通信号灯，且出现特殊和紧急情况时，能及时调整交通灯的指示状态。

采用 12 个 LED 发光二极管模拟红、黄、绿的交通灯，用单片机的 P2 口控制发光二极管的亮灭状态；而单片机的 P2 口只有 8 个控制端，如何控制 12 个二极管的亮灭呢？

观察表 6.11 不难发现，在不考虑左转弯行驶车辆的情况下，东、西两个方向的信号灯显示状态是一样的，所以，对应两个方向上的 6 个发光二极管只用 P2 口的 3 根 I/O 端口线控制即可。同样，南、北方向上的 6 个发光二极管只用 P2 口的另外 3 根 I/O 端口线控制。当 I/O 端口线输出高电平时，对应的交通灯熄灭；反之，当 I/O 端口线输出低电平时，对应的交通灯点亮。各控制端口线的分配及控制状态如表 6.12 所示。

表 6.12　交通灯控制端口线分配及控制状态

P2.5	P2.4	P2.3	P2.2	P2.1	P2.0	P2 端口数据	状态说明
A 红灯	A 黄灯	A 绿灯	B 红灯	B 黄灯	B 绿灯		
1	1	0	0	1	1	0xF3	状态 1：A 通行 B 禁行
1	1	0、1 交替变换	0	1	1		状态 2：A 提醒 B 禁行
1	0	1	0	1	1	0xEB	状态 3：A 警告，B 禁行
0	1	1	1	1	0	0xDE	状态 4：A 禁行，B 通行
0	1	1	1	1	0、1 交替变换		状态 5：A 禁行，B 提醒
0	1	1	1	0	1	0xDD	状态 6：A 禁行，B 警告

按键 S14、S15 模拟紧急情况和特殊情况的发生，当 S14、S15 为高电平（不按按键）时，表示正常情况。当 S14 为低电平（按下按键）时，表示紧急情况，将 S14 信号接至 $\overline{INT0}$ 脚（P3.2）即可实现外部中断 0 中断申请。当 S15 为低电平（按下按键）时，表示特殊情况，将 S15 信号接至 $\overline{INT1}$ 脚（P3.3）即可实现外部中断 1 中断申请。

根据以上分析，设计模拟交通灯控制系统如图 6.17 所示。

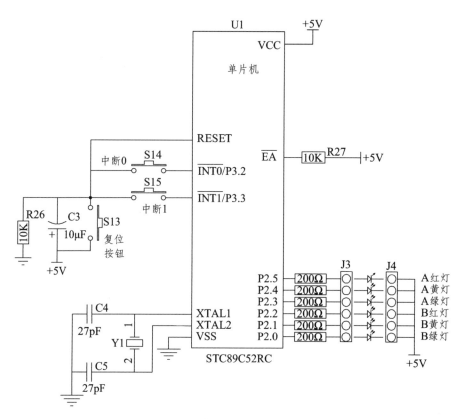

图 6.17　交通灯控制系统电路

【源程序设计】

在正常情况下，交通灯控制程序流程如图 6.18 所示。在中断情况下，中断服务程序流程如图 6.19 所示。特殊情况时，采用外部中断 1 方式进入与其相应的中断服务程序，并设置该中断为低优先级中断；有紧急车辆通过时，采用外部中断 0 方式进入与其相应的中断服务程序，并设置该中断为高优先级中断（在自然优先级中，外部中断 0 高于外部中断 1，因此可以省略优先级设置），实现中断嵌套。

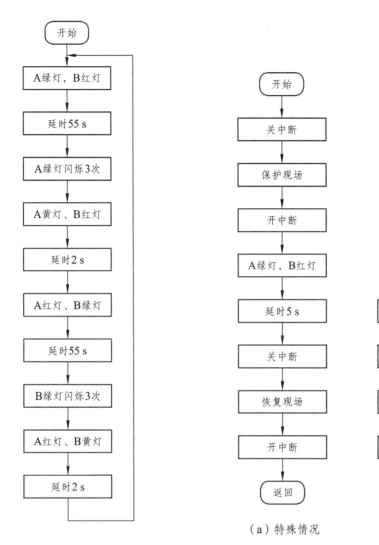

图 6.18 正常情况下交通灯控制程序流程图　　　　图 6.19 中断情况下交通灯控制程序流程

从图 6.18 和图 6.19 中可以看出，程序需要多个不同的延时时间：2 s、5 s、10 s、55 s 等，假定信号灯闪烁亮灭时间各为 0.5 s，那么，可以把 0.5 s 延时作为基本延时时间。

根据上述分析，设计模拟交通灯控制源程序 example6-2.c 如下：

```
// 程序：example6-2.c
// 功能：模拟交通灯控制；
// 控制要求：正常情况下 A、B 方向红黄绿各 3 个灯控制；外部中断 0 时，产生紧急中断，
// 两个方向都为红灯；外部中断 1 时，产生特殊情况，A 方向放行 5 s
#include <STC89.H>
unsigned char t0, t1;                    // 定义全局变量，用来保存延时时间循环次数
// 函数名：deiay0_5s1
// 函数功能：用 T1 的工作方式 1 编制 0.5 s 延时程序，系统采用 12 MHz 晶振，定时器 T1
```

```
// 在工作方式 1 下定时 50 ms，再循环 10 次即可定时到 0.5 s
void delay0_5s1()
{
  for（t0=0；t0<10；t0 + +）           // 采用全局变量 t0 作为循环控制变量
  { TH1=（65536-50000）/256；          // 设置定时器初值
    TL1=（65536-50000）%256；
    TR1=1；                            // 启动 T1
    while（!TF1）；                    // 查询计数是否溢出，即 50 ms 定时时间到，TF=1
    TF1=0；}                           //50 ms 定时时间到，将定时器溢出标志位 TF1 清零
}
// 函数名：delay_t1
// 函数功能：实现 0.5 ~ 128 s 延时
// 形式参数：unsigned char t；
// 延时时间为 0.5 s×t
void delay_t1（unsigned char t）
{
  for（t1=0；t1<t；t1 + +）            // 采用全局变量 t1 作为循环控制变量
  delay0_5s1();
}
// 函数名：int_0
// 函数功能：外部中断 0 中断函数，紧急情况处理，当 CPU 响应外部中断 0 的中断请求时，
// 自动执行该函数，实现两个方向红灯同时亮 10 s
void int_0() interrupt 0                // 紧急情况中断
{
unsigned char i，j，k，l，m；
i=P2；                                  // 保护现场，暂存 P2 口、t0、t1、TH1、TL1
j=t0；
k=t1；
l=TH1；
m=TL1；
P2=0xdb；                               // 两个方向都是红灯
delay_t1（20）；                        // 延时 10 s
P2=i；                                  // 恢复现场，恢复进入中断前 P2 口、t0、t1、TH1、TL1
t0=j；
t1=k；
TH1=1；
```

```
        TL1=m；
    }
// 函数名：int_1
// 函数功能：外部中断 1 中断函数，特殊情况处理，当 CPU 响应外部中断 1 的中断请求时，
// 自动执行该函数，实现 A 方向放行 5 s
void int_1() interrupt 2                // 特殊情况中断
{
    unsigned char i，j，k，l，m；
    EA=0；                              // 关中断
    i=P2；                              // 保护现场，暂存 P2 口、t0、t1、TH1、TL1
    j=t0；
    k=t1；
    l=TH1；
    m=TL1；
    EA=1；                              // 开中断
    P2=0xf3；                           //A 方向放行
    delay_t1（10）；                     // 延时 5 s
    EA=0；                              // 关中断
    P2=i；                              // 恢复现场，恢复进入中断前 P2 口、t0、t1、TH1、TL1
    t0=j；
    t1=k；
    TH1=1；
    TL1=m；
}
void main()                            // 主函数
{
    unsigned char k；
    TMOD=0x10；                         // T1 设置为工作方式 1
    EA=1；                              // 开总中断允许位
    EX0=1；                             // 开外部中断 0 中断允许位
    IT0=1；                             // 设置外部中断 0 为下降沿触发
    EX1=1；                             // 开外部中断 1 中断允许位
    IT1=1；                             // 设置外部中断 1 为下降沿触发
    while（1）
    { P2=0xf3；                         //A 绿灯，B 红灯，延时 55 s
      delay_t1（110）；
      for（k=0；k<3；k++）               //A 绿灯闪烁 3 次
        { P2=0xf3；
```

```
    delay0_5s1();                        // 延时 0.5 s
    P2=0xfb;
    delay0_5s1(); }                      // 延时 0.5 s
    P2=0xeb;                             //A 黄灯，B 红灯，延时 2 s
    delay_t1（4）；
    P2=0xde;                             //A 红灯，B 绿灯，延时 55 s
    delay_t1（110）；
    for（k=0；k<3；k++）               //B 绿灯闪烁 3 次
     { P2=0xde;
      delay0_5s1();                      // 延时 0.5 s
      P2=0xdf;
      delay0_5s1();                      // 延时 0.5 s
          }
    P2=0xdd;                             //A 红灯，B 黄灯，延时 2 s
    delay_t1（4）；
    }
 }
```

小经验：

在中断服务程序中，通常首先需要保护现场，然后才是真正的中断处理程序。中断返回时需要恢复现场。在保护和恢复现场时，为了不使现场数据遭到破坏或造成混乱，一般规定此时 CPU 不再响应新的中断请求。因此，在编写中断服务程序时，要注意在保护现场前关中断，在保护现场后若允许高优先级中断，则应开中断。同样，在恢复现场前也先关中断，恢复之后再开中断。

在程序 example6-2.c 中，对于特殊情况的中断服务程序，首先保护现场。因需用到延时函数和 P2 口，故需保护的变量有 P2、全局延时控制变量 t0、t1、TH1 和 TL1。保护现场时还需关中断，以防止高优先级中断请求（紧急车辆通过所产生的中断）出现导致程序混乱。然后开中断，执行相应的程序，A 方向放行 5s。再关中断，恢复现场，中断函数返回前再开中断，返回主程序。

紧急车辆出现时的中断服务程序也需保护现场，但无须关中断（因其为高优先级中断）。然后执行相应的程序，两个方向红灯显示 10s，确保紧急车辆通过交叉路口。最后恢复现场，返回主程序。

【程序下载与调试】

在单片机实训电路板上，在 J3、J4 插孔上正确连接 6 个 LED 发光二极管（注意：长脚接 J4，短脚接 J3）。编译连接后，将生成的 *.hex 文件下载到单片机中。

（1）观察正常情况下交通灯的状态，体会定时器的作用。

外部中断信号按键 S14、S15 均不按下，使用全速运行的方法调试程序，观察 A、B 方向交通灯是否按照项目设计的要求进行轮流放行。如果有误，仔细分析故障现象确定故障点，采用断点运行和单步运行相结合的方法查找程序错误，修改程序直至结果正常；对延时函数可以采用跟踪的方法来调试。

（2）观察特殊情况时交通灯的状态，掌握中断程序的调试方法。

首先连续运行程序，使交通灯正常轮流放行。按键 S14 保持打开的状态，按下 S15，观察 S15 所对应的 A 方向绿灯是否点亮。

如果有误，可采用断点运行的方法进行调试，在中断函数 int_1() 开始处设定一个断点，连续运行程序，按下按键 S2 后程序应暂时停止在设定是断点处。如果程序不能停止在设定的断点处，说明中断条件没有产生，可检查硬件，用万用表测量 P3.3 的电平是否正常，从而排除硬件故障。在断点之后，可以单步调试程序排除软件问题。

（3）观察紧急情况时交通灯的状态，理解中断优先级的概念。

连续运行程序，使交通灯正常轮流放行。按键 S14，模拟出现紧急情况，观察 A、B 方向是否均为红灯。

采用断点运行的方法进行调试，在中断函数 int_1() 开始处设定一个断点，连续运行程序，按下按键 S14 后程序应暂时停止在设定是断点处。程序不能停止在设定的断点处，同样用万用表测量 P3.2 的电平是否正常，从而排除硬件故障。在断点之后，可以单步调试程序排除软件问题使程序运行正常。

在按下 S14 的同时，再按下 S15，观察交通灯的显示情况，体会中断优先级的概念。

知识梳理与总结

本项目从基本的 3 个子任务（采用查询方式实现时间间隔为 1 s 的流水灯控制、按键计数显示控制系统、采用中断方式实现 4 位数秒表设计）出发，以 2 个工作任务（长计时显示系统设计、十字交叉路口模拟交通灯控制系统）为最终学习目标，主要学习了单片机定时 / 计数器和中断技术的综合运用，重点训练了定时 / 计数器和中断应用于编程的方法；依托程序设计，循序渐进地提高了程序综合分析与调试能力。

本项目要掌握的重点内容如下：
（1）单片机定时器的概念；
（2）单片机定时器的工作方式；
（3）单片机中断的概念和结构；
（4）单片机中断程序的编写。

习题 6

6.1　单项选择题

（1）51 单片机的定时器 T1 用作定时方式时，是 _____。
 A. 对内部时钟频率计数，一个时钟周期加 1

B. 对内部时钟频率计数，一个时钟周期减 1

C. 对外部时钟频率计数，一个时钟周期加 1

D. 对外部时钟频率计数，一个时钟周期减 1

（2）51 单片机的定时器 T1 用作计数方式时，计数脉冲是 _____。

A. 外部计数脉冲由 T1（P3.5）输入

B. 外部计数脉冲由内部时钟频率提供

C. 外部计数脉冲由 T0（P3.4）输入

D. 由外部计数脉冲计数

（3）51 单片机的定时器 T1 用作定时方式时，采用工作方式 1，则工作方式控制字为

_____。

A. 0x01　　　　　　　　　　　B. 0x05

C. 0x10　　　　　　　　　　　D. 0x50

（4）51 单片机的定时器 T1 用作计数方式时，采用工作方式 2，则工作方式控制字为

_____。

A. 0x60　　　　　　　　　　　B. 0x02

C. 0x06　　　　　　　　　　　D. 0x20

（5）51 单片机的定时器 T0 用作定时方式时，采用工作方式 1，则初始化编程为 _____。

A. TMOD=0x01　　　　B. TMOD=0x50

C. TMOD=0x10　　　　D. TCON=0x02

（6）启动 T0 开始计数是使 TCON 的 _____。

A. TF0 位置 1　　　　B. TR0 位置 1

C. TR0 位清 0　　　　D. TR1 位清 0

（7）使 51 单片机的定时器 T0 停止计数的语句是 _____。

A. TR0=0；　　　　　　　　B. TR1=0；

C. TR0=1；　　　　　　　　D. TR1=1；

（8）51 单片机串行口发送 / 接收中断源的工作过程是：当串行口接收或发送完一帧数据时，将 SCON 中的 _____，向 CPU 申请中断。

A. RI 或 TI 置 1　　　　　　B. RI 或 TI 清 0

C. RI 置 1 或 TI 清 0　　　　D. RI 置 0 或 TI 置 1

（9）当 CPU 响应定时器 T1 的中断请求后，程序计数器 PC 的内容是 _____。

A. 0x0003　　　　　　　　B. 0x000B

C. 0x0013　　　　　　　　D. 0x001B

（10）当 CPU 响应外部中断 0 的中断请求后，程序计数器 PC 的内容是 _____。

A. 0x0003　　　　　　　　B. 0x000B

C. 0x0013　　　　　　　　D. 0x001B

（11）51 单片机在同一级别里除串行口外，级别最低的中断源是 _____。

A. 外部中断 1 　　　　　　　　　B. 定时器 T0

C. 定时器 T1 　　　　　　　　　D. 串行口

（12）当外部中断 0 发出中断请求后，中断响应的条件是 _____。

A. ET0=1 　　　　　　　　　　B. EX0=1

C. IE=0x81 　　　　　　　　　　D. IE=0x61

（13）51 单片机 CPU 关中断语句是 _____。

A. EA=1； 　　　　　　　　　　B. ES=1；

C. EA=0； 　　　　　　　　　　D. EX0=1；

（14）在定时 / 计算器的计数初值计算中，若设最大计数值为 M，对于工作方式 1 下的 M 值为 _____。

A. $M=2^{13}=8\ 192$ 　　　　　　　B. $M=2^8=256$

C. $M=2^4=16$ 　　　　　　　　　D. $M=2^{16}=65\ 536$

6.2　填空题

（1）51 单片机定时器的内部结构由以下 4 部分组成：

① _____，② _____，③ _____，④ _____。

（2）51 单片机定时 / 计算器，若只用软件启动，与外部中断无关，应使 TMOD 中的 _____。

（3）51 单片机的 T0 用作计数方式时，用工作方式 1（16 位），则工作方式控制字为 _____。

（4）定时器方式寄存器 TMOD 的作用是 _____。

（5）定时器控制寄存器 TCON 的作用是 _____。

（6）51 单片机的中断系统由 _____、_____、_____、_____ 等寄存器组成。

（7）51 单片机的中断源有 _____、_____、_____、_____、_____。

（8）如果定时器控制寄存器 TCON 中的 IT1 和 IT0 位为 0，则外部中断请求信号式为 _____。

（9）中断源中断请求撤销包括 _____、_____、_____ 等三种形式。

（10）外部中断 0 的中断类型号为 _____。

6.3　问答题

（1）51 单片机定时 / 计算器的定时功能和计数功能有什么不同？分别应用在什么场合？

（2）软件定时与硬件定时的原理有何异同？

（3）51 单片机定时 / 计算器是增 1 计数器还是减 1 计数器？增 1 和减 1 计数器在计数和计算计数初值时有什么不同？

（4）当定时 / 计算器在工作方式 1 下，晶振频率为 6 MHz，请计算最短定时时间和最长定时时间各是多少？

（5）51 单片机定时 / 计算器 4 种工作方式的特点有哪些？如何进行选择和设定？

（6）什么叫中断？中断有什么特点？

（7）51 单片机有哪几个中断源？如何设定它们的优先级？

（8）外部中断有哪两种触发方式？如何选择和设定？

（9）中断函数的定义形式是怎样的？

6.4　编程题

（1）采用硬件定时器 T0，在单片机实训电路板上，设计时间间隔为 1s 的流水灯控制程序。

（2）用单片机控制 8 个 LED 发光二极管，要求 8 个发光二极管按照 BCD 码格式循环显示 00 ～ 59，时间间隔为 1 s。

提示：

BCD（Binary Coded Decimal）码是用二进制数形式表示十进制，如十进制数 45，其 BCD 码形式为 0x45。BCD 码只是一种表示形式，与其数值没有关系。

BCD 码用 4 位二进制数表示一位十进制数，这 4 位二进制数的权为 8421，所以 BCD 码又称为 8421 码。用 4 位二进制数表示一个十进制数，例如，十进制数 56、87 和 143 的 BCD 码表示形式如下：

　　　　0101 0110（56）

　　　　1000 0111（87）

　　　　0001 0100 0011（143）

（3）可控霓虹灯设计。系统有 8 个发光二极管，在 P3.2 引脚连接一个按键，通过按键改变霓虹灯的显示方式。要求正常情况下 8 个霓虹灯依次顺序点亮，循环显示，时间间隔为 1 s。当按键按下后 8 个霓虹灯同时亮灭一次，时间间隔为 0.5 s（按键动作采用外部中断 0 实现）。

（4）在单片机实训电路板上，编程实现带有 LED 数码管倒计时功能的交通灯控制系统。

项目 7

串行通信技术应用

　　本项目从单片机双机通信任务 —— 简易动态密码获取系统设计入手，让学生对串行通信有一个初步的认识和了解。在讲解串行通信基本概念的基础上，重点介绍了 51 单片机的串行通信接口，以及单片机串行口与 PC 机之间的通信方法。

教学导航

教	知识重点	1．串行通信基础知识； 2．单片机串行口的结构、工作方式、波特率设置； 3．单片机串行通信过程； 4．查询方式与中断方式串行通信程序设计； 5．常用串口扩展并行端口的方法
	知识难点	串行通信程序设计
	推荐教学方式	从工作任务入手，通过银行动态密码获取系统的设计与调试，让学生了解单片机串行通信接口的使用方法及串行通信的过程；通过手持终端数据上传项目的设计与调试，使学生进一步掌握基于单片机的终端设备与 PC 机通信方法
	建议学时	8 学时
学	推荐学习方法	首先动手完成工作任务，在任务中了解单片机串行通信接口与通信过程，并通过仿真调试掌握串行通信编程与调试方法
	必须掌握的理论知识	单片机的串行通信、波特率、帧格式、通信过程
	必须掌握的技能	单片机串行通信的软硬件调试方法

任务 7-1　简易动态密码获取系统设计

【任务目的与要求】

　　许多金融业务系统为了提高登录安全和授权操作中的安全性，常常采用动态口令。

本任务通过单片机的双机通信实现动态密码的获取。假设甲机中存放的动态口令是1234，甲机发送动态口令给乙机，乙机接收到动态口令后，在4个数码管上显示出来。

通过本任务的设计与制作，让学生理解串行通信与并行通信两种通信方法的异同，掌握串行通信的重要指标：字符帧和波特率，初步了解51单片机串行通信接口的使用方法。

【电路原理图设计】

简易动态密码获取系统原理图如图7.1所示。甲机的RXD（P3.0，串行数据接收端）引脚连接乙机的TXD（P3.1，串行数据发送端）引脚，甲机的TXD（P3.1，串行数据发送端）引脚连接乙机的RXD引脚。值得注意的是，两个系统必须共地。

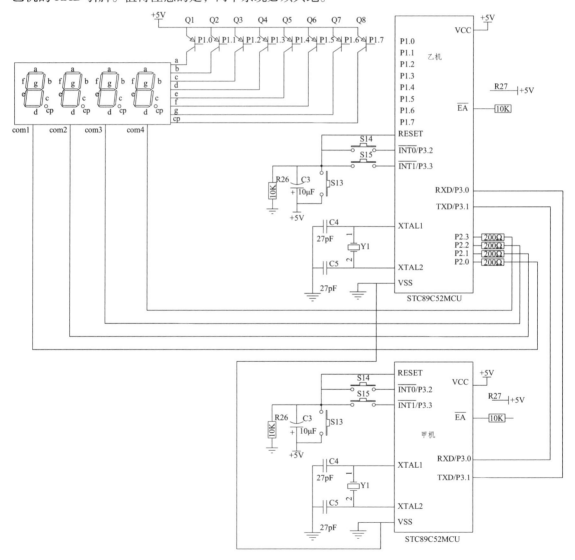

图7.1　简易动态密码获取系统原理图

用两块单片机实训电路板实现该电路的连接。

小经验：

在单片机串行通信接口设计中，建议使用振荡频率为 11.059 2 MHz 的晶振，可以计算出比较精确的波特率。尤其在单片机与 PC 机的通信中，必须使用 11.059 2 MHz 的晶振。

【源程序设计】

编制程序，甲机中存放的动态口令是 1234，甲机发送动态口令给乙机，乙机接收到数据以后在 4 个数码管上显示接收数据。

甲机发送数据程序如下：

```c
// 程序：example7-1a.c
// 功能：简易动态密码获取系统；甲机发送数据程序（采用查询方式实现）
#include <STC89.H>
void main()                              // 主函数
{
  unsigned char i;
    unsigned char send[]={1, 2, 3, 4};    // 定义要发送的动态密码数据
    TMOD=0x20;                            // 定时器 T1 工作于方式 2
    TL1=0xf4;                             // 波特率为 2 400 b/s
    TH1=0xf4;
    TR1=1;
    SCON=0x40;                            // 定义串行口工作于方式 1
  for（i=0；i<4；i++）
  {
  SBUF=send[i];                           // 发送第 i 个数据。
  while（TI==0）；                         // 查询等待发送是否完成
  TI=0;                                   // 发送完成，T1 由软件清 0
  }
  while（1）；
}
```

乙机接收及显示程序如下：

```c
// 程序：example7-1b.c
// 功能：动态密码获取系统；乙机接收及显示程序（采用查询方式实现）
#include<STC89.H>
code unsigned char tab[]={0xc0, 0xf9, 0xa4, 0xb0, 0x99, 0x92, 0x82, 0xf8, 0x80, 0x90};   // 定义 0 ~ 9 字形码
unsigned char buffer[]={0x00, 0x00, 0x00, 0x00};          // 定义接收数据缓冲区
void disp（void）;                                          // 显示函数声明
```

```
void main()                                    // 主函数
{
  unsigned char i;
  TMOD=0x20;                                   // 定时器 T1 工作于方式 2
  TL1=0xf4;                                     // 波特率定义
  TH1=0xf4;
  TR1=1;
  SCON=0x40;                                    // 定义串行口工作于方式 1
  REN=1;                                        // 接收允许
  for（i=0；i<4；i＋＋）
    {
    while（RI==0）；                             // 查询等待，RI 为 1 时，表示接收到数据
    buffer[i]=SBUF;                             // 接收数据
    RI=0;                                       //RI 由软件清 0
    }
  for（；；）disp();                             // 显示接收数据
}
// 函数名：disp
// 函数功能：在 4 个 LED 上显示 buffer 中的 6 个数
void disp()
{
  unsigned char i，j，k;
  for（i=0；i<4；i＋＋）
    {
    P1=tab[buffer[i]];                          // 送共阳极显示字形段码，buffer[i] 作为数组分量的下标
    P2= ~（0x01<<i）；                           // 左移一位
    for（k=0；k<10；k＋＋）
      for（j=0；j<100；j＋＋）                    // 显示延时
        ;
    }
}
```

小提示：

（1）在双机通信程序设计中，甲机和乙机的通信波特率和工作方式设置必须一致。

（2）发送和接收缓冲器的名字都是 SBUF，二者具有相同的名字和相同的地址，但在物理上是两个寄存器，互相独立。当把数据写入 SBUF 时，写入的数据进入到发

送缓冲器中；当从 SBUF 中读出数据时，操作的是接收数据缓冲器，如下面的语句：

SBUF=send[i];　　　　　　// 发送第 i 个数据

buffer[i]=SBUF　　　　　　// 接收数据

（3）在上面的程序中，发送和接收都采用查询方式实现。发送数据时，查询 T1 标志位；接收数据时，查询 RI 标志位。查询完毕后，均由软件清零。

（4）接收数据时，需要先设置接收允许位 REN 为 1，表示允许接收。

（5）程序调试运行时，首先允许乙机接收程序，再允许甲机发送程序。

【程序运行与测试】

将程序 example7-1a.c 和 example7-1b.c 编译连接后生成的 *.hex 两个可执行文件分别下载到两块单片机实训电路板中，用 3 根杜邦线（导线）按照图 7.1 所示将 RXD、TXD、Vss 共地正确连接（注意：甲机的 RXD 连接乙机的 TXD，乙机的 RXD 连接甲机的 TXD）。运行时，先让乙机（接收方）上电，再让甲机上电（发送方），就能看到乙机的 4 位 LED 数码管上显示甲机中设置的动态密码 1234 了。

【任务小结】

从图 7.1 中可以看到，甲、乙双方单片机只连接 3 根线，1 根用于接收，1 根用于发送，第 3 根为共地线，因此，单片机内部的数据向外传输（如从甲机传送给乙机）时，不可能 8 位数据同时进行，在一个时刻只可能传送一位数据（例如，从甲机的发送端 TXD 传送一位数据到乙机的接收端 RXD），8 位数据依次在一根数据线上传送，这种通信方式称为串行通信。它与前面介绍的数据方式不同，单片机向外传送其内部的数据时，采用 8 位数据同时传送，这种通信方式称为并行通信。

通过分析程序还可以看出，通信双方都必须在通信之前设置工作方式和波特率，波特率用于定义串行通信的数据传输速度，而工作方式用于确定串行通信的帧格式。有关串行通信波特率、帧格式的设置方法及串行通信编程将在后面进行介绍。

7.1　串行通信基础

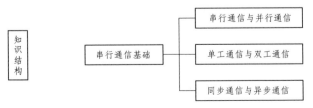

图 7.2　串行通信基础知识结构

7.1.1 串行通信与并行通信

在计算机系统中，通信是指部件之间的数字信号传输，通常有两种方式：并行通信和串行通信。并行通信，即数据的各位同时传送；串行通信，即数据一位一位地顺序传送。图 7.3 所示为这两种通信方式的电路连接示意图。表 7.1 对两种通信方式进行了比较。

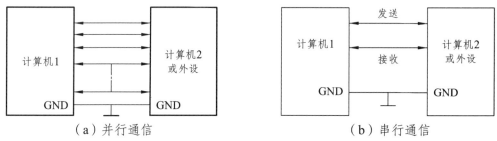

（a）并行通信　　　　　　　　　　（b）串行通信

图 7.3　两种通信方式的电路连接形式

表 7.1　并行通信与串行通信的比较

比较项	并行通信	串行通信
数据传送特点	数据的各位同时传送	数据一位一位地顺序传送
传输速度	快	慢
通信成本	高，传输线多	低，传输线少
适用场合	不支持远距离通信，主要用于近距离通信，如计算机内部的总线结构，即 CPU 与内部寄存器及接口之间就采用并行传输	支持长距离传输，计算机网络中所使用的传输方式均为串行传输，单片机的外设之间大多使用各类串行接口，包括 UART、USB、I^{2}C、SPI 等

7.1.2 单工通信与双工通信

按照数据传送方向，串行通信可分为单工（simplex）、半双工（half duplex）和全双工（full duplex）三种制式。图 7.4 所示为 3 种制式的示意图。

在单工制式下，通信一方只具备发送器，另一方则只具备接收器，数据只能按照一个固定的方向传送，如图 7.4（a）所示。

在半双工制式下，通信双方都备有发送器和接收器，但同一时刻只能有一方发送，另一方接收，两个方向上的数据传送不能同时进行，其收发开关一般是由软件控制的电子开关，如图 7.4（b）所示。

在全双工通信制式下，通信双方都备有发送器和接收器，可以同时发送和接收，即数据可以在两个方向上同时传送，如图 7.4（c）所示。

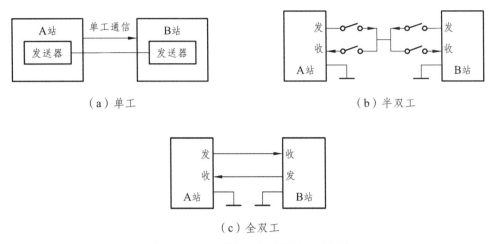

图 7.4　单工、半双工和全双工 3 种制式

在实际应用中，尽管多数串行通信接口电路具有全双工功能，但一般情况下，只工作于半双工制式下，因为这种用法简单、实用。

7.1.3　异步通信与同步通信

按照串行数据的时钟控制方式，串行通信可分为异步通信和同步通信两类。

1. 异步通信（Asynchronous Communication）

在异步通信中，数据通常是以字符为单位组成字符帧传送的。字符帧由发送端一帧一帧地发送，每一帧数据是低位在前，高位在后，通过传输线由接收端一帧一帧地接收。发送端和接收端分别使用各自独立的时钟来控制数据的发送和接收，这两个时钟彼此独立，互不同步。

异步通信的好处是通信设备简单、便宜，但是要传输其字符帧中的开始位和停止位，因此异步通信的开销所占比例较大，传输效率较低。51 单片机的串行通信就是采用异步通信的方式。

异步通信有两个比较重要的指标：字符帧格式和波特率。

1）字符帧（Character Frame）

字符帧也称数据帧，由起始位、数据位、奇偶校验位和停止位 4 部分组成，如图 7.5 所示。

（1）起始位：位于字符帧开头，只占一位，为逻辑 0 低电平，用于向接收设备表示发送端开始发送一帧信息。

（2）数据位：紧跟起始位之后，根据情况可取 5 位、6 位、7 位或 8 位，低位在前，高位在后。

（3）奇偶校验位：位于数据位之后，仅占一位，用来表示串行通信中采用奇校验还是偶校验，由用户编程决定。

（4）停止位：位于字符帧最后，为逻辑 1 高电平。通常可取 1 位、1.5 位或 2 位，用于向接收端表示一帧字符信息已经发送完，也为发送下一帧做准备。

在串行通信中，两相邻字符帧之间可以没有空闲位，也可以有若干空闲位，这由用户来决定。图7.5（a）所示为无空闲位的字符帧格式，图7.5（b）所示为有3个空闲位的字符帧格式。

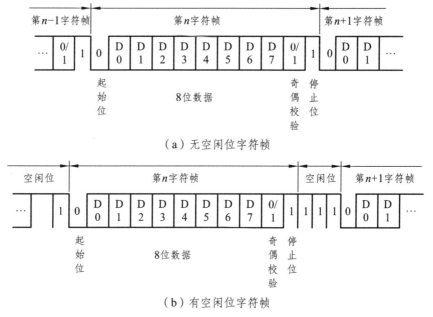

（a）无空闲位字符帧

（b）有空闲位字符帧

图 7.5　异步通信的字符帧格式

小知识：

为了确保传送的数据准确无误，在串行通信中，经常在传送过程中进行相应的检测，奇偶校验是常用的检测方法。

奇偶校验的工作原理：P 是专用的寄存器 PSW 的最低位，它的值根据累加器 A 的运算结果而变化。如果 A 中"1"的个数为偶数，则 P=0；如果为奇数，则 P=1。如果在进行串行通信时，把 A 的值（数据）和 P 的值（代表所传数据的奇偶性）同时发送，那么接收到数据后，也对接收数据进行一次奇偶校验。如果检验结果相符（校验后 P=0，而传送过来的校验位也等于 0；或者校验后 P=1，而传送过来的校验也等于 1），就认为接收到的数据是正确的，反之，则是错误的。

异步通信在发送字符时，数据位和停止位之间可以有 1 位奇偶校验位。

2）波特率（Band Rate）

波特率为每秒钟传送二进制数的位数，单位为 b/s（位 / 秒）或 bps（bit per second 的缩写）。波特率用于表示数据传输的速度，波特率越高，数据传输的速度越快。通常，异步通信的波特率为 50 ~ 19 200 b/s。

小问答：

问：波特率和字符的实际传输速率一样吗？有什么区别？

答：二者不一样，波特率为每秒钟传送二进制数码的位数，用于表示数据传输的速度，波特率越高，数据传输的速度越快。但波特率和字符的实际传输速度不同，字符的实际传输速率是每秒内所传字符帧的帧数，和字符帧格式有关。

2．同步通信（Synchronous Communication）

同步通信是一种连续串行传送数据的通信方式，一次通信只传输一帧信息。这里的信息帧和异步通信的字符帧不同，通常有若干个数据字符，如图 7.6 所示。图 7.6（a）所示为单同步字符帧结构，图 7.6（b）所示为双同步字符帧结构，但它们均由同步字符、数据字符和校验字符 CRC 三部分组成。在同步通信中，同步字符可以采用统一的标准格式，也可以由用户约定。同步通信的缺点是要求发送时钟和接收时钟保持严格同步。

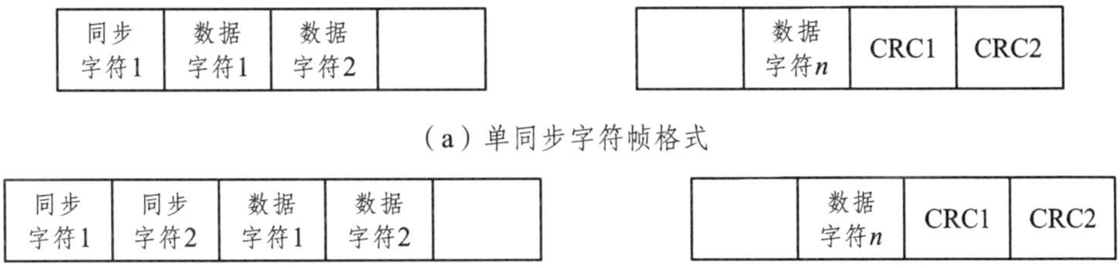

同步 字符1	数据 字符1	数据 字符2	

	数据 字符n	CRC1	CRC2

（a）单同步字符帧格式

同步 字符1	同步 字符2	数据 字符1	数据 字符2	

	数据 字符n	CRC1	CRC2

（b）双同步字符帧格式

图 7.6 同步通信的字符帧格式

小问答：

问：同步通信与异步通信各自的优缺点是什么？

答：同步通信的优点是数据传输速率较高，通常可达 56 000 b/s 或更高，其缺点是要求发送时钟和接收时钟必须保持严格同步。

异步通信的优点是不需要发送与接收时钟同步，字符帧长度不受限制，设备简单。缺点是字符帧中包含起始位和停止位而降低了有效数据的传输效率。

7.2 51 单片机的串行接口

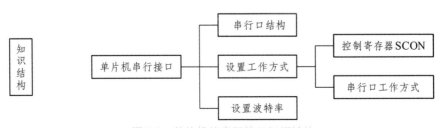

图 7.7 单片机的串行接口知识结构

51 单片机内部集成了 1 ～ 2 个可编程通用异步串行通信接口（Universal Asynchronous Receiver/Transmitter，UART），采用全双工制式，可以同时进行数据的接收和发送，也可以作同步移位寄存器。该串行通信接口有 4 种工作方式，可以通过软件编程设置为 8 位、10 位或 11 位的帧格式，并能设置各种波特率。

7.2.1 串行口结构

51 单片机的异步串行通信接口内部结构如图 7.8 所示，主要由串行口数据缓冲器 SBUF、串行控制寄存器 SCON 和波特率发生器构成，外部引脚有串行数据接收端 RXD（P3.0）和串行数据发送端 TXD（P3.1）。

串行口数据缓冲器 SBUF 用于存放发送 / 接收的数据；串行口控制寄存器 SCON 用于控制串行口的工作方式，表示串行口的工作状态；波特率发生器由定时器 T1 构成，波特率与单片机晶振频率、定时器 T1 初始值、串行口工作方式及波特率选位 SMOD 有关。

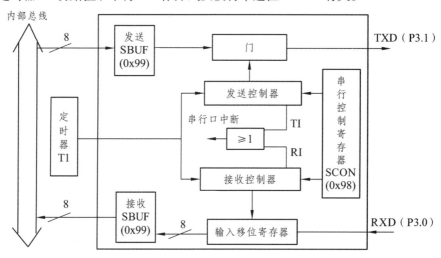

图 7.8 串行口结构

两个基于单片机设备的相互通信称为双机通信。51 单片机通过串行接口完成双机通信的原理图如图 7.1 所示，通信双方只连接了 3 根线，甲方（乙方）发送端 TXD 与乙方（甲方）接收端 RXD 相连，同时双方共地。

双机通信的控制程序设计主要包括串口初始化和数据发送 / 接收两大模块，其中，串口初始化实现工作方式设置、波特率设置、启动波特率发生器和允许接收等功能。在进行双机通信时，两机应采用相同的工作方式和波特率，因此，收发两方的串口初始化程序模块基本相同。

串行通信发送、接收的方法有查询方式和中断方式两种。任务 7-1 的程序就是采用了查询方式。

7.2.2 设置工作方式

51 单片机的串行口有 4 种工作方式，通过串口控制寄存器 SCON 进行设置。

1. 串行口控制寄存器 SCON

SCON用来控制串行口的工作方式和状态，可以进行位寻址，字节地址为0x98。单片机复位时，所有位全为 0，其格式如图 7.9 所示。

SCON (0x98)

| SM0 | SM1 | SM2 | REN | TB8 | RB8 | TI | RI |

图 7.9 串口控制寄存器 SCON 的各位定义

对各位的含义说明如表 7.2 所示。

表 7.2 串口控制寄存器 SCON 各位含义

控制位		说　明
SM0 SM1	工作方式选择位	SM0　SM1　工作方式　　　　功能　　　　　　波率 0　　0　　方式 0　　8 位同步移位寄存器　f_{osc}/12 0　　1　　方式 1　　10 位 UART　　　　可变 1　　0　　方式 2　　11 位 UART　　f_{osc}/64 或 f_{osc}/32 1　　1　　方式 3　　11 位 UART　　　　可变
SM2	多机通信控制位	在方式 0 中，SM2 应为 0。在方式 1 处于接收时，若 SM2=1，则只有当收到有效的停止位后，RI 才置 1。在方式 2、3 处于接收时，若 SM2=1，且接收到的第 9 位数据 RB8 为 0 时，则不激活 RI；若 SM2=1，且 RB8=1 时，则置 RI=1。在方式 2、3 处于发送方式时，若 SM2=0，则不论接收到的第 9 位 RB8 为 0 还是为 1，TI、RI 都以正常方式被激活
REN	允许串行接收位	由软件置位或清零。REN=1 时，允许接收；REN=0 时，禁止接收。在任务 7-1 中乙机用于接收数据，因此 REN=1，允许乙机接收
TB8	发送数据的第 9 位	在方式 2 和方式 3 中，由软件置位或者清零。一般可做奇偶校验位。在多机通信中，可作为区别地址帧和数据帧的标志位，一般约定地址帧时 TB8 为 1，数据帧时 TB8 为 0
RB8	接收数据的第 9 位	功能同 TB8
TI	发送中断标志位	在方式 0 中，发送完 8 位数据后，由硬件置位；在其他方式中，在发送停止位之初由硬件置位。因此，TI=1 是发送完一帧数据的标志，其状态既可供软件查询使用，也可请求中断。TI 位必须由软件清零
RI	接收中断标志位	在方式 0 中，接收完 8 位数据后，由硬件置位；在其他方式中，当接收到停止位时该位由硬件置 1。因此，RI=1 是接收完一帧数据的标志，其状态既可供软件查询使用，也可请求中断。RI 位也必须由软件清零

例如，下述语句定义串行口工作于方式 1，并允许接收数据。

SCON=0x50;　　　　　　　 //定义串行口工作方式 1，并允许接收数据

2．串行口工作方式

1）方式 0

在方式 0 下，串行口作同步移位寄存器使用，其波特率固定为 $f_{osc}/12$。串行数据从 RXD（P3.0）端输入或输出，同步移位脉冲由 TXD（P3.1）送出。这种方式通常用于扩展 I/O 端口。

2）方式 1

任务 7-1 中，收发双方都是工作在方式 1 下，此时，串行口为波特率可调的 10 位通用异步接口 UART，发送或接收的一帧信息包括 1 位起始位 0、8 位数据位和 1 位停止位 1。其帧格式如图 7.10 所示。

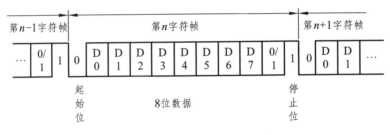

图 7.10　方式 1 下 10 位帧格式

发送时，当数据写入发送缓冲器 SBUF 后，启动发送器发送，数据从 TXD 输出。当发送完一帧数据后，置中断标志 TI 为 1。方式 1 下的波特率取决于定时器 T1 的溢出率和 PCON 中的 SMOD 位，参见 7.2.3 节。

接收时，REN 置 1，允许接收，串行口采样 RXD。当采样到由 1 到 0 跳变时，确认是起始位"0"，开始接收一帧数据。当 RI = 0，且停止位为 1 或者 SM2=0 时，停止位进入 RB8 位，同时置中断标志 RI，否则信息将丢失。所以，采用方式 1 接收时，应先用软件清除 RI 或 SM2 标志。

3）方式 2

在方式 2 下，串行口为 11 位 UART，传送波特率与 SMOD 有关。发送或接收的一帧数据包括 1 位起始位 0、8 位数据位、1 位可编程位（用于奇偶校验）和 1 位停止位 1，其帧格式如图 7.11 所示。

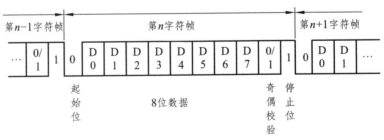

图 7.11　方式 2 下 11 位帧格式

发送时，先根据通信协议由软件设置 TB8，然后将要发送的数据写入 SBUF，启动发送。写 SBUF 的语句，除了将 8 位数据送入 SBUF 外，同时还将 TB8 装入发送移位寄存器的第 9 位，并通知发送控制器进行一次发送，一帧信息即从 TXD 发送。在发送完一帧信息后，TI 被自动置 1，在发送下一帧信息之前，TI 必须在中断服务程序或者查询程序中清零。

当REN=1时，允许串行口接收数据。当接收器采样到RXD端的负跳变，并判断起始位有效后，数据由RXD端输入，开始接收一帧信息。当接收器接收到第9位数据后，若同时满足以下两个条件：RI=0 和 SM2=0 或接收到的第 9 位数据为 1，则接收数据有效，将 8 位数据送入 SBUF，第 9 位送入 RB8，并置 RI=1。若不满足上述两个条件，则信息将丢失。

4）方式 3

方式 3 为波特率可变的 11 位 UART 通信方式，除了波特率以外，方式 3 与方式 2 完全相同。

7.2.3　设置波特率

51 单片机的串行口通过编程可以有 4 种工作方式，方式 0 和方式 2 的波特率是固定的，方式 1 和方式 3 的波特率可变，由定时器 T1 的溢出率决定。

1. 方式 0 和方式 2

在方式 0 中，波特率为时钟频率的 1/12，即 $f_{osc}/12$，固定不变。

在方式 2 中，波特率取决于 PCON 中的 SMOD 值，当 SMOD=0 时，波特率为 $f_{osc}/64$；当 SMOD=1 时，波特率为 $f_{osc}/32$，即波特率 = ($2^{SMOD}/64$) $\times f_{osc}$。

> 小知识：
>
> 电源及波特率选择寄存器 PCON 是为 CHMOS 型单片机的电源控制而设置的专用寄存器，字节地址为 0x87，不可以位寻址。其格式如图 7.12 所示。
>
> PCON(0x87)
>
> | SMOD | × | × | × | GF1 | GF0 | PD | IDL |
> |------|---|---|---|-----|-----|-----|-----|
>
> 图 7.12　PCON 的各位定义
>
> 与串行通信有关的只有 SMOD 位。SMOD 为波特率选择位。在方式 1、2 和 3 时，串行通信的波特率与 SMOD 有关。当 SMOD=1 时，通信波特率乘以 2，当 SMOD=0 时，波特率不变。
>
> 其他各位用于电池管理，在此不再赘述。

2. 方式 1 和方式 3

在方式 1 和方式 3 下，波特率由定时器 T1 的溢出率和 SMOD 共同决定，即：

$$波特率 = \frac{2^{SMOD}}{32} \times T1溢出率$$

其中 T1 的溢出率取决于单片机定时器 T1 的计数速率和定时器的预置值。当定时器 T1 设置在定时方式时，定时器 T1 溢出率 =（T1 计数速率）/（产生溢出所需机器周期数），T1 计数速率 =f_{osc}/12，产生溢出所需机器周期数 = 定时器最大计数值 M − 计数初值 X，所以串行接口工作在方式 1 和方式 3 时的波特率计算公式如下：

$$波特率 = \frac{2^{SMOD}}{32} \times \frac{f_{osc}}{12 \times (M-X)}$$

实际上，当定时器 T1 作波特率发生器使用时，通常是工作在定时器的工作方式 2 下，即作为一个自动重装载初值的 8 位定时器，TL1 作计数用，自动重装载的值在 TH1 内。此时，M=256，可得：

$$波特率 = \frac{2^{SMOD}}{32} \times \frac{f_{osc}}{12 \times (256-X)}$$

$$计数初值 X = 256 - \frac{2^{SMOD}}{32} \times \frac{f_{osc}}{12 \times 波特率}$$

表 7.3 列出了常用的波特率及获得方法。

表 7.3　常用的波特率及获得方法

波特率	f_{osc}/MHz	SMOD	定时器 T1		
			$c/\overline{T}$	方式	初始值
方式 0：1 Mb/s	12	X	X	X	X
方式 2：375 kb/s	12	1	X	X	X
方式 1、3：62.5 kb/s	12	1	0	2	0xFF
19.2 kb/s	11.059 2	1	0	2	0xFD
9.6 kb/s	11.059 2	0	0	2	0xFD
4.8 kb/s	11.059 2	0	0	2	0xFA
2.4 kb/s	11.059 2	0	0	2	0xF4
1.2 kb/s	11.059 2	0	0	2	0xE8
137.5 kb/s	11.986	0	0	2	0x1D
110 b/s	6	0	0	2	0x72
110bps	12	0	0	1	0xFEEB

综上所述，设置串口波特率的步骤如下：

（1）写 TMOD，设置定时器 T1 的工作方式；

（2）给 TH1 和 TL1 赋值，设置定时器 T1 的初值 X；

（3）置位 TR1，启动定时器 T1 工作，即启动波特率发生器。

例如，在任务 6-1 中，f_{osc} = 11.059 2 MHz，要求设置串行通信的波特率为 2 400 b/s。对照表7.3，定时器 T1 工作于方式 2，初值应为 0xF4。程序 example7-1.c 中波特率的设置程序段如下：

```
TMOD=0x20;          // 定时器 T1 工作于方式 2 下

TL1=0xf4;           // 初值设置，波特率为 2 400 b/s

TH1=0xf4;

TR1=1;
```

7.3   51 单片机串行口工作过程

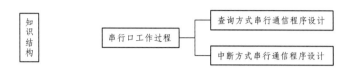

图 7.13   串行口工作过程知识结构

51 单片机串行口可以采用查询方式或中断方式进行串行通信编程。

7.3.1   查询方式串行通信程序设计

任务 7-1 中的程序 example7-1a.c 和 example7-1b.c 采用的是查询方式，查询方式的工作过程如下：

1．发送过程

（1）串口初始化。设置工作方式（帧格式）、设置波特率（传输速率）、启动波特率发生器（T1）。
程序 example7-1a. c 中的串口初始化程序段如下：

```
TMOD=0x20;              // 定时器 T1 工作于方式 2
TL1 =0xf4;              // 波特率为 2 400 b/s
TH1=0xf4;
TR1=1;
SCON =0x40;            // 定义串行口工作于方式 1
```

（2）发送数据。将要发送的数据送入 SBUF，即可启动发送。此时串口自动按帧格式将
SBUF 中的数据组装为数据帧，并在波特率发生器的控制下将数据帧逐位发送到 TXD 端（最低
位先发）。当发送完一帧数据后，单片机内部自动置中断标志 TI 为 1。

```
SBUF=send[i];          // 发送第 i 个数据
```

（3）判断一帧是否发送完毕。判断 TI 是否为 1，是则表示发送完毕，可以继续发送下一帧；
否则继续判断直至发送结束。

```
while（TI==0）;         // 查询等待发送完成
```

（4）清零发送标志位 TI。

```
TI=0;                  // 发送完成，TI 由软件清 0
```

（5）跳转到（2），继续发送下一帧数据。

2．接收过程

（1）串口初始化。设置工作方式（帧格式）、设置波特率（传输速率）、启动波特率发生器（T1）。

值得注意的是，发送方和接收方的初始化必须一致。

（2）允许接收。置位SCON寄存器的REN位。此时串行口采样RXD，当采样到由1到0跳变时，确认是起始位"0"，开始在波特率发生器的控制下将RXD端接收的数据逐位送入SBUF，一帧数据接收完毕后单片机内部自动置中断标志RI为1。

```
REN=1;                          // 接收允许
```

（3）判断是否接收到一帧数据。判断RI是否为1，是则表示接收完毕，接收到的数据已存入SBUF；否则继续判断直至一帧数据接收完毕。

```
while（RI==0）;                  // 查询等待接收标志为1，表示接收到数据
```

（4）清零接收标志位RI。

```
RI=0;                           //RI由软件清0
```

（5）转存数据。读取SBUF中的数据并转存到存储器中。

```
buffer[i]=SBUF;                 // 接收数据
```

（6）跳转到（2），继续接收下一帧数据。

小提示：

串行通信的方式1、2和3都可以按照上述接收和发送过程来完成通信。对于方式0，接收和发送数据都由RXD引脚实现，TXD引脚输出同步移位时钟脉冲信号。

7.3.2　中断方式串行通信程序设计

在很多应用中，双机通信的接收方采用中断方式来接收数据，以提高CPU的工作效率，发送方仍然采用查询方式。

51单片机串行口中断分为发送中断和接收中断两种。每当串行口发送或接收完一帧串行数据后，串行口电路自动将串行口控制寄存器SCON中的TI或RI中断标志位置1，并向CPU发出串行口中断请求，CPU响应串行口中断后便立即转入串行口中断服务程序执行。

51单片机串行口的中断类型号是4，其中断服务程序格式如下：

```
void 函数名 ()interrupt 4 [using n]   // [using n] 可选项，一般省略
{

}
```

其中，参数"using n"为可选项，n为单片机工作寄存器组的编号，共4组，其取值为0、1、2、3，默认值为0。

将任务7-1中的接收程序example7-1b.c采用中断方式编写，可参考程序example7-1b1.c如下。

```
// 程序：example7-1b1.c
// 功能：乙机接收及显示程序，采用"中断"方式实现
#include<STC89.H>
code unsigned char tab[]={0xc0, 0xf9, 0xa4, 0xb0, 0x99, 0x92, 0x82, 0xf8, 0x80, 0x90};
```

```
                                              // 定义 0 ~ 9 字形码
unsigned char buffer[]={0x00, 0x00, 0x00, 0x00};   // 定义接收数据缓冲区
void disp（void）;                               // 显示函数声明
unsigned char Z;                               // 定义全局变量 Z
void main()                                     // 主函数
{
  TMOD=0x20;                                    // 定时器 T1 工作方式于方式 2
  TL1=0xf4;                                     // 波特率定义
  TH1=0xf4;
  TR1=1;
  SCON=0x40;                                    // 定义串行口工作与方式 1
  REN=1;                                        // 接收允许
  ES=1;                                         // 开串行口中断
  EA=1;                                         // 开总中断允许位
  Z=0;
  while（1）disp();                              // 显示函数 disp()
}
// 函数名: serial
// 函数功能: 串行口中断接收数据
void serial()interrupt 4                        // 串口中断类型型号为 4
{
  EA=0                                          // 关中断
  RI=0;                                         // 软件清除中断标志位
  buffer[Z]=SBUF;                               // 接收数据
  Z + + ;
  if（Z==4）Z=0;
  EA=1;                                         // 开中断允许位
}
// 函数名: disp
// 函数功能: 在 4 个 LED 上显示 buffer 中的 4 个数
void disp()
{unsigned char i, j, k;
  for（i=0; i<4; i + +）
   {
    P1=tab[buffer[i]];                          // 共阳极显示字形段码, buffer[i] 作为数组分量的下标
    P2= ~（0x01<<i）;                            // 左移一位
```

```
  for（k=0；k<10；k + + )
    for（j=0；j<100；j + + )                              // 显示延时
    ;
  }
}
```

任务 7-2   （握手）增强型动态密码获取系统

　　任务 7-1 的控制程序 example7-1b.c 实现功能时，必须乙机（接收方）先准备好，甲机才能发送密码，否则密码获取就不成功，这便是明显的缺陷。

　　在很多应用中，串行通信的发送端和接收端需要约定发送和接收开始和结束的信号，称为握手信号。

　　（1）任务要求：

　　完善任务 7-1 控制程序 example7-1b.c 的功能，要求在握手的基础上，进行动态密码的传送。

　　具体的传送过程为：甲机先发送 0x01（可以是甲乙双方约定的任意数）给乙机，乙机接收到 0x01 后，向甲机发送应答信号 0x02，甲机收到 0x02 后（甲乙双方握手，准备发送和接收串行数据），开始发送动态口令 1234 给乙机，乙机接收到数据以后，在 4 个数码管上显示接收到的数据；甲机发送完动态口令后，发送结束符 0xaa，乙机接收到结束符 0xaa 后，同时向甲机返回应答结束符 0xaa，甲机收到结束符 0xaa 后（甲乙双方再次握手），停止发送。

　　采用这种握手方式的动态密码程序参考如下（甲机为 example7-2a.c，乙机为 example7-2b.c）：

```
// 程序：example7-2a.c
// 功能：（握手）增强型动态密码获取系统；甲机发送数据程序（采用查询方式实现）
#include<STC89.H>
void main()  // 主函数
{ unsigned char i;
  unsigned char send[]={1, 2, 3, 4};        // 定义要发送的动态密码数据
  TMOD=0x20;                                // 设置定时器 T1 的工作方式为方式 2
  TH1=0xf4;                                 // 设置串行口波特率为 2 400 b/s
  TL1=0xf4;
  TR1=1;
  SCON=0x50;                                // 设置串行口在工作方式为方式 1，允许接收
  do{
```

```
    SBUF=0x01;                          // 甲机先发送 0x01 给乙机
    while（!TI）;                        // 查询发送是否完毕
    TI=0;                               // 发送完毕，T1 由软件清零
    while（!RI）;                        // 查询等待接收
    RI=0;                               // 接收完毕，RI 由软件清零
    }while（（SBUF^0x02）!=0）;          // 判断是否收到 0x02，^ 为异或操作符，不是，则继续循环
    for（i=0; i<4; i++）
      {
        SBUF=send[i];                   // 发送第 i 个数据
        while（TI==0）;                  // 查询等待发送是否完成
        TI=0;                           // 发送完成，T1 由软件清零
      }
    do{
      SBUF=0xaa;                        // 发送结束符
      while（!TI）;                      // 查询发送是否完毕
      TI=0;                             // 发送完毕，T1 由软件清零
      while（!RI）;                      // 查询等待接收
      RI=0;
      // 接收完毕，RI 由软件清零
      }while（SBUF!=0xaa）;             // 判断是否收到应答结束符 0xaa
      while（1）;                        // 待机状态
}
```

```
// 程序：example7-2b.c
// 功能：（握手）动态密码获取系统；乙机接收及显示程序（采用查询方式实现）
#include<STC89.H>
code unsigned char tab[]={0xc0, 0xf9, 0xa4, 0xb0, 0x99, 0x92, 0x82, 0xf8, 0x80, 0x90};
                                        // 定义 0 ~ 9 显示字形码
unsigned char buffer[]={0x00, 0x00, 0x00, 0x00};   // 定义接收数据缓冲区
void disp（void）;                       // 显示函数声明
void main()                             // 主函数
{ unsigned char i;
  TMOD=0x20;                            // 设置定时器 T1 的工作方式为方式 2
  TH1=0xfd;                             // 设置串行口波特率为 2 400 b/s
  TL1=0xfd;
```

```
    SCON=0x50;                          // 设置串行口的工作方式为方式 1, 允许接收
    TR1=1;                              // 启动定时器
    while（1）
    {
    do
        {while（!RI）disp();            // 查询等待接收, 调用显示函数
     RI=0;                              // 接收完毕, RI 由软件清零
     }while（（SBUF^0x01）!=0）;        // 判断是否接收到 0x01
    SBUF=0x02;                          // 向甲机发送是否完毕
    while（!TI）                        // 查询发送是否完毕
 disp();                                // 显示
    TI=0;                               // 发送完毕, TI 由软件清零
    i=0;
    do{
      while（!RI）disp();               // 查询等待接收
      RI=0;                             // 接收完毕, RI 由软件清零
      buffer[i]=SBUF;                   // 接收数据
      i + + ;
      } while（SBUF!=0xaa）;            // 判断是否接收到结束符 0xaa
    SBUF=0xaa;                          // 发送应答结束符 0xaa
    while（!TI）disp();                 // 查询发送是否完毕
    TI=0;                               // 发送完毕, TI 由软件清零
}
}
// 函数名: disp
// 函数功能: 在 4 个 LED 上显示 buffer 中的 4 个数
void disp()
{unsigned char i, j, k;
 for（i=0; i<4; i + +）
  {
  P1=tab[buffer[i]];                    // 送共阳极显示字形段码, buffer[i] 作为数组分量的下标
  P2= ~（0x01<<i）;                     // 左移一位
  for（k=0; k<10; k + +）
    for（j=0; j<100; j + +）           // 显示延时
    ;
  }
}
```

> **小提示:**
>
> 数据传送可采用中断和查询两种方式编程。无论用哪种方式,都要借助于 TI 或 RI 标志。串行口发送时,当 TI 置 1(发送完一帧数据)后向 CPU 申请中断,在中断服务程序中要用软件把 TI 清零,以便发送下一帧数据。采用查询方式时,CPU 必须不断查询 TI 的状态,如果 TI 为 0 就继续查询,TI 为 1 就结束查询,同时 TI 为 1 后也要及时用软件把 TI 清零,以便发送下一帧数据。

7.4 串行通信协议

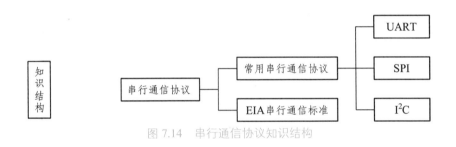

图 7.14 串行通信协议知识结构

7.4.1 常用串行通信协议

微处理器中常用的集成串行总线包括通用异步接收发送器(UART)、串行外设接口(Serial Peripheral Interface,SPI)、内部集成电路(I^2C)等,而微处理器与外设的接口则主要有美国电子工业协会(EIA)的串行通信接口(RS-232、RS-422 和 RS-485)、通用串行总线(USB)以及 IEEE1394 接口等。

1. 通用异步串行接口 UART

UART 是一种通用串行数据总线,用于异步通信。该总线双向通信,可以实现全双工传送和接收。在嵌入式设计中,UART 用于微处理器控制外围器件与 PC 机进行通信。本项目中讨论的 51 单片机串行接口即为 UART 接口。

目前,市场上使用的 UART 接口有两种:异步通信接口、异步与同步通信接口。例如,摩托罗拉微控制器中的串行通信接口(SCI),只支持异步通信的接口;而 Microchip 微控制器中的通用同步/异步收发器(USART)、富士通微控制器中的 UART、51 单片机中的串行通信接口 UART 都是同时支持异步通信和同步通信的典型实例。

2．串行外设接口 SPI

串行外设接口（SPI）是由摩托罗拉公司开发的全双工同步串行总线，该总线大量用在与 E^2PROM、ADC、FRAM 和显示驱动器之类的慢速外设器件通信。

该总线的通信方式采用主 - 从配置方式。它有以下 4 个信号：MOSI（主出 / 从入）、MISO（主入 / 从出）、SCK（串行时钟）、SS（从属选择）。芯片上 SS 的引脚数决定了可连到总线上的器件数量。在 SPI 传输过程中，数据是同步进行发送和接收的。数据传输的时钟来自主处理器的时钟脉冲 SCK。

SPI 传输串行数据时首先传输最高位。波特率可高达 5 Mb/s，具体速度取决于 SPI 硬件。例如，Xicor 公司的 SPI 串行器件传输速度能达到 5 Mb/s。

AVR Atmel16 单片机中就集成了 SPI 通信接口。很多外部接口芯片也是采用的 SPI 通信接口，如时钟模块 S35190A。

3．双线同步总线 I²C 总线

I^2C（Inter-Intergrated Circuit）总线是由荷兰飞利浦（Philips）公司推出的芯片间串行传输总线，它以两根连线实现完善的全双工同步数据传送，可以方便地构成多机系统和外围设备扩展系统。它是同步通信的一种特殊形式，具有接口线少、控制方式简单、器件封装体积小、通信速率较高等优点，已经成为微电子通信控制领域广泛采用的一种总线标准。

I^2C 总线由 SDA（串行数据线）和 SCL（串行时钟线）两根线构成，可在 CPU 与被控 IC 之间、IC 与 IC 之间进行发送和接收数据的双向传送，总线上的每个器件通过软件寻址来识别。

I^2C 总线支持多主（multimastering）和主从两种工作方式，通常为主从工作方式。在主从工作方式中，总线上只有一个主控器件（单片机），连接在总线上的任何器件都是具有 I^2C 总线的从器件。主控器件控制信号的传输和时钟频率。

小知识：

IC 器件的 I^2C 总线接口通常都是开漏或开集电极输出，因此使用时在总线上都要连接上拉电阻。如果传送速率为 100 kb/s，可以选择 10 kΩ 的上拉电阻。一般来说，传送速率越快，选择的上拉电阻越小。

该总线网络中的每一个器件都预指定一个 7 位或 10 位的地址，飞利浦公司给器件制造商分配器件地址。10 位寻址的优点是允许更多的器件（高达 1 024 个）布置在总线网络中。需要考虑的是，总线中器件的数目受限于总线的电容量，而总线的电容量必须限制在 400 pF 以内。

I^2C 总线设计用于 3 种数据传输速率，3 种传输速率都具有向下兼容性：① 低速，数据传输速率为 0 ~ 100 kb/s；② 快速，数据传输速率可以高达 400 kb/s；③ 高速，数据传输速率可以高达 3 ~ 4 Mb/s。其数据传输首先从最高位开始。

7.4.2　EIA 串行通信标准

RS-232、RS-422 和 RS-485 是由 EIA 制定并发布的异步串行通信标准，其中 RS-232 在 PC 机及工业通信中被广泛采用，如录像机、计算机及许多工业控制设备上都配备有 RS-232 串行通信接口。

通常 RS-232 接口以 9 个引脚（DB-9）或是 25 个引脚（DB-25）的形态出现，一般 PC 机上会有 1 ~ 2 组 RS-232 接口，分别称为 COM1 和 COM2。RS-232 标准规定，采用 150 pF/m 的通信电缆时，最大通信距离为 15 m，最高传输速率为 20 kb/s。

1．RS-232C 的帧格式

RS-232C 为异步串行通信标准，字符帧格式与 UART 相同。该标准规定：数据帧的开始为起始位，数据本身可以是 5、6、7 或 8 位，1 位奇偶校验位，最后为停止位。数据帧之间用"1"，表不空闲位。

2．RS-232C 的电气标准

RS-232C 的电气标准采用下面的负逻辑。逻辑"0"：+ 5 ~ + 15 V，逻辑"1"：− 5 ~ − 15 V。因此，RS-232C 不能和 TTL 电平直接相连，否则将使 TI'L 电路烧坏。在实际应用中，RS-232C 和 TTL 电平之间必须进行电平转换，该电平的转换可采用德州仪器公司（TI）推出的电平转换集成电路 MAX232。图 7.15 所示为 MAX232 的引脚图。本教材采用的单片机教学实训板就是采用 MAX232 芯片将 PC 中的可执行文件 *.hex 下载到单片机中。

3．RS-232C 的总线规定

RS-232C 标准总线为 25 根，可采用标准的 DB-25 和 DB-9 的 D 形插头。目前，笔记本计算机上一般不配置 DB-9 插头，台式计算机上也只保留了两个 DB-9 插头作为主板上 COM1 和 COM2 两个串行接口的连接器。DB-9 连接器各引脚的排列如图 7.16 所示，各引脚定义如表 7.5 所示。

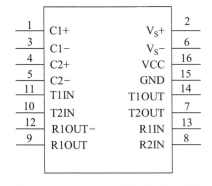

图 7.15　MAX232 电平转换芯片引脚

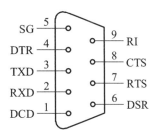

图 7.16　DB-9 连接器引脚

表 7.5　DB-9 连接器各引脚定义

引　脚	名　称	功　能	引　脚	名　称	功　能
1	DCD	载波检测	6	DSR	数据准备完成
2	RXD	发送数据	7	DTS	发送请求
3	TXD	接收数据	8	CTS	发送清除
4	DTR	数据中断准备完成	9	RI	振铃指示
5	SG（GND）	信号地线			

在简单的 RS-232C 标准串行通信中，仅连接发送数据（2）、接收数据（3）和信号地（5）三个引脚即可。

小知识：

　　PC 机的 COM1 和 COM2 两个串行接口采用的 DB-9 连接器是公（针）头，而设备上多采用母（孔）头，如图 7.17 所示。市售的串口线则分为直通线和交叉线两种：直通线将 2、3、5 分别连接 2、3、5，一般为 9 针 -9 孔，适用于延长线及连接 PC 与设备；交叉线将 2 对 3、3 对 2、5 对 5 连接，一般将 9 孔 -9 孔，多用于 PC 机与 PC 机对接。当然，实际使用时也可以按各自的要求选用串口座和串口线。

（a）9 针公头接口　　　　　　　　（b）9 孔母头接口

图 7.17　DB-9 连接器

　　现在很多 PC 机上没有 COM 接口，只有 USB 接口。此时可以在电路中增加一个 RS-232C 到 USB 的转换接口芯片，如 PL2303 等，将 RS-232C 接口转换为 USB 接口；进行通信时，在 PC 机上安装一个相应的 RS-232C 到 USB 的转换驱动程序，即可通过 USB 接口实现串行通信，方便实用。

任务 7-3　基于单片机的移动终端数据上传系统设计

【任务目的与要求】

基于单片机的移动终端设备，如手持抄表器、巡更器、车载公交收费机等，通常需要在现场记录数据，并于事后上传到 PC 主机的数据库中用于存储、查询及分析，或者从 PC 机上接收命令或设置。

通过基于单片机的移动终端数据上传系统的设计，实现 PC 机和单片机之间的通信，学习单片机和 PC 机的串行通信方法、单片机和 PC 机串行通信协议、电平转换技术，以及单片机和 PC 机数据收发程序设计方法。

任务要求基于 51 单片机的移动数据终端设备和 PC 机之间按以下协议进行通信：

（1）PC 机发送数据串给数据终端，以 0x0a 作为数据串的结束字符；数据终端接收到 PC 机发来的数据后，再将数据回传到 PC 机。

（2）设置 PC 机和数据终端的波特率为 2 400 b/s；帧格式为 10 位，包括 1 位起始位、8 位数据位、1 位停止位，无校验位。

【电路设计】

基于 51 单片机的移动终端串行通信原理图如图 7.18 所示。该电路采用 MAX232 芯片实现电平转换，它可以将单片机 TXD 端输出的 TTL 电平转换成 RS-232C 标准电平。PC 机的 9 针串行接口通过 9 芯串口线与手持终端上的 9 针串口插座 D 连接，9 针串口插座通过 MAX232 芯片和单片机 UART 连接，MAX232 的 13、14 引脚接 9 芯串口插座；11、12 引脚接至单片机的 TXD 和 RXD 端。

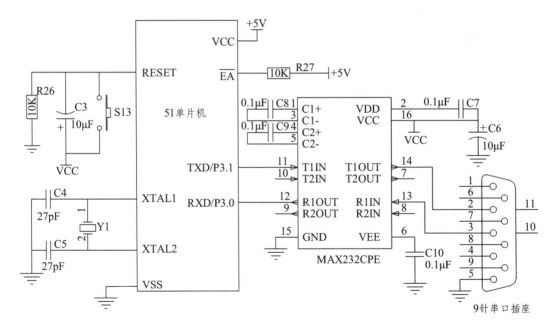

图 7.18　PC 与单片机通信电路

说明：本部分电路为单片机实训电路板自带的固有电路，所有单片机程序的下载实际都是通过该电路完成的。

小知识：

51单片机输入/输出的逻辑电平为TTL电平，而PC机配置的RS-232C标准接口逻辑电平为负逻辑。逻辑"0"：+5～+15 V，而逻辑"1"：-5～-15 V。所以单片机与PC机之间的通信要增加电平转换电路，常用的电平转换芯片有MAX232等。

【数据终端程序设计】

PC机端的通信程序通常采用高级语言VC、VB等来编写，单片机端的通信程序采用C语言来编写。通信程序调试时，PC机端（也称为上位机）可以采用"串口调试助手"软件来帮助调试。由于通信时发送者为主动方而接收者为被动方，通常单片机通信程序设计时，接收数据采用中断方式处理，发送数据采用查询方式处理。

基于51单片机的移动终端数据上传的串口通信程序example7-3.c如下：

```c
// 程序：example7-3.c
// 功能：移动终端数据上传程序
#include<STC89.H>
#define MAX_LEN    50                                    // 接收缓冲区最大长度50
unsigned char readCounts;                                // 全局变量，接收数据个数
unsigned char strdata[MAX_LEN];                          // 全局变量，发送暂存缓冲区
unsigned char sendlen;                                   // 全局变量，接收数据长度
bit    receiveFlag;                                      // 全局变量，接收完数据标志
void send_string_com（unsigned char *str, unsigned char strlen）;    // 发送字符串函数声明
void main()                                              // 主函数
{
TMOD=0x20;                                               // 定时器T1为工作方式2
TH1=0xf4;                                                // 设置串行口波特率为2 400 b/s
TL1=0xf4;
TR1=1;                                                   // 启动波特率发生器
SCON=0x50;                                               // 串行口工作于方式1，允许接收
EA=1;                                                    // 中断总允许开
ES=1;                                                    // 打开串行口中断
while（1）
 {
 if（receiveFlag）                                        // 接收完数据，标志为1
  {
    receiveFlag=0;                                       // 将接收完数据标志清0
  send_string_com（strdata, sendlen）;                   // 调用发送字符串函数，将接收的数据发送出去
  }
 }
```

```
}
```

// 函数名：send_string_com

// 功能：向串口发送一个字符串，stelen 为该字符串函数，将接收的数据发送出去

// 形式参数：*str，字符串指针；strlen，字符串长度

```c
void send_string_com（unsigned char *str，unsigned char strlen）
{
unsigned char k；
for（k=0；k<strlen；k + +）
  {
  SBUF=*（str + k）；              //将单元地址为 str + k 的内容赋给专用寄存器 sbuf，启动发送
  while（TI==0）
     ；                           //等待发送完毕
  TI=0；                          //软件清零
  k + +；
  }
}
```

// 函数名：serial

// 功能：串行口中断函数，接收来自 PC 机的数据

```c
void serial()interrupt 4               //串行口中断类型号是 4
{
unsigned char temp；
if（RI）                               //接收到数据，中断标志 RI==1
  {
  RI=0；                              //软件清零
  temp=SBUF；                         //读 SBUF 缓冲
  strdata[readCounts]=temp；          //将接收到的数据存入数组，供发送
  readCounts + +；                    //接收字符个数增 1
  if（temp==0x0a）                    //字符串结束标志
   {
     receiveFlag=1；                  //设置接收完标志位
     sendlen=readCounts；             //接收字符串长度存入 sendlen
     readCounts=0；
         }
  }
}
```

小知识：

指针是 C 语言的一个特殊的变量，它存储的数值被解释成为内存的一个地址。指针定义的一般形式如下：

数据类型   *指针变量名；

例如：

int i, j, k, *i_ptr   //定义整形变量i、j、k和整型指针变量i-ptr

指针运算包括以下两种：

（1）取地址运算符。取地址运算符&是单目运算符，其功能是取变量的地址，例如：

i_ptr = &i;   //变量i的地址送给指针变量i_ptr

（2）取内容运算符。取内容运算符*是单目运算符，用来表示指针变量所指单元的内容，在星号运算*之后跟的必须是指针变量，例如：

j = *i-ptr;   //将i-ptr所指单元的内容赋给变量j

可以把数组的首地址赋予指向数组的指针变量，例如：

int abc[5], *string1;

string1=abc;   //数组名表示数组的首地址，故可赋予指向数组的指针变量

也可以写成：

string1=&abc[0]; //数组第一个元素的地址也是整个数组的首地址，也可赋予指针变量

还可以采用初始化赋值的方法：

int abc[5], *string1=abc;

也可以把字符串的首地址赋予指向字符类型的指针变量，例如：

unsigned char *string2;

string2=" welcome to china!" ;

这里应该说明的是，并不是把整个字符串装入指针变量，而是把存放该字符串的字符数组的首地址装入指针变量。

对于指向数组的指针变量，可以进行加减运算，例如：

sring1- -;   //sring1指向上一个数组元素

string2 + + ; /string2指向下一个数组元素

在程序example7-3.c中，函数send_sting_com()定义了指针类型的形式参数如下：

unsigned char *str;

该形式参数表示一个无符号字符型变量的地址。函数中采用了以下的赋值语句：

SBUF=*（str + k）；//将单元地址为str + k的内容赋给专用寄存器SBUF，启动发送

在调用该函数时直接把数组strdata[ ]的数组名作为实际参数带入即可，因为数组名表示数组的首地址，故可直接赋予数组的指针变量。

【调试并运行程序】

在进行PC机与基于单片机的移动终端数据串行通信软硬件调试时，最简单的方法是在PC（个人计算机）机上安装"串口调试助手"应用软件，只要设置好波特率等参数就可以直接使用，调试成功后再在PC机上运行自己编写的通信程序，与基于单片机的移动终端进行联调。

　　先在 PC 机上安装"串口调试助手"应用程序，连接 PC 机与移动终端的通信电路，然后进行以下测试：

　　（1）在 PC 上运行"串口调试助手"程序，选择串口（根据连接计算机的具体串口选择），根据程序 example7-3.c 中设置的串口通信方式 1，如图 7.19 所示，设置波特率为 2 400 b/s，无校验位，8 位数据位，1 位停止位。

　　（2）给基于单片机的移动终端上电。

　　（3）在"串口调试助手"主界面中，选择"打开串口"，用 PC 机的键盘在下部发送窗口中输入十六进制数据并以"0x0a"作为结束字符，单击"手动发送"按钮。

　　（4）在 PC 机接收窗口观察所接收到的数据是否与发送数据一致。

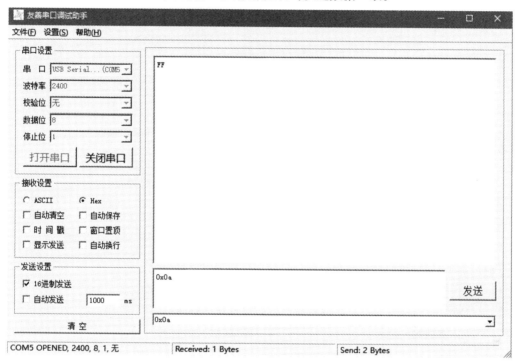

图 7.19　"串口调试助手"窗口

【任务小结】

　　通过 PC 机与基于 51 单片机的数据终端的通信程序调试，让学生了解上位机 PC 机和单片机进行串口通信的电路设计和控制程序设计方法，尤其是串行通信软硬件调试方法。

知识梳理与总结

　　计算机之间或计算机与外设之间的通信有并行通信和串行通信两种方式。

　　51 单片机内部具有一个全双工的异步串行通信接口，该串行口有 4 种工作方式，其波特率和帧格式可以编程设定。帧格式有 10 位和 11 位。工作方式 0 和工作方式 2 的传送波特率是固定的，工作方式 1 和工作方式 3 的波特率是可变的，由定时器 T1 的溢出率决定。

单片机与单片机之间及单片机与 PC 机之间都可以进行通信，其控制程序设计通常采用两种方法：查询法和中断法。

本节要掌握的重点内容如下：

（1）串行通信基础知识；

（2）串行口的结构、工作方式和波特率设置；

（3）单片机之间的双机通信；

（4）单片机与 PC 机之间的通信。

习题 7

7.1　单项选择题

（1）串行口是单片机的 ＿＿＿＿＿＿。

A. 内部资源   B. 外部资源

C. 输入设备   D. 输出设备

（2）51 单片机的串行口是 ＿＿＿＿＿＿。

A. 单工   B. 全双工

C. 半双工   D. 并行口

（3）表示串行数据传输速率的指标为 ＿＿＿＿＿＿。

A. USART   B. UART

C. 字符帧   D. 波特率

（4）单片机和 PC 机接口时，往往要采用 RS-232 接口芯片，其主要作用是 ＿＿＿＿＿＿。

A. 提高传输距离   B 提高传输速率

C. 进行电平转换   D. 提高驱动能力

（5）单片机输出信号为 ＿＿＿＿＿＿ 电平。

A. RS-232C   B. TTL

C. RS-449   D. RS-232

（6）串行口工作方式 0 时，串行数据从 ＿＿＿＿＿＿ 输入或输出。

A. RI   B. TXD

C. RXD   D. REN

（7）串行口的控制寄存器为 ＿＿＿＿＿＿。

A. SMOD   B. SCON

C. SBUF   D. PCON

（8）当采用中断方式进行串行数据的发送时，发送完一帧数据后，T1 标识要 ＿＿＿＿＿＿。

A. 自动清零   B. 硬件清零

C. 软件清零   D. 软、硬件均可

（9）当采用定时器 T1 作为串行口波特率发生器使用时，通常定时器工作方式 _____。

A. 0   B. 1

C. 2   D. 3

（10）当设置串行口工作为方式 2 是，采用 _____ 语句。

A. SCON=0x80;   B. PCON=0x80;

C. SCON=0x10;   D. PCON=0x10;

（11）串行口工作方式在方式 1 时，其波特率 _____。

A. 取决于定时器 T1 的溢出率   B. 取决于 PCON 中的 SMOD 位

C. 取决于时钟的频率   D. 取决于 PCON 中的 SMOD 位和定时器 T1 溢出率

（12）串行口工作方式 1 时，其波特率 _____。

A. 取决于定时器 T1 的溢出率

B. 取决于 PCON 中的 MOD 位

C. 取决于时钟频率

D. 取决于 PCON 中的 SMOD 位和定时器 T1 溢出率

（13）串行口的发送数据和接收数据端为 _____。

A TXD 和 RXD   B. T1 和 RI

C. TB8 和 RB8.   D. REN

7.2   问答题

（1）什么是串行异步通信？有哪几种帧格式？

（2）定时器 T1 作为串行口波特率发生器时，为什么采用工作方式 2？

7.3   编程题

（1）利用串行口设计 4 位静态 LED 显示，画出电路图并编写程序，要求 4 位 LED 每隔 1 s 交替显示"1234"和"5678"。

（2）编程实现甲乙两个单片机进行点对点通信，甲机每隔 1 s 发送一次"A"字符，乙机接收到以后，在 LED 上能够显示出来。

（3）编写一个使用的串行通信测试软件，其功能为：将 PC 机键盘的输入数据发送给单片机，单片机收到 PC 机发来的数据后，回传统一数据给 PC 机，并在屏幕上显示出来。只要屏幕上显示的字符与所键入的字符相同，说明二者之间的通信正常。

通信协议：第一字节，最高位（MSB）为 1，为第一字节标志；第二字节，MSB 为 0，为非第一字节标志，以此类推，最后以字节为前几字节后 7 位的异或校验和。单片机串行口工作方式 1，晶振为 11.059 2 MHz，波特率为 4 800 b/s。

项目 8

单片机综合应用

通过对前面各项目的学习，已经掌握了单片机的硬件结构、工作原理和程序设计方法、人机接口、串行通信接口技术等。在具备上述单片机基本模块的软、硬件设计能力的基础上，进行下面单片机应用系统的综合设计与开发。

依靠单片机实训电路板的整体资源，本项目通过任务 8-1 数字时钟系统设计和任务 8-2 简易数字电压表设计两个单片机综合应用实例，将所学知识系统化，使学生能够熟练应用单片机内部资源及外部键盘、显示等人机接口，掌握模块化程序设计方法。然后，给出了一个 C 语言编程的参考实例——带音调指示灯的电子音乐播放器设计让学生了解单片机 C 语言编程的灵活与巧妙。最后，设计了一个基于串行通信技术的密码输入系统，实现依靠同一个程序进行通信双方主、从机的通信传输。

通过上述几个综合任务的设计与实施，让学生学习和领会单片机应用系统的设计、开发和调试的思路、技巧和方法等单片机实用技术。

教学导航

教	知识重点	1．增强型单片机； 2．单片机系统设计步骤； 3．单片机 A/D 转换技术； 4．单片机综合应用系统调试
	知识难点	单片机综合程序调试
	推荐教学方式	讲练结合，练习为主，讲解为辅。以任务 8-1 为主要的课内教学内容，发布任务后学生先尽量完成任务，然后以本教材为参考，进行综合归纳，吸取总结经验；任务 8-2 以讲解为主，练习为辅；任务 8-3 和 8-4 以学生独立完成训练为主
	建议学时	28 学时，建议以课程设计或者课程实训的形式实施
学	推荐学习方法	先独立完成任务，然后参考教材学习、总结、归纳
	必须掌握的技能	单片机综合应用系统软硬件调试手段和方法的应用

任务 8-1   数字时钟系统设计

利用单片机实训电路板的键盘电路、4 位 LED 数码管显示电路、8×8 点阵 LED 显示器电路、外部中断按键电路等，进行一个具备时间调整、闹钟控制功能且带时、分、秒显示的数字时钟系统。本任务利用了键盘扫描技术、LED 数码管动态显示技术、单片机定时器 / 计数器功能、单片机中断功能等，是一个综合性很强的单片机系统程序设计任务。本任务的实施，充分利用了单片机实训电路板的硬件资源，无须连接任何导线或者元件就能完整运行。但要注意，不能插接 8 个 LED 发光二极管，否则键盘扫描会受到影响。

【任务目的与要求】

很多单片机产品具有实时时钟的功能，如智能化仪器仪表、工业过程控制系统及家用电器等。这里要求实现一个具有实时时钟显示和闹钟控制功能的数字时钟。

通过数字时钟的设计与制作，锻炼独立设计、制作和调试应用系统的能力，深入领会单片机应用系统硬件设计模块化的程序设计及软件调试方法，并掌握单片机应用系统的开发过程。

【设计要求】

设计并制作出具有如下功能的数字时钟：

（1）自动计时。在 4 位 LED 数码管上显示分、秒，8×8 点阵 LED 显示器上显示时。

（2）具备校准功能。可以调整当前时间。

（3）具备定时起闹功能。可以设置开启闹钟的时间，起闹大约 10 s 后自动关闭闹铃。

（4）具备良好的交互界面。调整时间和设置闹钟过程中动态显示设置值，具备闹钟开启的状态指示。

【系统方案选择】

1．单片机选型

选用具有串口和 ISP 下载功能的 STC89C52RC（单片机实训电路板默认芯片）单片机，内部带有 4 KB 的 Flash ROM，无须外扩程序存储器。由于数字时钟没有大量运算和暂存数据，片内 128 B 的 RAM 可以满足设计要求，无须外扩片外 RAM。

> 小经验：
>
> 　　目前单片机的种类、型号较多，有 8 位、16 位、32 位机等，片内的集成度各不相同，有的处理器在片内集成了 WDT、PWM、串行 EEPROM、A/D、比较器等多种资源并提供 UART、I²C、SPI 协议的串行接口，最大工作频率也从早期的 0 ～ 12 MHz 增至 33 ～ 40 MHz。我们应根据系统的功能目标、复杂程度、可靠性、精度和速度要求，

选择性能、性价比合理的单片机机型。在进行机型选择时应主要考虑以下几个方面：

（1）所选处理器内部资源应尽可能符合系统总体要求，如内部 RAM 和程序空间是否满足要求，尽可能避免这两类器件的系统扩展，简化系统设计，同时应综合考虑低功耗等性能要求，要留有余地，以备后期更新升级。

（2）开发方便，具有良好的开发工具、开发环境和软硬件技术支持。

（3）市场货源（包括外部扩展器件）在较长时间内供应充足。

（4）设计人员对处理器的开发技术熟悉，以利于缩短研制与开发周期。

2．计时方案

（1）采用实时时钟芯片。

针对应用系统对实时时钟功能的普遍需求，各大芯片生产厂家陆续推出了一系列实时时钟集成电路，如 DS1287、DS12887、DS1302、PCF8563、S35190 等。这些实时时钟芯片具备年、月、日、时、分、秒计时功耗和多点定时功能，计时数据每秒自动更新一次，无须程序干预。单片机可通过中断或查询方式读取计时数据。实时时钟芯片的计时功能无须占用 CPU 时间，功能完善，精度高，软件程序设计相对简单，在实时工业测控系统中多采用这一类专用芯片来实现。

> **小经验：**
>
> 有些实时时钟芯片带有锂电池作后备电源，具备永不停止的计时功能；有些具有可编程方波输出功能，可用作实时测控系统的采样信号等；有些芯片内部带有非易失性 RAM，可用来存放需长期保存但有时也需要变更的数据。学生可根据任务需求进行芯片选型。

（2）采用单片机内部定时器。

利用 STC89C52RC 内部计时/计数器进行中断定时，配合软件延时实现时、分、秒的计时。该方案节省硬件成本，且能够使学生对前面所学知识进行综合运用，因此，本系统设计采用这一方案。

3．显示方案

（1）利用串行口扩展 LED，实现 LED 静态显示。

该方案占用单片机资源少，且静态显示亮度高，但硬件开销大，电路负载，信息刷新速度慢，比较适用于单片机并行口资源较少的场合。

（2）利用单片机并行 I/O 端口，实现 LED 数码管动态显示。

该方案直接采用单片机并行口作为显示接口，无须外扩接口芯片，但占用资源较多，且动态扫描显示方式需占用 CPU 时间。在非实时测控或单片机具有足够并行口资源的情况下可以采用。本系统设计采用此动态显示方案。

4．系统方案确定

综合上述方案分析，本系统选用芯片 STC89C52RC 单片机作为主控器，采用单片机内部定时器实现计时，采用行列式键盘（4×3 矩阵键盘）和动态 LED 数码管显示（4 位 LED 数码管 +

8×8 点阵 LED 显示器）。

（1）单独按键功能确定。

系统设计采用 2 个单独按键"INT0"和"INT1"，作为外部中断 0 和外部中断 1 的触发按键。当按下外部中断 0"INT0"键时执行时间调整功能，当按下外部中断 1"INT1"键时执行闹钟设置功能。

（2）键盘功能确定。

系统采用 4×3 矩阵键盘，共计 12 个按键，任务中使用了其中 9 个按键，1# ～ 6#、7#、10#、12#（键值规定见图 5.27），其余按键为系统功能扩展预留，暂不使用。

> 1# 键：时钟值加 1 按键。在时间调整和闹钟设置时，按一次则"时"加 1。
> 4# 键：时钟值减 1 按键。在时间调整和闹钟设置时，按一次则"时"减 1。

注：时钟采用 24 小时制，循环加减，"23"加 1 变为"00"，"00"减 1 变为"23"。

> 2# 键：分钟值加 1 按键。在时间调整和闹钟设置时，按一次则"分"加 1。
> 5# 键：分钟值减 1 按键。在时间调整和闹钟设置时，按一次则"分"减 1。

注：分钟设置时循环加减，"59"加 1 变为"00"，"00"减 1 变为"59"。

> 3# 键：秒钟值加 1 按键。在时间调整和闹钟设置时，按一次则"秒"加 1。
> 6# 键：秒钟值减 1 按键。在时间调整和闹钟设置时，按一次则"秒"减 1。

注：秒钟设置时循环加减，"59"加 1 变为"00"，"00"减 1 变为"59"。

> 7# 键：闹钟开按键。在闹钟设置时，按一次开启闹钟功能。
> 10# 键：闹钟关按键。在闹钟设置时，按一次关闭闹钟功能。

注：闹钟的开关状态用一个 LED 数码管的小数点进行指示。

12# 键：退出设置键。

（3）显示功能确定。

4 位 LED 数码管从左到右依次显示分、秒，8×8 点阵 LED 显示器显示"时"，采用 24 小时制计时显示。分钟数和秒钟数中间用小数点分开。第 4 位 LED 数码管的小数点指示闹钟开启状况，当闹钟开时小数点位亮，否则小数点位灭。

（4）系统使用流程设计。

① 时间显示：上电后，系统自动进入时钟显示，从 00：00：00 开始计时。

② 时间调整：按下"INT0"外部中断 0 按钮，系统停止计时，进入时钟设置调整状态。每按 1# 键 1 次，"时钟"加 1，每按 4# 键 1 次，"时钟"减 1；每按 2# 键 1 次，"分钟"加 1，每按 5# 键 1 次，"分钟"减 1；每按 3# 键 1 次，"秒钟"加 1，每按 6# 键 1 次，"秒钟"减 1；按 12# 键退出设置，系统由设定后的时间开始计时显示。

③ 闹钟设置：按下"INT1"外部中断 1 按钮，进入闹钟设置状态。同②时间调整方法一样设置闹钟的时、分、秒。按 7# 键设置闹钟开，10# 键设置闹钟关，12# 键退出闹钟设置。当闹钟设定时间到，蜂鸣器鸣叫 10 s 左右后停闹。在闹钟设置过程中，系统继续计时。

【系统硬件设计】

本任务电路为单片机实训电路板的一部分，系统硬件设计电路如图 8.1 所示，单片机的 P0

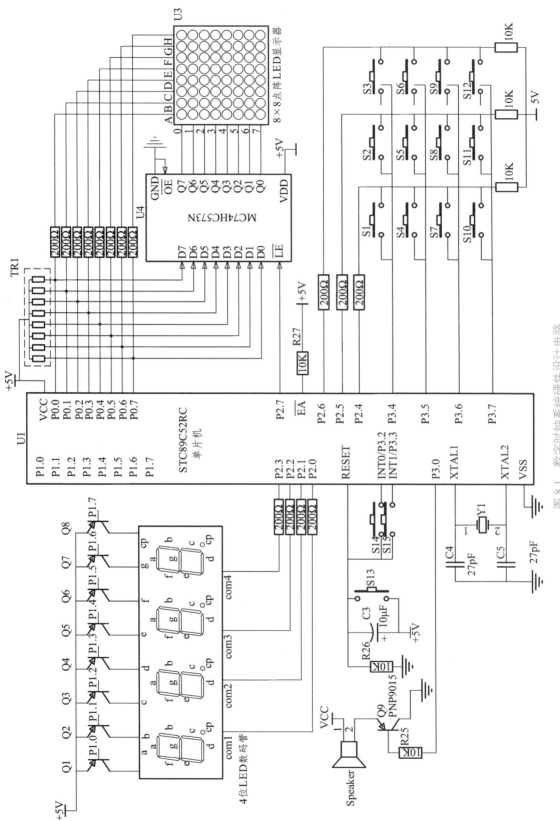

图 8.1　数字时钟系统硬件设计电路

口和P2.7端口控制8×8点阵LED显示器，P1口作为4位LED数码管的段选口，采用共阴极数码管，P2.0 ~ P2.3作为4个LED数码管的位选口，当输出低电平时选中相应的位。

单片机P2.4 ~ P2.6作为4×3矩阵键盘的列信号扫描口，P3.4 ~ P3.7作为行信号扫描口。

单片机的P3.0引脚接蜂鸣器，低电平驱动蜂鸣器鸣叫，模拟闹钟起闹。

【系统软件设计】

明确任务要求，完成方案设计和硬件电路制作后，进入系统软件设计阶段。这里采用自顶向下、逐步细化的模块化设计方法。

> **小提示：**
>
> 自顶向下的模块化设计是指从整体到局部，再到细节的设计过程。这种方法必须先对整体任务进行透彻分析和了解，明确任务需求后再设计细节程序模块，可以避免因任务分析不到位而导致修改返工。模块化程序设计的开发过程介绍如下：
>
> （1）明确设计任务，依据现有硬件，确定软件整体功能，将整个任务合理划分成小模块，确定各个模块的输入/输出参数和模块之间的调用关系。
>
> （2）分别编写各个模块的程序，编写专用测试主程序进行各个模块的编译调试。
>
> （3）把所有模块进行连接调试，反复测试成功后，就可以将代码固化到应用系统中，再次测试，直到完成任务为止。
>
> 模块化程序设计具有结构层次清晰，便于编制、阅读、扩充和修改，利用模块化共享，可节省内存空间等优点。

1. 模块划分

根据任务要求分析，首先把任务划分为相对独立的功能模块，本系统模块划分如图8.2所示，可分为以下几个功能模块。

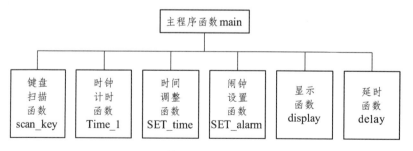

图 8.2　数字时钟程序模块框图

（1）主程序函数 main：完成系统初始化，包括时钟、闹钟初始参数及初始标志的设定；I/O端口、定时/计数器初始状态的设定；中断的开放及中断优先级的设定；循环更新显示时间，并检测是否应该启动闹钟。

（2）键盘扫描函数 scan_key：对 4×3 矩阵键盘进行行列扫描，返回 1 ~ 12 的按键值，供其他函数调用。

（3）时钟计时函数 Timer_1：采用定时器 T1 中断方式进行时钟的计时工作。每 50 μs 产生一次定时器 T1 中断，每 20 次中断则为 1 s 时间到，进行时、分、秒计时值的更新。

（4）时间设置函数 SET_timer：外部中断 0 时有效，进行时间的设置。调用键盘扫描 scan_key 函数，根据按键的不同，进行时、分、秒数值增加与减少的设置，按 12# 键退出设置。

（5）闹钟设置函数 SET_alarm：外部中断 1 时有效，进行闹钟的设置。调用键盘扫描 scan_key 函数，根据按键的不同，进行闹钟时、分、秒数值增加与减少，闹钟开启和关闭功能的设置。按 12# 键退出设置。

（6）显示函数 display：根据调用的实际参数，在 4 位 LED 数码管和 8×8 点阵 LED 显示器上显示数字时钟当前的时、分、秒，或者时间调整、闹钟设置时的时、分、秒动态值。利用 LED 数码管上没用到的小数点（cp 段发光二极管），将第 2 位数码管的小数点点亮作为分、秒钟的分隔符号，将第 4 位 LED 数码管的小数点作为闹钟开 / 关的指示灯。

（7）延时函数 delay：显示函数动态刷新的时间延时。

2．各模块流程图设计

（1）主函数 main：主函数主要完成各硬件资源的初始化、更新显示时钟、判断启闹及闹铃管理，主函数 main 流程如图 8.3 所示。

（2）键盘扫描函数 scan_key：P2.4 ~ P2.6 逐列加低电平，扫描行信号连接的 P3.4 ~ P3.7 端口情况，通过运算判断出按键的行号，知道列号和行号即可计算出具体的按键值。

（3）时钟计时函数 Timer_1：定时器 T1 工作方式 1，定时时间 50 μs，采用中断方式进行时钟的计时工作。每 50 μs 产生一次定时器 T1 中断，执行中断函数 Timer_1，在中断函数中用全局变量 time 进行计数，time=20 则为定时 1 s 时间到，进行时、分、秒数值的更新。

（4）时间设置函数 SET_timer：当按下外部中断 0 "INT0" 按钮时，执行外部中断 0 函数 SET_timer，进行时间的设置调整。调用键盘扫描 scan_key 函数读取按键的键值，根据具体的键值进行时钟时、分、秒数值的更改，如果为 12# 按键，则退出时间设置。

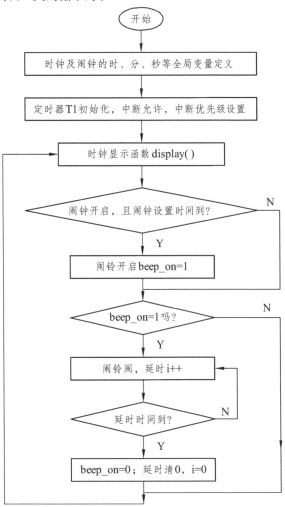

图 8.3　主函数 main 流程

在时间设置的过程中，用当前设置的时间值作为实参调用显示函数display动态显示设置的值。

为了避免一直按住某个键导致设置值急速加减，程序要进行两次按键扫描值的比较，屏蔽持续按键的操作，因为在键盘扫描scan_key程序中，已经设置无按键则返回值为0，所以使用了语句"if（temp!=0&&temp!=temp2）"来进行持续按键的屏蔽操作。但系统必须支持连续按键（按下松开某键，再次按下松开该键的情况）的行为，所以使用了语句"if（temp==0）temp2=temp；"来排除持续按键的误屏蔽操作。

为了时间设置准确，在进行时间设置的时候系统要停止计时，所以利用自然优先级与优先级寄存器相结合的方法，设置外部中断0为本系统的最高优先级（语句"PT1=1；PX0=1；"将定时器T1和外部中断0都设置为高优先级，但因外部中断0自然优先级高于定时器T1，所以最后的优先级仍然是外部中断0最高）。时间设置函数SET_timer流程如图8.4所示。

（5）闹钟设置函数SET_alarm：当按下外部中断1"INT1"按钮时，执行外部中断1函数SET_alarm进行闹钟的设置。闹钟设置函数SET_alarm比时间设置函数SET_time多了用于闹钟开、关设置的7#键、10#键2个键值的处理，其他与时间设置函数相同。

因为定时器T1已经设置为中断高优先级，其中断优先级高于外部中断1，所以在闹钟设置的过程中，计时不会停止。

为了指示闹钟开关的状态，当闹钟设置为开时，第4位LED数码管的小数点要点亮，所以SET_alarm函数利用了语句"case 7：alarm=0x80；break；"，当检测到7#键按下（闹钟开）时，将变量alarm赋值为0x80，在显示函数display中，利用按位或操作符"|"，对字形码与变量"alarm"进行按位或操作，达到将第4位LED数码管的小数点位亮灭由变量"alarm"控制的目的。闹钟设置函数SET_alarm流程类似于图8.4。

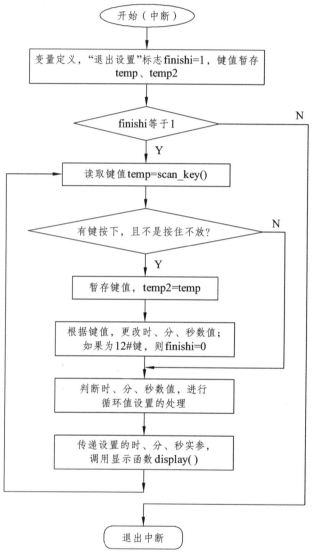

图8.4　时间设置函数 SET_timer 流程图

（6）显示函数display：在主函数main、时间设置中断函数SET_timer、闹钟设置中断函数SET_alarm中，都需要调用显示函数display来显示相关的信息，所以将显示函数设置为带参数的函数，参数为实际需要显示的值。

因为单片机端口资源紧张，为了不影响键盘扫描等其他功能，函数采用"P20=0，P21=1，P22=1，P23=1"类似语句进行单个端口的操作，以免影响其他端口而不采用简单的移位操作方法。

为了保证显示的亮度，将 8×8 点阵 LED 显示器 8 行的动态刷新，与 4 位 LED 数码管 4 个位的动态刷新结合起来同时进行，每刷新 2 行 8×8 点阵，再刷新 1 位 LED 数码管。

因数字 0 ~ 9 字符编码时小数点位设置为常灭，为了达到第 2 位和第 4 位 LED 数码管的小数点位（第 8 段 cp 段）点亮的目的，所以在显示第 2、4 位时，采用按位或"|0x80"操作将小数点位点亮。

根据调用的实际参数，在 4 位 LED 数码管和 8×8 点阵 LED 显示器上显示数字时钟当前的时、分、秒，或者时间调整、闹钟设置时的时、分、秒动态值。利用 LED 数码管上没用到的小数点（cp 段发光二极管），将第 2 位数码管的小数点点亮作为分、秒钟的分隔符号，将第 4 位 LED 数码管的小数点作为闹钟开 / 关的指示灯。

3．资源分配与程序设计

在完成各模块流程图设计后，最后根据每个细化的流程图逐个编写程序模块，再根据系统主程序的流程图进行各功能模块的调用，生成系统可执行程序。

首先确定系统使用的单片机内部资源（定时 / 中断），分配内存变量。

（1）定时器 T1 用作时钟定时，采用工作方式 1，每隔 50 μs 溢出中断一次。

（2）开放外部中断 0，执行外部中断 0 时，进行时钟的时间设置。

（3）开放外部中断 1，执行外部中断 1 时，进行闹钟的时间及闹钟开、关设置。

（4）变量分配与函数定义如表 8.1 所示。

表 8.1　变量定义

变量 / 函数名	意　义
unsigned int hour，minute，second	全局变量，数字时钟的时、分、秒
unsigned int alarm_hour，alarm_minute，alarm_second	全局变量，闹钟的时、分、秒
unsigned int time	全局变量，定时 50 μs 中断次数
unsigned int alarm	全局变量，闹钟开、关设置
main	主函数，初始设置，时钟显示、闹钟控制
beep_on	main 主函数的变量，闹钟响闹状态
beep	main 主函数的变量，闹钟响闹控制
i	main 主函数的变量，闹铃持续时间控制
scan_key	键盘扫描函数
Timer1	定时器 T1 中断函数，时钟计时，每 50 μs 中断 1 次
SET_timer	时间设置函数，外部中断 0 进行时钟的时间设置
SET_alarm	闹钟设置函数，外部中断 1 时进行闹钟的设置
scan_key	键盘扫描函数，返回 4×3 矩阵键盘的按键值，无按键时返回键值 0
display	显示函数，用于主函数、时间设置函数、闹钟设置函数中调用显示，函数 3 个实参为显示的具体数值
delay	延时函数，用于显示函数中动态刷新的延时

数字时钟系统源程序 example8-1.c 如下：

```
//******************************* 数字时钟系统 *******************************
// 程序：example8-1.c
// 功能：（带时间调整功能的）数字时钟系统设计
/*1.完整显示时间的时、分、秒（8×8 点阵显示 2 位数的时钟，4 位 LED 数码管前 2 位显示分钟，后
2 位显示秒钟）。*/
/*2.带时间调整功能。利用单片机实训电路板上 4×3 键盘的 1# ~ 6#、12# 按键进行时间调整：
按外部中断 0 按钮，进入时间调整：1# 与 4# 时钟加减，2# 与 5# 分钟加减，3# 与 6# 秒钟加减，
按 12# 键，退出时间调整。时间调整过程中，计时停止。*/
/*3.带闹钟设置功能。
按外部中断 1 按钮，设置闹钟时间：1# 与 4# 时钟加减，2# 与 5# 分钟加减，3# 与 6# 秒钟加减，
按 7# 开闹钟，10# 关闹钟；按 12# 键，退出闹钟设置。
闹钟设置过程中，计时不能停止。*/
/*4.交互界面完好。时间调整和闹钟设置过程中，动态显示变化的当前值；
闹钟开、关的状态由 4 位 LED 数码管最后一位（秒）的点号指示 */
//******************************* 编译预处理 *******************************
#include <STC89.H>
#define uint unsigned int                 // 为了书写方便，用符号 uint 来定义无符号整形变量
void delay（uint i）;                       // 动态显示时延时
void display（uint s_hour, uint s_minute, uint s_second）; // 显示函数声明
unsigned char scan_key（void）;             // 键盘扫描函数声明
//******************************* 全局变量设置 *******************************
uint hour=0, minute=0, second=0;          // 定义全局变量分，时钟的时、分、秒；
uint time=0;                              // 定义全局变量 time：50ms 计次；
uint alarm_hour=0, alarm_minute=0, alarm_second=0; // 定义闹钟设置的时、分、秒；
uint alarm=0;                             // 定义闹钟的开 / 关；
//******************************* 主函数 *******************************
// 函数：main()
// 功能：主函数
void main()
{ uint i;
 //unsigned char beep;
 bit beep, beep_on;
  TMOD=0x10;                              // 定时器 T1 采用工作方式 1
  TH1=0x3c;                               //（65536-50000）/256；设置定时初始值，50 ms
  TL1=0xb0;                               //（65536-50000）%256；
  TR1=1;                                  // 启动定时器 T1
  EA=1;                                   // 开中断总允许
```

```
    ET1=1;                              // 开定时器 T1 中断允许
    EX0=1;                              // 开外部中断 0 允许
    EX1=1;                              // 开外部中断 1 允许
    IT0=1;                              // 外部中断 0 下降沿触发
    IT1=1;                              // 外部中断 1 下降沿触发
/* 设置中断优先级由高到低依次为: 外部中断 0 → 定时器 T1 中断 → 外部中断 1 → 定时器 T0 中断
→ 串行口中断 */
    PT1=1;                  // 设置定时器 T1 为高优先级, 避免在设置闹钟时间时, 系统计时停止
    PX0=1;                  // 设置外部中断 0 为高优先级, 使外部中断 0 设置时间的过程中, 系统计时停止
    while (1)
     {
       display (hour, minute, second);                              // 显示时、分、秒
       if (alarm==1&&alarm_hour==hour&&alarm_minute==minute&&alarm_second==second)
                                                                   // 闹钟开启了, 且时间到
         beep_on=1;                                                 // 闹铃开启状态
       if (beep_on==1)
         { P30=beep; beep=!beep;                                   // 闹铃响
          i + + ;                                                   // 闹铃计时变量 i + +
          if (i==0x1ff) { beep_on=0; i=0; }                        // 闹铃计时时间到, 停止闹铃
         }
     }
}
//************************ (时钟计时) 定时器 T1 中断函数 ************************
// 函数: Timer_1()
// 功能: 每 50ms, 定时器 T1 产生中断信号, 执行本函数
// 形式参数: 无
// 返回值: 无
void Timer_1()interrupt 3                                  // 定时器 T1 中断程序
{ time + + ;                                               // 变量 time 每 50 ms 加 1;
 if (time==20)        {second + + ; time=0; }             //20 个 50 ms 为 1 s, 秒数加 1;
 if (second==60) {minute + + ; second=0; }                //60 个 1 s 为 1 min, 分钟数加 1;
 if (minute==60) {hour + + ; minute=0; }
 TF1=0;
 TH1=0x3c;                                                 // 重装初始值, 50 ms
 TL1=0xb0;
}
//************************ (时间设置) 外部中断 0 函数 ************************
// 函数: SET_timer()
```

```
// 功能：按下外部中断 0 时（INT0 按键），进行时间的设置，按 12# 键退出设置
// 操作方法：1# 与 4# 时钟加减，2# 与 5# 分钟加减，3# 与 6# 秒钟加减，12# 键退出时钟设置。
// 形式参数：无
// 返回值：无
void SET_timer()interrupt 0                    // 外部中断 0，设置时间
{ unsigned temp, temp2=0, finish=1;
 while（finish）
 {
 temp=scan_key();                              // 读取按键值。无键按下或按键弹起时，键值为 0
 if（temp==0）temp2=temp;                       // 按键弹起时，复位 temp2（否则连续按键不支持）
 if（temp!=0&&temp!=temp2）                      // 有键按下，且不是持续按住键不放
  {temp2=temp;                                 // 暂存按键值，用于筛选持续按键
 switch（temp）
    {        case 1：hour + +；break；          //1# 键，时钟加 1
             case 4：hour--；break；            //4# 键，时钟减 1
             case 2：minute + +；break；        //2# 键，分钟加 1
             case 5：minute--；break；          //5# 键，分钟减 1
             case 3：second + +；break；        //3# 键，秒钟加 1
             case 6：second--；break；          //6# 键，秒钟减 1
             case 12：finish=0；break；         //12# 键，退出设置
             default：break；
    }
    }
if（second==-1）second=60；if（second==61）second=0；
if（minute==-1）minute=60；if（minute==61）minute=0；
if（hour==-1）hour=23；if（hour==24）hour=0；
 display（hour, minute, second）；              // 实时显示设置的时间
 }
}
```

//*************************（闹钟设置）外部中断 1 函数 *************************

```
// 函数：SET_alarm()
// 功能：按下外部中断 1 时（INT1 按键），进行闹钟设置。
// 操作：1# 与 4# 时钟加减，2# 与 5# 分钟加减，3# 与 6# 秒钟加减，7# 开闹钟，10# 关闹钟；12# 键，
// 退出闹钟设置。
// 形式参数：无
// 返回值：无
void SET_alarm()interrupt 2                    // 外部中断 1，设置时间
{ unsigned char temp, temp2=0, finish=1;
```

```
while（finish）
{
temp=scan_key();                          // 读取按键值。无键按下或按键弹起时，键值为 0
if（temp==0）temp2=temp;                    // 按键弹起时，复位 temp2（否则连续按键不支持）
if（temp!=0&&temp!=temp2）                  // 有键按下，且不是持续按键不放
 {temp2=temp;                              // 暂存按键值，用于筛选持续按键
switch（temp）
    {        case 1：alarm_hour + + ; break;        //1# 键，时钟加 1
             case 4：alarm_hour--; break;           //4# 键，时钟减 1
             case 2：alarm_minute + + ; break;      //2# 键，分钟加 1
             case 5：alarm_minute--; break;         //5# 键，分钟减 1
             case 3：alarm_second + + ; break;      //3# 键，秒钟加 1
             case 6：alarm_second--; break;         //6# 键，秒钟减 1
             case 7：alarm=0x80; break;             //7# 键，闹钟开 . 赋值 0x80 是为了显示程
                                                    // 序 display() 的按位或操作
             case 10：alarm=0; break;               //10# 键，闹钟关
             case 12：finish=0; break;              //12# 键，退出设置
             default：break;
    }
 }
if（alarm_second==-1）alarm_second=60; if（alarm_second==61）alarm_second=0;
if（alarm_minute==-1）alarm_minute=60; if（alarm_minute==61）alarm_minute=0;
if（alarm_hour==-1）alarm_hour=23; if（alarm_hour==24）alarm_hour=0;
 display（alarm_hour, alarm_minute, alarm_second）;    // 实时显示闹钟设置的时间
 }
}
//*********************************** 显示函数 ***********************************
// 函数：display()
// 功能：显示函数，8×8 点阵显示 2 位数的"时"，4 位 LED 前 2 位显示"分"，后 2 位显示"秒"
// 形式参数：3 个无符号整数，s_hour、s_minute, s_second
// 返回值：无
void display（uint s_hour, uint s_minute, uint s_second）                // 显示函数
{uint i;
unsigned char seg7[]={0x3f, 0x06, 0x5b, 0x4f, 0x66, 0x6d, 0x7d, 0x07, 0x7f, 0x6f}; //0 ~ 9 字形码
                                // 在 8×8LED 点阵上显示 2 位数字的字形码
unsigned char code led[24][8]={{0x00, 0xee, 0xaa, 0xaa, 0xaa, 0xee, 0x00, 0x00},        //00
                      {0x00, 0x4e, 0x6a, 0x4a, 0x4a, 0xee, 0x00, 0x00},        //01
                      {0x00, 0xee, 0x8a, 0xea, 0x2a, 0xee, 0x00, 0x00},        //02
```

```
                {0x00, 0xee, 0x8a, 0xea, 0x8a, 0xee, 0x00, 0x00},       //03
                {0x00, 0xae, 0xaa, 0xea, 0x8a, 0x8e, 0x00, 0x00},       //04
                {0x00, 0xee, 0x2a, 0xea, 0x8a, 0xee, 0x00, 0x00},       //05
                {0x00, 0xee, 0x2a, 0xea, 0xaa, 0xee, 0x00, 0x00},       //06
                {0x00, 0xee, 0x8a, 0x8a, 0x8a, 0x8e, 0x00, 0x00},       //07
                {0x00, 0xee, 0xaa, 0xea, 0xaa, 0xee, 0x00, 0x00},       //08
                {0x00, 0xee, 0xaa, 0xea, 0x8a, 0xee, 0x00, 0x00},       //09
                {0x00, 0xe4, 0xa6, 0xa4, 0xa4, 0xee, 0x00, 0x00},       //10
                {0x00, 0x44, 0x66, 0x44, 0x44, 0xee, 0x00, 0x00},       //11
                {0x00, 0xe4, 0x86, 0xe4, 0x24, 0xee, 0x00, 0x00},       //12
                {0x00, 0xe4, 0x86, 0xe4, 0x84, 0xee, 0x00, 0x00},       //13
                {0x00, 0xa4, 0xa6, 0xe4, 0x84, 0x8e, 0x00, 0x00},       //14
                {0x00, 0xe4, 0x26, 0xe4, 0x84, 0xee, 0x00, 0x00},       //15
                {0x00, 0xe4, 0x26, 0xe4, 0xa4, 0xee, 0x00, 0x00},       //16
                {0x00, 0xe4, 0x86, 0x84, 0x84, 0x8e, 0x00, 0x00},       //17
                {0x00, 0xe4, 0xa6, 0xe4, 0xa4, 0xee, 0x00, 0x00},       //18
                {0x00, 0xe4, 0xa6, 0xe4, 0x84, 0xee, 0x00, 0x00},       //19
                {0x00, 0xee, 0xa8, 0xae, 0xa2, 0xee, 0x00, 0x00},       //20
                {0x00, 0x4e, 0x68, 0x4e, 0x42, 0xee, 0x00, 0x00},       //21
                {0x00, 0xee, 0x88, 0xee, 0x22, 0xee, 0x00, 0x00},       //22
                {0x00, 0xee, 0x88, 0xee, 0x82, 0xee, 0x00, 0x00}};      //23

    for（i=0；i<8；i++）
        {
//下面程序段，4位 LED 显示"分"、"秒"
    if（i==0）{P20=0, P21=1, P22=1, P23=1, P1= ~ seg7[s_minute/10]; }       // 显示第 1 个数字；
    if（i==2）{P20=1, P21=0, P22=1, P23=1, P1= ~（seg7[s_minute%10]|0x80）; }
                                                // 显示第 2 个数字，带小数点；
    if（i==4）{P20=1, P21=1, P22=0, P23=1, P1= ~ seg7[s_second/10]; }       // 显示第 3 个数字；
    if（i==6）{P20=1, P21=1, P22=1, P23=0, P1= ~（seg7[s_second%10]|alarm）; }
                                                // 显示第 4 个数字，闹钟开则带小数点
                                                // 下面程序段，8×8LED 点阵显示"时"
            P27=1;                              // 打开锁存器，用 P0 口向点阵输入行选择信号
        P0=0x01<<i;
            P27=0;                              // 行数据送 P1 口
        P0= ~ led[s_hour][i];                   // 用 P0 口向点阵输入每列信息
            delay（5）;                         // 每显示 1 位，延时
        }
    }
```

```
//********************************* 键盘扫描函数 *********************************
// 函数：scan_key()
// 功能：4×3 按键扫描函数，键值为 1# ~ 12#
// 形式参数：无
// 返回值：unsigned char 按键的键值
unsigned char scan_key（void）                //4 行 3 列的键盘扫描程序，P2.4 ~ P2.6 逐列加低电平
                                              // 逐行扫描 P3.4 ~ P3.7，低电平表示该行有按键输入
{ unsigned i, temp, m, n;
 bit find=0;
 for（i=0; i<3; i + +）
  {
   if（i==0）{P24=0; P25=1; P26=1; }          // 第 1 列 P2.4 加低电平
   if（i==1）{P24=1; P25=0; P26=1; }          // 第 2 列 P2.5 加低电平
   if（i==2）{P24=1; P25=1; P26=0; }          // 第 3 列 P2.6 加低电平
   temp= ~ P3;                                // 读取行值，并取反（有按键按下，则对应端口为 1）
   temp=temp&0xf0;                            // 屏蔽掉行值低 4 位
   while（temp!=0x00）                         //（对应列）如果有键按下
   { m=i;                                     // 保存列号 m
     find=1;                                  // 有键按下标志
     switch（temp）                            // 判断行值
      { case 0x10: n=0; break;                // 第 1 行按下，n=0;
        case 0x20: n=1; break;                // 第 2 行按下，n=1;
        case 0x40: n=2; break;                // 第 3 行按下，n=2;
        case 0x80: n=3; break;                // 第 4 行按下，n=3;
        default: break;
      } break;
    }
  }
 if（find==0）return 0;                        // 如果没有键被按下，返回键值 0
  else return（n*3 + m + 1）;                  // 如果有键被按下，返回 1 ~ 12 的键值
}


//********************************* 延时函数 *********************************
// 函数：delay()
// 功能：延时函数
void delay（uint i）                          // 延时函数，无符号字符型变量 i 为形式参数
{uint j, k;                                   // 定义无符号字符型变量 j 和 k
   for（k=0; k<i; k + +）
   for（j=0; j<50; j + +）;
}
```

【任务小结】

（1）通过完成数字时钟的设计与制作调试，掌握单片机应用系统的设计过程。单片机应用系统开发的一般工作流程包括：项目任务的需求分析（确定任务），制定系统软、硬件方案（总体设计），系统硬件设计与制作，系统软件模块划分与设计，系统软／硬件联调，程序固化，脱机运行等。

（2）学习自顶向下的模块化程序设计方法，构建出程序设计的整体框架，包括主程序流程和子模块流程的设计，各功能模块之间的调用关系。在细化流程图的基础上，合理分配系统变量资源，即可轻松编写程序代码。

（3）在调试程序前，一定要预先将源程序分析透彻，这有助于在系统调试过程中，通过现象分析判断产生故障的原因及故障可能存在的大致范围，快速有效地排查和缩小故障范围。

【系统调试与脱机运行】

系统调试包括硬件调试和软件调试两部分，硬件调试一般需要利用调试软件来进行，软件调试也需要通过对硬件的测试和控制来进行，因此，软／硬件调试是不可能绝对分开的。

1. 硬件调试

硬件调试的主要任务是排除硬件故障，其中包括设计错误和工艺性故障。

（1）脱机检查：使用万用表，按照电路原理图，检查印制电路板中所有器件的引脚，尤其是电源的连接是否正确，排除短路故障；检查数据总线、地址总线和控制总线是否有短路等故障，连接顺序是否正确；检查各开关按键是否能正常开关，连接是否正确；检查各限流电是否短路等。为了保护芯片，应先对各 IC 插座（尤其是电源端）电位进行检查，确定无误后再插入芯片调试。

（2）联机调试：连接编程计算机进行调试，检验键盘、显示接口电路是否满足设计要求，可以通过一些简单的测试程序来查看接口电路工作是否正常。

2. 软件测试

软件测试的任务是利用开发工具进行在线仿真调试，发现和纠正程序错误。一般采用先分别测试程序模块，再进行模块连调的方法。

3. 脱机运行

软、硬件调试成功后，可以将程序下载到单片机芯片 STC89C52RC 的 Flash 存储器中，接上电源脱机运行。

小经验：

软、硬件调试成功，脱机运行不一定成功，有可能会出现以下故障：

（1）系统不工作。主要原因是晶振不起振（晶振损坏、晶振电路不正常导致晶振信号太弱等）；EA 脚没有接高电平（接地或悬空）。

（2）系统工作时好时坏。这主要是干扰引起的。

主要的抗干扰技术有以下几方面：

（1）充分考虑电源对单片机的影响。电源做得好，整个电路的抗干扰就解决了一大半。许多单片机对电源噪声很灵敏，要给单片机电源加滤波电路或稳压器，以减小电源噪声对单片机的干扰。

（2）如果单片机的 I/O 端口用来控制电机等噪声器件，在 I/O 端口与噪声源之间应加隔离（增加滤波电路）或光电隔离。对于单片机闲置的 I/O 端口，不要悬空，要接地或接电源。其他芯片的闲置端在不改变系统逻辑的情况下接地或接电源。

（3）注意晶振布线。晶振与单片机引脚尽量靠近，用地线把时钟区隔离起来，晶振外壳接地并固定。电源线和地线要尽量粗。除减小压降外，更重要的是降低耦合噪声。尽量减少回路环的面积，以降低感应噪声。

（4）电路板合理分区，如强、弱信号，数字、模拟信号。尽可能把干扰源（如电机、继电器）与敏感元器件（如单片机）远离。单片机和大功率器件的地线要单独接地，以减小相互干扰。大功率器件尽可能放在电路板边缘。用地线把数字区与模拟区隔离。数字地与模拟地要分离，最后在一点接于电源地。A/D、D/A 芯片布线也以此为原则。

任务 8-2　简易数字电压表设计

因其他任务采用的 STC89C52RC 芯片不自带模拟量输入功能，<u>本任务实施时，需要将本教材配套使用的单片机实训电路板上的单片机芯片型号换成 STC12C5A60S2</u>。同时，完成本任务，还需要在单片机实训电路板上，接入一个电位器。

本任务单片机控制程序设计等软件方面知识比较简单，难点主要是硬件方面知识，需要了解一种 51 系列增强型单片机的使用，同时学习 A/D 转换技术及使用。通过本任务，对学生以后在单片机应用系统开发上学习新知识、应用新产品起到一个引入作用。

【任务目的与要求】

（1）任务目的：通过设计实现单片机简易数字电压表的功能，学习 A/D 转换技术在单片机系统中的应用，熟悉模拟信号采集与输出、数据显示的综合程序设计与调试方法。

认识增强型 51 单片机，采用 STC12C5A60S2 单片机内部 A/D 转换器采集 0 ~ 5 V 连续可变的模拟电压信号，转变为 8 位二进制数字信号（0x00 ~ 0xFF）后，送单片机处理，并在四位数码管上显示出 0.000 ~ 5.000 V。0 ~ 5 V 的模拟电压信号可以通过调节电位器来获得。

通过数字的设计与制作，锻炼学习独立设计、制作和调试应用系统的能力，深入领会单片机应用系统的硬件设计模块化的程序设计及软件调试方法等，并进一步掌握单片机应用系统的开发过程。

（2）任务要求：

设计并制作出具有如下功能的简易数字电压表：

① 硬件结构简单，外接电位器后，利用单片机实训电路板既有电路能实现所有控制功能。

② 具备 0 ~ 5 V 直流电压测量功能。

③ 电压显示。在 4 位 LED 数码管上实时显示测量的电压，既显示值在 0000 ~ 5000 V（因为电压值为 0 ~ 5 V，所示可以省略小数点的显示）。

④ 精度保证。保证电压测量的精度，测量误差在 0.001 V 以内。

【系统方案确定】

1. 系统方案确定

电压值的测量，属于模拟量信号的输入检测。将外部的模拟量信号读入单片机内部，通常可以依靠模 / 数（A/D）转换芯片来实现，将模拟量信号接入专门的模 / 数转换芯片（如常用的 A/D0809），通过单片机的控制，直接将模拟量信号转换为 8 位的数字量信号传送给单片机。

采用模数转换芯片需要外接单独的芯片，其转换的精度高，一般用在要求比较高的场合。本任务只需要进行简易的电压测量，精度要求不高，同时为了与单片机实训电路板兼容（直接利用单片机实训电路板，更换单片机芯片即可，而不需要改变控制电路），故此处采用另外一种方案，利用自带有模 / 数转换功能的单片机，进行 1 路电压模拟量的测量。

2. 单片机选型

本任务选用具有内部 A/D 转换器（A/D Converter，简称 ADC）的 STC12C5A60S2 单片机来进行简易数字电压表控制系统的制作。外部的模拟电压信号输入到 STC12C5A60S2 单片机的（P1.0 ~ P1.7）模拟通道中，转变成数字信号后，进行数值分析处理计算出电压值，最后用 4 个数码管显示出来。

3. 电路原理图设计

因为单片机实训电路板的原有电路中，P1 的 8 个引脚已经连接了 4 位 LED 数码管的字形码信号，考虑到小数点可以省略不显示，故将原来控制小数点位的 P1.7 作为 STC12C5A60S2 单片机的模拟量输入端口，LED 数码管的小数点位舍弃不用。电路原理如图 8.5 所示。

说明：图 8.5 仅展示了与本任务相关的部分电路。在实际的单片机实训电路板上，和 P1.0 ~ P1.6 端口一样，P1.7 是已经连接在 LED 数码管反向驱动三极管上的。虽然在这个电路中，将 P1.7 端口连接作为了电位器的电压输入信号，但在实际运行中，P1.7 的电压输入信号会影响"小数点"位的亮灭，但其亮灭的结果不需要考虑，在这里可以看成干扰信号。

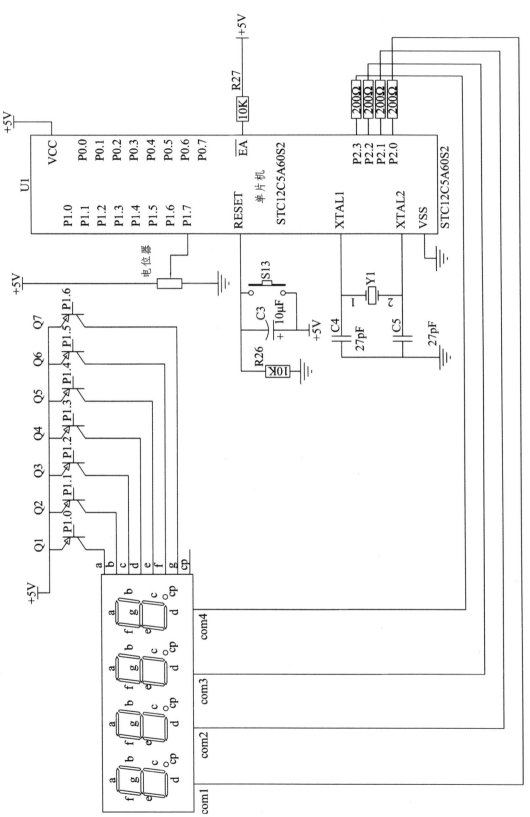

图 8.5　简易数字电压表设计电路原理图

【A/D 与 D/A 的转换技术】

在单片机应用系统中，经常需要把单片机中的数字信号转变为连续变化的物理量，即模拟量，如电压、电流、压力等，送到外部去控制某些外设；反之，需要把外部连续变化的模拟信号送入单片机中进行处理。完成这种由数字量到模拟量或模拟量到数字量转换的器件分别称为数模（Digital to Analog，D/A）转换器和模数（Analog to Digital，A/D）转换器，它们是单片机（数字世界）同外部世界的模拟信号（模拟世界）交换数据时不可缺少的器件。

1. 模拟信号与数字信号

模拟信号（Analog signal）是一种连续的信号。模拟信号分布于自然界的各个角落，如每天的温度变化、湿度变化、光线变化等，人类直接感受的就是模拟信号。而数字信号（Digital signal）是人为抽象出来的在时间上不连续的信号，并用0和1的有限组合来表示大自然的各种物理量。

模拟信号主要是指振幅和相位都连续变化的电信号，在时间上是连续的，也就是说任何时刻都有一个对应的值，模拟信号可以用类比电路进行放大、相加、相乘等各种运算。而数字信号是离散时间信号的数字化表示，一般是经过一定时间间隔采集或者扫描获得的某一时刻的对应值，不管采集的间隔多小，其在时间上始终是"断断续续"，不是连续的。

因为模拟信号不易存储、处理与传输，且容易产生失真。而数字信号容易存储与处理，并且效率高，在传输上不易产生失真，所以数字信号成为目前信号处理的主要方法。

通常，在控制系统中，外部世界的信号由传感器转换成模拟信号，再通过 A/D 转换器转换为数字信号，由单片机系统根据要求对数字信号进行相应的处理。处理完成后，单片机输出的数字信号再经过 D/A 转换器将它转换为模拟信号，以驱动控制单元（如电热器、电磁阀、电机等），由此形成一个模拟量 A→ 数字量 D→ 模拟量 A 的闭环控制过程。典型的单片机控制系统示意图如图 8.6 所示。

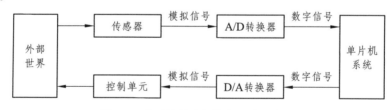

图 8.6　典型的单片机控制系统示意图

2. 单片机内部 ADC（以宏晶 STC12C5A60S2 为例）介绍

以前，单片机的 A/D 转换或者 D/A 转换都需要外部连接专门的转换芯片，如常用的模数转换芯片 AD0809、数模转换芯片 DA0832，使用这些特殊的芯片进行数模（模数）转换，虽然转换性能方面具备优势，但需要连接相应的电路，占用单片机的硬件资源，系统稳定性比较难控制。

随着电子技术的发展，目前许多 51 单片机产品内部自带有 ADC，如 Atmel 公司生产的

AT89C5115、AT89C51AC3 等。我国宏晶公司生产的许多单片机也具有 ADC 模块，如本任务采用的宏晶 STC12C5A60S2 单片机。

STC12C5A60S2 是 STC 生产的单时钟 / 机器周期（1T）的单片机，是高速、低功耗、超强抗干扰的新一代 8051 单片机，指令代码完全兼容传统 8051，但速度快 8 ~ 12 倍。内部集成 MAX810 专用复位电路，2 路 PWM，8 路高速 10 位 A/D 转换，针对电机控制，强干扰场合。

宏晶 STC12C5A60S2 单片机 ADC 功能介绍：宏晶 STC12C5A60S2 单片机除了 P2 端口为多功能端口之外，其 P1 端口也为多功能端口，P 1 口即可以作为通用 I/O 口使用，也可以作为模拟量信号输入端口使用。电路连接、编程控制等其他功能及使用方法与普通单片机完全一致。这里，具体介绍模拟量转换 ADC 相关部分。

1）STC12C5A60S2 的内部 ADC 结构

具有增强型 8051 内核的宏晶单片机 STC12C5A60S2 内部有 8 路 10 位高速 ADC，采用逐次比较型 A/D 转换，转换速率可达到 250 kHz，精度可达 10 位。8 路电压输入型模拟信号输入接口与单片机的同用 I/O 端口 P1 口复用，通过 ADC 控制寄存器设置 P1 端口的功能，可以将 8 路中的任何一路设置为 A/D 转换，不需要作为模拟信号输入端口使用的其他 P1 端口引脚仍可继续作为 I/O 端口使用。ADC 结构如图 8.7 所示。

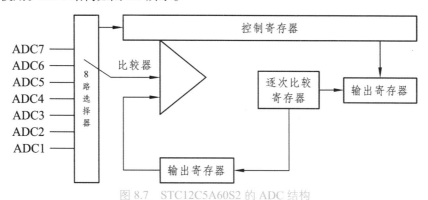

图 8.7　STC12C5A60S2 的 ADC 结构

STC12C5A60S2 单片机的内部 ADC 结构由 8 路选择器、比较器、逐次比较寄存器、输出寄存器和控制寄存器组成。

2）ADC 相关寄存器

STC12C5A60S2 单片机内部 A/D 转换相关的寄存器有 P1ASF、ADC_CONTR、ADC_RES/ADC_RESL/AUXR1、IP、IE 等。

A/D 转换结束后，转换结果保存到 ADC 转换结果寄存器 ADC_RES 和 ADC_RESL 中，同时，将 ADC 控制寄存器 ADC_CONTR 中的 A/D 转换结束标志 ADC_FLAG 置位，以供程序查询或发出中断申请。模拟通道的选择由 ADC 控制寄存器 ADC_CONTR 的 CHS2 ~ CHSO 确定。ADC 的转换速度由 ADC 控制寄存器的 SPEED1 和 SPEED0 确定。在使用 ADC 之前，应先给 ADC 上电，即置位 ADC 控制寄存器的 ADC_POWER 位。

（1）P1 口模拟功能控制寄存器 ——P1ASF。

STC12C5A60S2 系列单片机 P1 口的功能选择，可通过设置专用寄存器 P1ASF 来实现。当

P1ASF 中的相应 I/O 口位置 1 时，该位被设置为 A/D 模拟输入通道；当 P1ASF 中的相应 I/O 口位置为 0 时，该位作为通用 I/O 端口使用。P1ASF 格式如下：

寄存器	地址	D7	D6	D5	D4	D3	D2	D1	D0
P1ASF	0X9D	017ASF	P16ASF	P15ASF	P14ASF	P13ASF	P12ASF	P11ASF	P1ASF

注意：该寄存器为只写寄存器，不能进行读操作，且不能够进行位操作。

例如：

```
srf P1_ASF=0x9D;            //A/D 转换模拟功能控制寄存器
P1_ASF=0xFF;               // 设置 P1 端口 8 位均为 A/D 模拟输入通道
```

（2）模数转换控制寄存器——ADC_CONTR。

ADC 模块上电、转换速度、模拟输入通道的选择、启动模数转换及转换状态等，均可通过模数转换控制寄存器 ADC_CONTR 进行配置及查看。该寄存器也不能够进行位操作。ADC_CONTR 寄存器的格式如下：

寄存器	地址	D7	D6	D5	D4	D3	D2	D1	D0
ADC_CONTR	0xBC	ADC_POWER	SPEED1	SPEED0	ADC_FLAG	ADC_START	CHS2	CHS1	CHS0

其中各位的含义如下：

（1）ADC_POWER：ADC 电源控制位。当 ADC_POWER 置 1 时，打开 ADC 电源；为 0 时，关闭 ADC 电源。当 A/D 转换进入空闲模式时，应关闭 ADC 电源降低功耗。初次打开 ADC 电源应适当延时，以稳定电源，保证模数转换精度。

（2）SPEED1 和 SPEED0：模数转换速度控制位，具体功能设置如表 8.2 所示。

表 8-2　模拟转换速度控制

SPEED1	SPEED2	A/D 转换所需时间
1	1	90 个时钟周期转换一次
1	0	180 个时钟周期转换一次
0	1	360 个时钟周期转换一次
0	0	540 个时钟周期转换一次

（3）ADC_FLAG：模数转换完成标志位。当 A/D 转换完成后，该位置 1。无论 ADC 工作于查询方式还是中断方式，ADC_FLAG 只能由软件清零。

（4）ADC_START：模数转换器转换启动控制位。将该位设置为 1 时，启动 A/D 转换；当 A/D 转换完毕时，该位自动清零。

（5）CHS2、CHS1 和 CHS0：模拟输入通道选择控制位，具体功能设置如表 8.3 所示。

表 8.3　通道选择

CHS2	CHS1	CHS0	模拟输入通道选择
0	0	0	选择 P1.0 作为 A/D 输入通道
0	0	1	选择 P1.1 作为 A/D 输入通道
0	1	0	选择 P1.2 作为 A/D 输入通道
0	1	1	选择 P1.3 作为 A/D 输入通道
1	0	0	选择 P1.4 作为 A/D 输入通道
1	0	1	选择 P1.5 作为 A/D 输入通道
1	1	0	选择 P1.6 作为 A/D 输入通道
1	1	1	选择 P1.7 作为 A/D 输入通道

（3）ADC 转换结果寄存器——ADC_RES 和 ADC_RESL。

专用寄存器 ADC_RES（地址 0xBD）和 ADC_RES（地址 0xBD）寄存器用于保存 A/D 转换的结果。

（4）辅助寄存器 1——AUXR1。

AUXR1 寄存器的格式如下：

寄存器	地址	D7	D6	D5	D4	D3	D2	D1	D0
AUXR1	0xA2	/	PCA_P4	SPI_P4	S2_P4	GF2	ADRJ	/	DPS

其中的 ADRJ 位是 A/D 转换结果寄存器的数据格式调整控制位。

当 ADRJ=0 时，10 位 A/D 转换结果的高 8 位存放在 ADC_RES 中，低 2 位存放在 ADC_RESL 的低 2 位中。当 ADRJ=1 时，10 位 A/D 转换结果的低 8 位存放在 ADC_RESL 中，高 2 位存放在 ADC_RES 的低 2 位中。系统复位时，ADRJ=0。

如果只需要 8 位转换数据，可以在 ADRJ=0 的情况下，读取 ADC_RES 寄存器中的 8 位数据，丢掉 ADC_RESL 中的两位即可。

（5）ADC 中断相关寄存器。

ADC 的中断控制位是中断允许寄存器 IE 的 EA 和 EADC 位，IE 寄存器的格式如下：

寄存器	地址	D7	D6	D5	D4	D3	D2	D1	D0
IE	0xA8	EA	ELVD	EADC	ES	ET1	EX1	ET0	EX0

其中，当 EA=1 时表示 CPU 开放中断，当 EA=0 时表示 CPU 关闭所有中断。EADC 是 A/D 转换中断允许位，当 EADC=1 时允许 A/D 转换中断，当 EADC=0 时禁止 A/D 转换中断。中断控制寄存器可以位操作。

可以得知，STC12C5A60S2 单片机的中断控制寄存器与基本型单片机 STC89C52RC 的中断控制器相比较，只是激活了 D6、D5 位的功能。

3）A/D 转换程序设计

A/D 转换结束后，可以采用中断或者查询两种方式读入转换结果。采用查询方式读入转换结果，程序段可以类似如下：

```
unsigned char ADC_STC12C5（unsigned char Ch）
{
    ADC_RES=0;                          //A/D 转换结果寄存器清零
    ADC_CONTR |=Ch;                     // 选择 A/D 当前通道
    delays（1）;                         // 使输入电压达到稳定
    ADC_CONTR |=ADC_START;              // 令 ADC_START=1，启动 A/D 转换
    while（!（ADC_CONTR & ADC_FLAG））;   // 等待 A/D 转换结束
    ADC_CONTR &=（ ~ ADC_FLAG）;         // 转换完成标志 ADC_FLAG 位清 0
    return（ADC_RES）;                   // 返回 A/D 转换结果
}
```

【系统程序设计】

遵循模块化设计的思路，整个程序由主程序 main()、A/D 转换初始化子程序 ADC_init()、A/D 转换子程序 ADC_STC12C5()、数据处理子程序 Data process()、延时子程序 delays()、显示子程序 Seg7_display() 组成。

因为模数转换控制寄存器 ADC_CONTR 不能进行位操作（即位寻址），为了不改变本身的控制参数，所以必须依靠运算符"&""|"等来完成模数转换启动、转换完成标志清零等的执行。

为了各子程序处理的方便，建立全局数组变量 DISP[4] 用于保存 4 个数字电压值的显示。

（1）主函数 main()：

主函数的功能是调用各子函数，完成单片机 STC12C5A60S2 内部的 ADC 进行 A/D 转换并读取转换结果，将结果传给数据处理子程序和显示子程序进行显示。

```
unsigned char voltage;
    ADC_init();                         //STC 单片机初始化
    delays（10）;
    while（1）
    {
        voltage=ADC_STC12C5（7）;        // 测 P1.7 通道电压值
        Data_process（voltage）;         // 数据处理，0 ~ 255 变换成 0 ~ 50 000
        Seg7_display();                  //4 为 LED 数码管数据显示
    }
```

（2）A/D 转换初始化子程序 ADC_init()：

A/D 转换初始化子程序按照电路设计的要求，将 P1.7 设置为 A/D 转换通道，P1 的其他端口

为通用端口，输出 4 位 LED 数码管的 7 段字形码，同时，设定 A/D 转换速度并启动转换。

```
P1_ASF=0x80;                           // 设置 P1.7 位为 A/D 模拟输入通道
ADC_RES=0;                             //A/D 转换结果寄存器清零
ADC_RESL=0;
ADC_CONTR=ADC_POWER|ADC_SPEED;         // 打开模数转换器电源，设定转换速度
delays（1）;                            // 延时使 ADC 电源稳定
```

（3）ADC 转换子程序 ADC_STC12C5A():

ADC_STC12C5A 转换子程序选择设定转换的通道为 P1.7，每次转换清除转换值寄存器，启动转换后，查询等待转换结果并复位转换完成标志位，为下一次转换做准备。最后，通过参数返回转换的结果。因为精度要求不高，转换结果只取高 8 位，低 2 位舍弃。

```
ADC_RES=0;                             //A/D 转换结果寄存器清零
ADC_CONTR|=Ch;                         // 选择 A/D 当前通道
delays（1）;                            // 使输入电压达到稳定
ADC_CONTR|=ADC_START;                  // 令 ADC_START=1，启动 A/D 转换
while（!（ADC_CONTR & ADC_FLAG））;      // 等待 A/D 转换结束
ADC_CONTR &=（ ~ ADC_FLAG）;           // 转换结束标志位 ADC_FLAG 清 0
return（ADC_RES）;                      // 返回 A/D 转换结果，舍弃低 2 位，只读取高 8 位
```

（4）数据处理子程序 Data_process():

0 ~ 5 V 电压值 ADC 转换后对应为 0 ~ 255 的数值，乘以系数 196 后，对应为 0 ~ 50 000（实际为 49 980）的数值。通过"/" "%"操作后获得高 4 位的数字（最后 1 位数字舍弃），并将数字存入全局数组变量 DISP[ ] 中。数值转换为数字的处理程序段如下所示：

```
temp=value*196;                        //0 ~ 255 转换为 0 ~ 50 000
DISP[3]=temp/10000;                    // 得到万位
DISP[2]=（temp/1000）%10;               // 得到千位
DISP[1]=（temp/100）%10;                // 得到百位
DISP[0]=（temp/10）%10;                 // 得到十位，个位不需要，只显示高 4 位
```

（5）显示子程序 Seg7_display():

显示子程序 Seg7_display 将全局数组变量 DISP[ ] 中的 4 个数字在 4 位 LED 数码管上动态显示出来。

```
unsigned char i;
 for（i=0；i<4；i + +）                   // 控制四位数码管显示
 {
  P2= ~（0x01<<i）;                      //4 位 LED 数码管位选信号
  P1= ~ seg7[DISP[i]];                  //LED 数码管字形码;
  delays（3）;
 }
```

简易数字电压表设计的程序流程如图 8.8 所示。

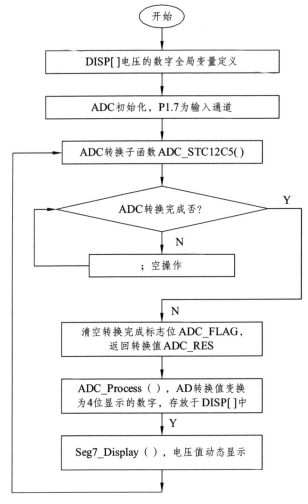

图 8.8　简易数字电压表设计程序流程

简易数字电压表设计的源程序 example8-2.c 如下：

```
// 程序：example8-2.c
// 任务名称：简易数字电压表设计
// 功能：测量 P1.7 端口 0 ~ 5 V 连续可变的模拟电压信号，并在 4 位数码管上显示出 0000 ~ 5000
// 单片机芯片：STC12C5A60S2，8 通道模拟量输入，增强型单片机
// 运行中，小数点位的显示属于干扰信号，不考虑实际意义。
// 例如显示 0203 代表电压为 0.203 V
#include<STC89.H>                          // 包含头文件 STC89.h，定义单片机的专用寄存器
// 声明与 ADC 有关的特殊功能寄存器
sfr P1_ASF   =0x9D;                        //A/D 转换模拟功能控制寄存器
sfr ADC_CONTR =0xBC;                       //A/D 转换控制寄存器
sfr ADC_RES   =0xBD;                       //A/D 转换结果寄存器
```

```
sfr ADC_RESL  =0xBE;                    //A/D 转换结果寄存器，8 位转换没有用到该寄存器
                                        // 定义与 ADC 有关的操作命令
#define ADC_POWER       0x80            //ADC 电源控制
#define ADC_FLAG        0x10            // 模数转换完成标志
#define ADC_START       0x08            // 模数转换器转换启动控制
#define ADC_SPEED       0x60            // 模数转换速度控制
// 函数声明
void delays（unsigned int t）;
void ADC_init();
unsigned char ADC_STC12C5（unsigned char Ch）;
void Data_process（unsigned char value）;
void Seg7_display（void）;
void Seg7_display（void）;
// 定义全局数组变量 DISP[]，存储 4 个显示数码管对应的显示值
unsigned char DISP[4]={0, 0, 0, 0};


/*********************** 主程序 main*********************************************/
void  main()
{
 unsigned  char  voltage;
 ADC_init();                    //STC 单片机初始化
 delays（10）;
 while（1）
  {
   voltage=ADC_STC12C5（7）;     // 测 P1.7 通道电压值
   Data_process（voltage）;      // 数据处理，0 ~ 255 变换成 0 ~ 50 000
   Seg7_display();              //4 为 LED 数码管数据显示
  }
}


/************************ 延时子程序 delays*******************************/
// 函数名；delays
// 函数功能：实现单位时间的延时
// 形式参数：延时毫秒数
// 返回值：无
void delays（unsigned int t）
```

```
{
 unsigned int  i, j;
 for（; t>0; t--）
  {
   for（i=0; i<5; i + +）
    for（j=0; j<100; j + +）;
  }
}
```

/*************************AD 转换初始化子程序 ADC_init*****************************/

// 函数名称：ADC_init

// 函数功能：初始化 ADC 转换

// 形式参数：无

// 返回值：无

```
void ADC_init()
{
 P1_ASF=0x80;                           // 设置 P1.7 位为 A/D 模拟输入通道
 ADC_RES=0;                             //A/D 转换结果寄存器清零
 ADC_RESL=0;
 ADC_CONTR=ADC_POWER|ADC_SPEED;        // 打开模数转换器电源，设定转换速度
 delays（1）;                           // 延时使 ADC 电源稳定
}
```

/*************************ADC 转换子程序 ADC_STC12C5*****************************/

// 函数名：ADC_STC12C5

// 函数功能：取 AD 转换的结果

// 形式参数：第 ch 路通路，实际此处只一个通道 7

// 返回值：A/D 转换结果 0 ~ 255

```
unsigned char ADC_STC12C5（unsigned char Ch）
{
 ADC_RES=0;                             //A/D 转换结果寄存器清零
 ADC_CONTR|=Ch;                         // 选择 A/D 当前通道
 delays（1）;                           // 使输入电压达到稳定
 ADC_CONTR|=ADC_START;                  // 令 ADC_START=1, 启动 A/D 转换
 while（!（ADC_CONTR & ADC_FLAG））;      // 等待 A/D 转换结束。查询方式
 ADC_CONTR &=（ ~ ADC_FLAG）;            // 转换结束标志位 ADC_FLAG 清 0
 return（ADC_RES）;                      // 返回 A/D 转换结果，舍弃低 2 位，只读取高 8 位
}
```

```
/*********************** 数据处理子程序 Data_process ****************************/
// 函数名：Data_process
// 函数功能：把 ADC 转换的 8 位数据 0-255 转换为实际的电压值 0-50000
// 返回值：无，实际电压值分离后存放在全局数组 disp[] 中
void Data_process（unsigned char value）
{
  unsigned int temp;
  temp=value*196;                       //0 ~ 255 转换为 0 ~ 50 000
  DISP[3]=temp/10000;                   // 得到万位
  DISP[2]=（temp/1000）%10;             // 得到千位
  DISP[1]=（temp/100）%10;              // 得到百位
  DISP[0]=（temp/10）%10;               // 得到十位，个位不需要，只显示高 4 位
}
/*********************** 动态显示子程序 Seg7_display ****************************/
// 函数功能：将全局数组变量的值动态显示在 4 个数码管上
// 形式参数：引用全局数组变量 disp
// 返回值：无
void Seg7_display（void）
{ unsigned char seg7[]={0x3f, 0x06, 0x5b, 0x4f, 0x66, 0x6d, 0x7d, 0x07, 0x7f, 0x6f};
                                        //LED 数码管字形码
  unsigned char i;
  for（i=0; i<4; i++）                  // 控制 4 位数码管显示
  {
    P2= ~（0x01<<i）;                   //4 位 LED 数码管位选信号
    P1= ~ seg7[DISP[i]];               //LED 数码管字形码
    delays（3）;
  }
}
```

【系统连接与运行】

将 STC12C5A602S 单片机芯片装到单片机实训电路板上的单片机 IC 插座中，利用单片机实训电路板提供的 "＋5 V" 和 "0 V" 的电源插头（顶部位置的 J7），用杜邦线按照图 8.5 将电位器的输出端接入 P1.7。

编译程序文件 "example8-2.c"，将生成的可执行文件下载到 STC12C5A602S 单片机中运行。

调节电位器，观察到在 4 位 LED 数码管上动态显示变化的电压值。用万用表测量实际的电

压值，与显示的电压值进行对比，判断测量的准确性。

通过改变延时函数 delays() 的延时值，调节 4 位 LED 数码管动态显示的刷新效果。

任务 8-3   带音调指示灯的电子音乐播放器设计

本任务利用单片机实训电路板的蜂鸣器和发光二极管，制作播放一首带音调指示的电子音乐小程序，训练利用 C 语言编制 51 单片机综合程序的能力。本任务对单片机硬件知识涉及不多，但对程序设计要求比较高。

【任务目的与要求】

充分利用单片机实训电路板的硬件资源，设计一首音乐小程序，在单片机实训电路板的蜂鸣器上播放出来。

音乐播放的同时，利用 LED 发光二极管动态显示音调的高低。

要求采用结构化编程，程序的可读性强。

【系统设计思路】

声音的高低叫作音调，频率决定音调。物体振动得快，发出声音的音调就高，振动得慢，发出声音的音调就低。

这里利用单片机的 P3.0 端口输出的高低电平，控制无源蜂鸣器的接通和断开，通过控制 P3.0 通断的频率，达到蜂鸣器产生音调高低（即音乐）的效果。

音调就形成了音乐里的音阶，一首歌曲就是由不同的音阶（哆、唻、咪、发、索、拉、西）按时间顺序进行排列，音阶与频率的对应表如下表 8.4 所示。

表 8.4 音阶与频率对应表

序号	低音	频率 /Hz	中音	频率 /Hz	高音	频率 /Hz
1	1 哆	262	1 哆	523	1 哆	1 046
2	2 唻	294	2 唻	578	2 唻	1 175
3	3 咪	330	3 咪	659	3 咪	1 318
4	4 发	349	4 发	698	4 发	1 397
5	5 索	392	5 索	784	5 索	1 568
6	6 拉	440	6 拉	880	6 拉	1 760
7	7 西	494	7 西	988	7 西	1 978

（1）在程序设计中，先用宏指令定义各音阶，例如，#define Z1 523 表示中音的"哆"，否则，如果程序中全部是代表音阶的频率数字，程序可读性将非常差。

（2）找出对应歌曲文件的乐谱，在数组中定义每个音符。

（3）音乐文件的大小、长度不一，在乐谱数组的末尾，设置文件的结束标志，供程序判断使用。

（4）每个音符的长短不一，根据乐谱，在另一数组中按照乐谱顺序定义音符的长度，即节拍。

（5）播放音乐的同时，进行音调的动态指示。依靠 8 位发光二极管反映音阶的高低，因为 8 位数据只能表示 0 ~ 128 的数字，虽然音阶只需要大约 21 个，但音阶对应的频率值范围大大超过 0 ~ 128，所以根据频率表分析可知，将音阶对应的频率值缩小到 1/16，即可反映出 21 个音阶的高低，在程序中直接将频率值除以 16 即可。例如，使用语句"P2=f[i]/16"。

（6）利用定时器中断的方式，在中断函数中改变控制蜂鸣器的电平信号，从而使蜂鸣器发声。

（7）利用单片机实训电路板的自有电路，能实现整个系统的功能。

【电路原理图设计】

本任务电路为单片机实训电路板整体电路的一部分，任务相关部分电路如图 8.9 所示。

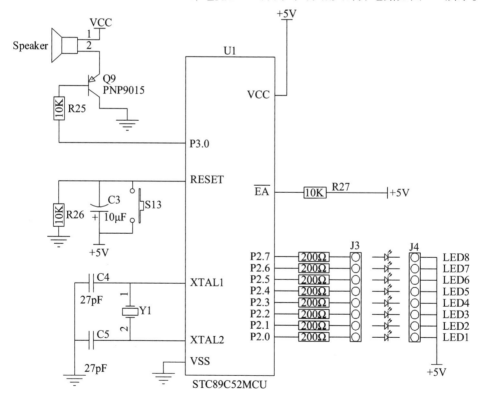

图 8.9　带音调指示灯的电子音乐系统电路原理图

【系统程序设计】

（1）定时器工作方式确定：分析表 8.4 可知，音阶的频率值 f 为 200 ~ 2 000 Hz，周期 $T=1/f$，

即周期 T 为 5 ～ 0.5 ms。蜂鸣器发出每个音调为方波信号，即高、低电平的占空比为 50%，因此，蜂鸣器发出每个音调的延时时间为周期 T 的 1/2，即延时时间为 2.5 ～ 0.25 ms。所以，采用定时器 T0、T1 进行延时，则定时器工作方式只能为方式 0 或者方式 1。此处选择定时器 T0，采用工作方式 0。

（2）定时器初始值 TH0、TL0 计算：工作方式 0 为 13 位的定时器，TH0=$X_{初值}$/32，TL0 = $X_{初值}$%32。单片机实训电路板晶振频率为 12 MHz，其 $T_{机器周期}$ 为 1 μs，则 $X_{初值}$ = 8 192 − $T_{定时时间}$ = 8 192 − 1×10^6/2f = 8 192 − 500 000/f。

带音调指示灯的电子音乐播放器的源程序 example8-3.c 如下：

```
// 程序：example8-3.c
// 功能：带音调指示灯的电子音乐播放器
// 运行：在 P2 口插接 8 个发光二极管，在单片机实训电路板上会播放音乐
// 音乐播放的同时，8 个发光二极管会动态显示音阶的高低。
#include<STC89.H>                        // 包含 51 单片机寄存器定义的头文件
void delay();                            // 延时函数声明
sbit sound=P3^0;                         // 将 sound 位定义为 P3.0，连接蜂鸣器
unsigned int C;                          // 储存定时器的定时常数
// 时间是 1/262=3 826/2 μs    取半周期
// 定义 C 调低音的音阶
#define L1  262                          // 将 "L1" 宏定义为低音 "1" 的频率 262 Hz
#define L2  294                          // 将 "L2" 宏定义为低音 "2" 的频率 286 Hz
#define L3  330                          // 将 "L3" 宏定义为低音 "3" 的频率 311 Hz
#define L4  349                          // 将 "L4" 宏定义为低音 "4" 的频率 349 Hz
#define L5  392                          // 将 "L5" 宏定义为低音 "5" 的频率 392 Hz
#define L6  440                          // 将 "L6" 宏定义为低音 "6" 的频率 440 Hz
#define L7  494                          // 将 "L7" 宏定义为低音 "7" 的频率 494 Hz
// 定义 C 调中音的音阶
#define Z1  523                          // 将 "Z1" 宏定义为中音 "1" 的频率 523 Hz
#define Z2  578                          // 将 "Z2" 宏定义为中音 "2" 的频率 578 Hz
#define Z3    659                        // 将 "Z3" 宏定义为中音 "3" 的频率 659 Hz
#define Z4  698                          // 将 "Z4" 宏定义为中音 "4" 的频率 698 Hz
#define Z5  784                          // 将 "Z5" 宏定义为中音 "5" 的频率 784 Hz
#define Z6  880                          // 将 "Z6" 宏定义为中音 "6" 的频率 880 Hz
#define Z7  988                          // 将 "Z7" 宏定义为中音 "7" 的频率 988 Hz
// 定义 C 调高音的音阶
```

```
#define H1  1046                         // 将"H1"宏定义为高音"1"的频率 1 046 Hz
#define H2  1175                         // 将"H2"宏定义为高音"2"的频率 1 175 Hz
#define H3  1318                         // 将"H3"宏定义为高音"3"的频率 1 318 Hz
#define H4  1397                         // 将"H4"宏定义为高音"4"的频率 1 397 Hz
#define H5  1568                         // 将"H5"宏定义为高音"5"的频率 1 567 Hz
#define H6  1760                         // 将"H6"宏定义为高音"6"的频率 1 760 Hz
#define H7  1978                         // 将"H7"宏定义为高音"7"的频率 1 978 Hz
/*********************************** 主函数 ***********************************/
void main（void）
{
  unsigned char i, j;
  // 以下是简谱，每行对应一小节音符
  unsigned  int code f[]=
    {
    Z6,Z7,/**/H1,Z7,H1,H3,/**/Z7,Z3,Z3,/**/Z6,Z5,Z6,H1,/**/Z5,Z3,Z3,/**/Z4,Z3,Z4,H1,Z3,H1,H1,H1,/**/
    Z7,Z4,Z4,Z7,/**/Z7,Z6,Z7,/**/H1,Z7,H1,H3,/**/Z7,Z3,Z3,/**/Z6,Z5,Z6,H1,Z5,Z3,/**/
    Z4,H1,Z7,Z7,H1,/**/H2,H2,H3,H1,/**/H1,Z7,Z6,Z6,Z7,Z5,/**/Z6,H1,H2,/**/
    H3,H2,H3,H5,H2,Z5,Z5,/**/H1,Z7,H1,H3,/**/H3,/**/Z6,Z7,H1,Z7,H2,H2,/**/H1,Z5,Z5,/**/
    H4,H3,H2,H1,H3,/**/Z3,H3,/**/H6,H5,H5,/**/H3,H2,H1,H1,/**/H2,H1,H2,H2,H5,/**/
    H3,H3,H6,H5,/**/H3,H2,H1,H1,/**/H2,H1,H2,H2,Z7,/**/Z6,Z6,Z7,/**/Z6,
          0xff        // 以 0xff 作为音符的结束标志
    };
  // 以下是简谱中每个音符的节拍。"4"对应 4 个延时单位，"2"对应 2 个延时单位，"1"对应 1 个延时单位
  unsigned char code JP[ ]=
    {
    4,4,/**/12,4,8,8,/**/24,4,4,/**/12,4,8,8,/**/16,4,4,/**/12,4,4,12,
    16,4,4,4,/**/12,4,8,8,/**/16,4,4,/**/12,4,8,8,/**/16,4,4,/**/12,4,8,8,
    24,4,/**/8,4,4,8,8,/**/4,4,4,8,/**/8,4,4,4,8,8,/**/16,4,4,/**/12,4,8,8,
    16,4,4,/**/4,8,8,8,/**/16,/**/4,4,8,8,8,8,/**/12,4,8,/**/8,8,8,8,
    32,/**/16,8,/**/16,8,8,/**/4,4,8,4,4,/**/8,4,4,4,8,/**/16,8,
    16,16,/**/4,4,8,4,/**/8,4,4,4,8,/**/16,4,4,/**/32,
    };
    EA=1;                                // 开总中断
    ET0=1;                               // 定时器 T0 中断允许
```

```
        TMOD=0x00;                              // 使用定时器 T0 的模式 0（13 位计数器）
    sound=0;
    while（1）                                   // 无限循环
    {
            i=0;                                // 从第 1 个音符 f[0] 开始播放
        while（f[i]!=0xff）                      // 只要没有读到结束标志就继续播放
            {
        C=460830/f[i];                          //C=460830/f[i];
                TH0=（8192-C）/32;               //13 位计数器 TH0 高 8 位的赋初值方法
        TL0=（8192-C）%32;                        //13 位计数器 TL0 低 5 位的赋初值方法
        TR0=1;                                   // 启动定时器 T0
                for（j=0；j<JP[i]；j + +）        // 控制节拍数
        delay();                                 // 延时 1 个节拍单位
                P2=f[i]/16;                      //P2 口的发光二极管显示当前的音调高低
                i + +;
            }
        }
}
```

/***************************** 定时器 T0 的中断服务子程序 *****************************/
// 功能：使 P3.0 引脚输出音频的方波

```
void Time0（void）interrupt 1 using 1
 {
    sound=!sound;                                // 将 P3.0 引脚输出电平取反，形成方波
    TH0=（8192-C）/32;                            //13 位计数器 TH0 高 8 位赋初值
    TL0=（8192-C）%32；  /                          /13 位计数器 TL0 低 5 位赋初值
 }
```

/******************************** 延时函数 ********************************/
// 功能：延时

```
void delay（unsigned char k）
 {
  unsigned int i，j;
    for（i=0；i<k；i + +）
    for（j=0；j<10000；j + +）
   ;
 }
```

任务 8-4　基于串行通信技术的密码输入系统设计

本任务将完全相同的一个单片机程序，同时下载到 2 块完全相同的单片机实训电路板中，实现双机通信。当在任一单片机实训电路板上发出密码输入请求后（A 机），能将在另一单片机实训电路板键盘上输入的 4 位数密码（B 机）传送给 A 机，并在双机上实时动态显示密码输入的过程。

本任务涉及单片机的串行通信、定时 / 计数器、中断、数码显示、键盘扫描等硬件知识，是一个应用综合度比较高的单片机应用系统。

【任务目的与要求】

基于单片机实训电路板，设计一个基于串行通信技术的密码输入系统，编制其系统控制程序，要求：

（1）该程序可以在双机通信的 A 机和 B 机上同时运行。

（2）系统具备"正常显示模式"和"密码输入模式"两种运行模式。

（3）"正常显示模式"时，A 机和 B 机单独运行，各自在 4 位 LED 数码管上滚动显示当前日期（如显示"2018-01-02"），在 8×8 点阵 LED 显示器上动态循环显示出学生班级和姓名（如显示"机电 15DY10 号"）。

（4）任意时刻，当 A 机（任一机都可以充当 A 机）按下外部中断 1 按钮，系统进入"密码输入模式"。A 机发出密码输入请求后，A 机和 B 机的 4 位 LED 数码管同时切换为输入显示状态——A、B 机都显示为 4 个"."点号，提示用户输入密码。

（5）"密码输入模式"时，B 机通过 4×3 矩阵键盘输入 4 位数密码并在 A、B 机上动态显示出来，按下回车键（键盘右下角的键）确认密码输入。

（6）密码输入过程中支持"DEL"删除退格、"Enter"回车确认的功能。

（7）密码输入必须为 0 ~ 9 的 4 位数字，如果未输完 4 位数前按"Enter"回车确认键为无效输入，系统不进行任何处理。

（8）系统支持任意时刻，多次重复进行密码的输入。

（9）串行通信时，有蜂鸣器声音提示。

（10）单片机随时都可以切换为 A、B 机（即主、从机），即发出密码输入请求的为 A 机，另外一个则为 B 机。

【系统设计思路】

利用单片机实训电路板固有的硬件资源，完全能实现系统所有功能。

1. 硬件电路方面

（1）8×8 点阵 LED 数码管控制：采用动态显示的控制方式，利用锁存器，将单片机 P0 口的 8 个引脚分别连接 8×8 点阵的 8 个行信号和列信号，再利用 P2.7 端口控制锁存器的锁存与直通，达到控制 8×8 点阵 LED 数码管动态显示的功能。

（2）4 位 LED 数码管控制：利用三极管的开关功能，P1 口的 8 个引脚分别连接 8 个三极管，用来输出 4 位 LED 数码管的字形码，P2 口的 P2.0 ~ P2.3 作为 4 位 LED 数码管的位选信号，从而实现 4 为 LED 数码管的动态显示功能。

（3）4×3 矩阵键盘控制：P2.4 ~ P2.6 输出 4×3 键盘的列信号，P3.4 ~ P3.7 控制行信号，采用行列扫描的方式，获取键盘的按键值。通过键值的处理，将 12 个按键依次定义为"1 ~ 9、0、DEL、Enter"键。

（4）外部中断 1 按钮连接 P3.3，提供外部中断信号。串行通信的 RXD、TXD 信号直接由单片机引脚的插针连接。

2．软件设计方面：

本系统正常工作时为 8×8 点阵 LED 数码管和 4 位 LED 数码管的动态显示控制，因为任意时刻都能切换进入密码输入模式，所以整体上采用中断方式进行密码输入的串行通信处理。

（1）正常显示模式时，任意时刻按下外部中断 1 按钮，产生外部中断 1 的处理。

（2）在外部中断 1 处理程序中，采用串行通信的方式，进行密码输入请求指令的发送。

（3）密码传送中，先进行握手：A 机向 B 机发送 0xaa，B 机接收到 A 机的串行数据后，产生串行中断，回传给 A 机 0xbb 信息，A 机接收到 B 机的 0xbb 信息后，握手完成。

（4）密码输入在 main 程序中处理。先对输入的字符进行合法性检查（例如，第 1 个数就输入"DEL"，没输完 4 位密码就按下了"Enter"键等），正常的则传送。

（5）系统能进行重复多次的密码输入处理，但在密码输入的过程中又不能中断进行下一次密码输入，所以要控制好中断开放与关闭。

【电路原理图设计】

本系统电路基本利用了单片机实训电路板的所有硬件资源，其原理图如图 8.10 所示。

（1）如图 8.10 所示，S13 为单片机按键复位按钮，S15 为外部中断 1 按钮。TXD、RXD、为串行通信端口，VSS 为串行通信公共地端口。4×3 矩阵键盘的按钮 S1 ~ S9 分别代表数字 1 ~ 数字 9、按钮 S10 代表数字 0、S11 代表"DEL"删除退格键、S12 代表"Enter"回车确认键。

（2）系统运行时，需要将 A、B 机的串行通信端口 TXD 和 RXD 交叉连接，将 A、B 机的串行通信公共地端口直连。

（3）系统上电后，自动进入"正常显示模式"，按下 S15 按钮，双机自动切换进入"密码输入模式"。先按下 S15 的单片机为 A 机，发出密码输入请求，另一单片机则为 B 机。B 机接收到请求后，在 4×3 矩阵键盘上输入 4 位数的密码，按"Enter"回车确认键完成密码输入。密码输入完成后，系统又切换回"正常显示模式"继续前面的循环显示。

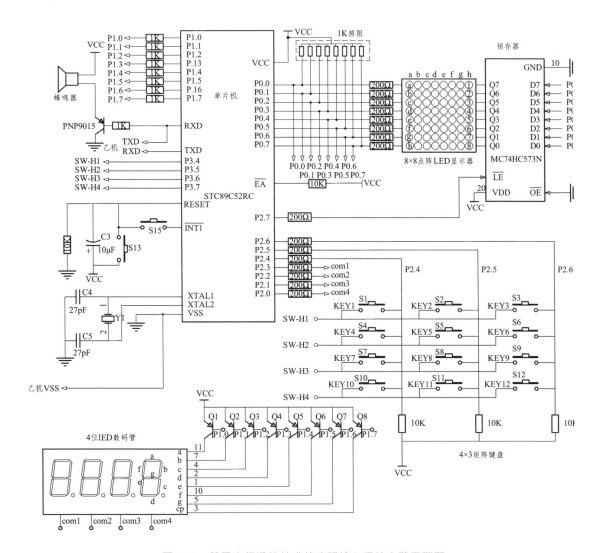

图 8.10   基于串行通信技术的密码输入系统电路原理图

【系统软件设计】

明确任务要求，完成方案设计和硬件电路制作后，进入系统软件设计阶段。这里同样采用自顶向下、逐步细化的模块化设计方法。

1. 模块划分

根据任务要求分析，首先把任务划分为相对独立的功能模块，系统模块划分如图 8.11 所示，可分为以下几个功能模块。

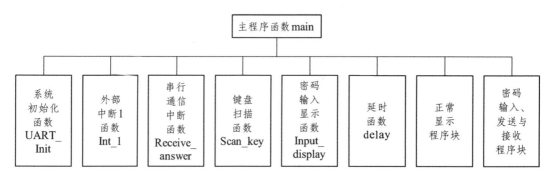

图 8.11　基于串行通信技术的密码输入系统程序模块框图

（1）主程序函数 main：进行数据的定义与分配，主要包含正常模式的动态显示程序，握手完毕后的密码输入扫描、判断、发送、接收的处理。整体结构如下：

```
void main()
{ ……
while（1）
{if（_Sending!=1&&_Receiving!=1）         //非双机通信模式，进行正常显示 P2=0x00;
  { ……
    8×8 点阵 LED 数码管及 4 位 LED 数码管循环显示程序;
    ……
  }
else                                    //密码输入，双机通信
  {if（_Sending==1）                     //如果充当 B 机，则发送密码
    { ……
    键盘扫描、判断、处理程序
    SBUF=key;                           //将扫描的键值发送给 A 机
    ……
  }
  if（_Receiving==1）                     //如果充当 A 机，则接收密码
{ ……
        _DISP[_Z + + ]=SBUF;
    ……
  }
  Input_display();                      //显示输入的 4 位数密码
  }
}
}
```

（2）系统初始化函数 UART_Init：设置串行通信的初始化、系统中断开放的初始化等。

（3）外部中断 1 函数 Init_1：按下外部中断 1 按钮，进行串行通信的握手操作，向 B 机发送字符 0x00，接收到 B 机回传的字符 0xbb，则表示握手成功。

（4）串行中断函数 Receiv_answer：单片机接收到串行数据，产生串行中断执行该程序，判断如果接收 A 机发送过来的字符是 0xaa，则发回字符 0xbb，握手完成。

（5）键盘扫描 Scan_key 函数：对 4×3 矩阵键盘进行行列扫描，返回 1 ~ 9、0、11、12 的按键值，供密码输入程序调用。其中，按键值 1 ~ 9 对应数字 1 ~ 9，按键值 10 对应数字 0，按键值 11 对应 "DEL" 删除退格键，按键值 12 对应 "Enter" 回车确认键。

2．资源分配与程序设计

变量分配与函数定义如表 8.5 所示。

表 8.5　变量定义

变量 / 函数名	意　义
unsigned char _Sending，_Receiving	全局变量，外部中断 1 和串行中断函数调用，用于表征进入 "正常显示模式" 或者 "密码输入模式"
unsigned char _DISP[10]	全局数组变量，4 位 LED 数码管显示内容
main	主函数，初始设置，时钟显示、闹钟控制
unsigned char seg7[]	main 主函数的数组变量，4 位 LED 数码字形码
unsigned char code Info[][8]	main 主函数的数组变量，8×8 点阵 LED 数码管显示内容的字形码
unsigned char _Z	main 主函数的变量，输入有效密码数字的计数
unsigned char t，temp，key	main 主函数的变量，用于键盘扫描键值的判断与处理
unsigned char l，m，n	main 主函数的变量，正常模式显示的循环控制
UART_init	串行通信等的初始化
scan_key	键盘扫描函数
Int_1	外部中断 1 函数，发起密码输入请求，进行串行通信的握手
Receive_answer	串行中断函数，响应 A 机，进行串行通信的握手
Input_display	专用于密码输入时，供中断行数进行调用，进行密码输入期间的 LED4 位 LED 数码管的显示

基于串行通信技术的密码输入系统源程序 example8-1.c 如下：

```
/************** 基于串行通信技术的密码输入系统设计 *****************************
程序：example8-4.c
程序功能：模拟交易中密码输入系统。
*1. 本程序运行于双机通讯的两个单片机上，任意单片机都可以充当 A 机或者 B 机；
*2. 单片机上电后，8×8 点阵 LED 始终循环显示信息："机电 15ZY10 号" 9 个字符，同时 4 位 LED
移动显示 "2018-01-02"；
```

*3. 双机中，任一机按下单片机实训电路板上的"INT1"外部中断 1 按钮，进入 4 位数密码输入模式。

*4. A 机发出密码输入请求，B 机响应 A 机请求后输入 4 位数密码并传送给 A 机；密码输入过程中，双机都动态显示输入的数字。

*5. 密码输入支持"DEL"删除退格键，4 位数密码输入完成后按"Enter"确认键结束密码输入过程。系统切换正常显示。

** 注意 ** 运行中，必须用 3 根线将 2 个单片机的"发送、接收、地线"正确连接。TXD--RXD, Vss-Vss
***/

```
#include <STC89.H>
unsigned char _Sending;                              // 发送就绪标志
unsigned char _Receiving;                            // 接收就绪标志
unsigned char _DISP[10]={2,0,1,8,11,0,1,11,0,2};     // 4 位 LED 数码管初始值 "2018-01-02"
void UART_init();                                    // 系统初始化程序声明
unsigned char Scan_key();                            // 键盘扫描子程序声明
void Input_display();                                // 显示子程序声明
void delays（unsigned char i）;                       // 延时子程序声明
void main()
{unsigned char seg7[]={0x3f,0x06,0x5b,0x4f,0x66,0x6d,0x7d,0x07,0x7f,0x6f,0x80,0x40};
                                                     // LED 数码管字形码 0-9，"."，"-"号。
 unsigned char code Info[][8]={0xFB,0x91,0xAB,0xA1,0xAA,0xB3,0x3B,0xFF,     // "机"
                  0xF7,0xC1,0xD5,0xC1,0xD5,0xC1,0xB7,0x87,                  // "电"
                  0xff,0xe7,0xe3,0xe7,0xe7,0xe7,0xe7,0xe7,                  // "1"
                  0xff,0xe1,0xfd,0xe1,0xcf,0xcf,0xcf,0xe1,                  // "5"
                  0xFF,0x81,0xDF,0xEF,0xF7,0xFB,0x81,0xFF,                  // "Z"
                  0xFF,0xDD,0xDD,0xEB,0xF7,0xF7,0xF7,0xFF,                  // "Y"
                  0xFF,0x9D,0x6C,0x6D,0x6D,0x6D,0x98,0xFF,                  // "10"
                  0xC3,0xDB,0xC3,0xFF,0x81,0xFB,0xC3,0xDF};                 // "号"
unsigned char _Z;                            // 输入密码数字的序号
    unsigned char t, temp, key=0xff;         // 键盘扫描临时变量
    unsigned char l, m, n;                   // 显示用的变量
    UART_init();
    while（1）
{if（_Sending!=1&&_Receiving!=1）           // 非双机通信模式，进行正常显示
        // 下部分程序功能为：8×8 点阵与 4 位 LED 数码管的动态显示
    for（l=0；l<8；++l）                       // 8×8 点阵 LED 逐个显示 " 机电 15ZY10 号 "9 个字符
     for（m=0；m<20；++m）                     // 循环显示 50 次
```

```
            {for（n=0；n<8；＋＋n）                   //8×8点阵LED逐行显示
                {    //下面为4位LED数码管显示
                    if（n==0）{P20=0，P21=1，P22=1，P23=1；}        //选中4位LED数码管第1位；
                    if（n==2）{P20=1，P21=0，P22=1，P23=1；}        //选中4位LED数码管第2位；
                    if（n==4）{P20=1，P21=1，P22=0，P23=1；}        //选中4位LED数码管第3位
                    if（n==6）{P20=1，P21=1，P22=1，P23=0；}        //选中4位LED数码管第4位
                    if（n==0||n==2||n==4||n==6）P1= ~ seg7[_DISP[n/2 + l]];
                                                    //4位LED数码管字形码；移动显示10个字符
                                                    //下面为8×8点阵LED动态显示
                    P27=1；                          //开启锁存器
                    P0=0x01<<n；                     //选中某行
                    P27=0；                          //关闭锁存器
                    P0=Info[l][n]；                  //输出该行的字形码
                    delays（70）；
                }
            }
    else {                                          //双机通信模式
    /*******下部分程序功能（B机）：A、B机握手完成后，B机向A机发送输入的4位数密码
        1. 每按键一次（按下并弹起），为一次输入；
        2. 键盘每输入一个数字，就传送一个；
        3. 按键包含0 ~ 9、DEL、Enter共12个，由三行四列4×3的矩阵键盘输入；
        4. 没有输入的情况下，按"DEL"删除/退格键视为无效输入；
        5. 未完成4个数字输入前，按下"Enter"确认键视为无效输入；
        6. 第5个输入必须为"DEL"或者"Enter"键，其他输入视为无效输入；********/
        if（_Sending==1）                           //如果充当B机，则发送密码
            {   temp=Scan_key()；                   //键盘扫描
                REN=0；
                if（temp!=99&&temp!=key）{key=temp；    t=1；}  //判断为有效的一次输入
                if（temp==99&&t==1）     //按下，并松开按键（确保一次只输入了一个数字）
                {if((_Z==0&&key==11)||((_Z>=0&&_Z<=3)&&key==12)||
                (_Z==4&&(key!=11&&key!=12)))；     //几种情况都视为无用的输入,忽略不接受:
                //1. 如果第一次按键为"删除"键；2. 没输完4个数字前按"确认"键；
                //3. 第5次输入的即不是11号"删除"键，也不是12号"确认"键；
            else
                {       t=0；
```

```
                SBUF=key;                          // 将扫描的键值发送给 A 机
                while（TI==0）Input_display();     // 等待输入期间，调用显示
                TI=0;
                if（key==11）      // 如果按下的是"删除键"（键值 11 为删除退格键）
                    _DISP[--_Z]=10;     // 删除前面一个数，并显示为"."号
                else
                    _DISP[_Z + + ]=key;
                if（key==12）      // 如果按下的是"确认键"（键值 12），则复位参数
                    {
                    _Z=0; _Sending=0; REN=1; ES=1; EX1=1;
                    _DISP[0]=2;_DISP[1]=0;_DISP[2]=1;_DISP[3]=8;_DISP[3]=11;
                    }
                }
            t=0;               // 复位有效的一次输入
            key=0xff;
            }
    }
```

/****** 下部分程序功能为（A 机）：A、B 机握手完成后，接收 B 机发送过来的 4 位数密码

1. 初始 4 位 LED 数码管显示 4 个 "."号，表示接收输入状态；

2. 每次接收一个数字；

3. 接收的数字为 0 ~ 9、DEL、Enter 共 12 个，；

4. 如果接收到"DEL"删除 / 退格键，则删除前面的数字；

5. 完成 4 个数字输入，并按下"Enter"确认键，表示接收完毕，恢复初始状态   *****/

```
        if（_Receiving==1）                     // 如果充当 A 机，则接收密码
        {       ES=0;
                REN=1;
                while（RI==0）Input_display();    // 等待输入期间，调用显示
                RI=0;
                if（SBUF==11）         // 如果接收的是"删除键"（键值 11 为删除退格键）
                        _DISP[--_Z]=10;           // 删除前面一个数，并显示为"."号
                else
                        _DISP[_Z + + ]=SBUF;
                if（SBUF==12）              // 如果按下的是"确认键"（键值 12），则复位参数
                        {
                        _Z=0; _Receiving=0; ES=1; EX1=1;
```

```
                                      _DISP[0]=2; _DISP[1]=0; _DISP[2]=1; _DISP[3]=8; _DISP[3]=11;
                                      // 此处可以扩展对密码输入结果判断处理的程序
                            }
                    }
              // 下部分程序功能为：密码输入期间，A、B 机公共的显示程序
              Input_display();              // 显示输入的 4 位数密码
          }
      }
}


/******************** 串行通信初始化子程序 UART_init********************************/
// 程序名；UART_init
// 程序功能：单片机串行通信的波特率等初始化设置
// 返回值：无
void UART_init()
{
    TMOD|=0x20;                    // 设置 T1 为工作方式 2
    TH1=0xf3;                      // 设置波特率为 2 400 bps
    TL1=0xf3;
    SCON|=0x50;                    // 设置串行口的工作方式为方式 1，允许接收数据
    TR1=1;                         // 启动定时器
    ES=1;                          // 开串行口中断
    EX1=1;                         // 开外部 1 中断，用于 A 机发出密码输入请求
    IT1=1;                         // 边沿触发
    EA=1;
    //PS=1;                        // 设置串行中断优先级
}


/******************** 外部中断 1 程序 Int_1，密码输入请求（A 机）********************/
// 函数名；Int_1
// 函数功能：按下外部中断 1，A 机向 B 机发出密码输入请求
// 说明：先按下外部中断的为 A 机。A 机请求 B 机输入密码
// 返回值：无
void Int_1()interrupt 2                // 外部 1 中断，按下外部按键 "S1" 触发
{ if（_Sending!=1&&_Receiving!=1）      // 防止密码输入期间，又按下外部中断 1 发出中断请求
```

```c
{do{RI=0; TI=0;
    ES=0;                               // 握手期间，关闭串行中断
        SBUF=0xaa;                      // 甲机先发送 0x98 给乙机
    _DISP[0]=6; _DISP[1]=7;             //A 机发密码输入请求，LED 数码管前 2 位显示为"6""7
        while（TI==0）Input_display();    // 等待发送完成，同时显示输出
    TI=0;
    _DISP[2]=8;                         //B 机回复后，LED 数码管第 3 位显示为"8
    while（RI==0）Input_display();        // 查询，同时显示输出
    //delays（200）;                      // 延时，等待 B 机发信号 .** 否则出问题
    RI=0;                               // 清串行接收标志位 RI
}while（SBUF!=0xbb）;                     // 如果接收到的不是约定的 0xbb，重新开始握手
    _Receiving=1;                       // 握手已经完成，充当 A 机
        _DISP[0]=10; _DISP[1]=10; _DISP[2]=10; _DISP[3]=10;
                                        // 握手完成，LED 数码管 4 位全显示为单"."号
    }
}


/*************** 串行通信中断子程序 Receive_answer，应答密码输入请求（B 机）***************/
// 函数名；Int_1
// 函数功能：按下外部中断 1，A 机向 B 机发出密码输入请求
// 说明：B 机。响应 A 机的要求输入密码
// 返回值：无
void Receive_answer()interrupt 4                 // 串行中断
{ RI=0; TI=0;
 EX1=0;                      // 应答 A 机时，关闭外部中断 1，以免 A、B 机同时发出密码输入请求
if（_Sending!=1&&_Receiving!=1）    // 防止密码输入期间，又按下外部中断 1 发出密码输入请求
   if（SBUF==0xaa）
   {ES=0;
   RI=0;
   _DISP[0]=6; _DISP[1]=8;         // 响应 A 机请求，LED 数码管前 2 位显示为单 '.' 号
   SBUF=0xbb;                      // 发送 0xbb，应答 A 机握手
   while（TI==0）Input_display();    // 等待发送完成，同时显示输出
   TI=0;                           // 发送完毕，TI 由软件清零，
   _Sending=1;                     // 与 A 机握手完成，充当 B 机
   _DISP[0]=10; _DISP[1]=10; _DISP[2]=10; _DISP[3]=10;
```

　　　　　　　　　　　　　　　// 握手完成，LED 数码管 4 位全显示为单 "." 号

　　　　}

　　}

```
/************************ 键盘输入子程序 Scan_key ************************/
// 函数名：Scan_key
// 函数功能：实现 4×3 矩阵键盘的 1 ~ 12 键值输入。其中 0 号键代表数字 "0"、11 号键代表 "DEL"、
12 号键代表 "Enter"
// 键盘分布为：　　　　（第 1 行）　　　1　2　3
//　　　　　　　　　　（第 2 行）　　　4　5　6
//　　　　　　　　　　（第 3 行）　　　7　8　9
//　　　　　　　　　　（第 4 行）　　　0　DEL Enter
// 形式参数：无
// 返回值：无按键为 99，有按键为 0 ~ 9、11、12
unsigned char Scan_key()                    //4 行 3 列的键盘扫描程序，P2.4 ~ P2.6 逐列加低电平，
                                            // 逐行扫描 P3.4 ~ P3.7，低电平表示该行有按键输入
{ unsigned i, temp, m, n;
 bit find=0;
 for（i=0；i<3；i + +）
  {
  if（i==0）{P24=0；P25=1；P26=1；}          // 第 1 列 P2.4 加低电平
  if（i==1）{P24=1；P25=0；P26=1；}          // 第 2 列 P2.5 加低电平
  if（i==2）{P24=1；P25=1；P26=0；}          // 第 3 列 P2.6 加低电平
  temp= ~ P3；                              // 读取行值，并取反（有按键按下，则对应端口为 1）
  temp=temp&0xf0；                          // 屏蔽掉行值低 4 位
  while（temp!=0x00）                        // （对应列）如果有键按下
  { m=i；                                   // 保存列号 m
    find=1；                                // 有键按下标志
    switch（temp）                          // 判断行值
     { case 0x10：n=0；break；              // 第 1 行按下，n=0；
       case 0x20：n=1；break；              // 第 2 行按下，n=1；
       case 0x40：n=2；break；              // 第 3 行按下，n=2；
       case 0x80：n=3；break；              // 第 4 行按下，n=3；
       default：break；
     } break；
```

```
        }
      }
    if（find==0）return 99;                          // 如果没有键被按下，返回键值 99
      else if（（n*3 + m + 1）==10）return（0）；  //10 号键，为数字 "0"
              else return（（n*3 + m + 1））；
  }


/************************ 密码输入显示子程序 Input_display***************************/
// 程序功能：将全局数组变量的值动态显示在 4 个数码管上
// 形式参数：引用全局数组变量 disp
// 返回值：无
void Input_display()
{ unsigned char seg7[]={0x3f, 0x06, 0x5b, 0x4f, 0x66, 0x6d, 0x7d, 0x07, 0x7f, 0x6f, 0x80};
                                                //LED 数码管字形码 0 ~ 9，"." 号。

  unsigned char i;
  for（i=0；i<4；i + +）                            // 控制四位数码管显示
  {
    if（i==0）{P20=0, P21=1, P22=1, P23=1; }        // 显示第 1 个数字；
    if（i==1）{P20=1, P21=0, P22=1, P23=1; }        // 显示第 2 个数字；
    if（i==2）{P20=1, P21=1, P22=0, P23=1; }        // 显示第 3 个数字；
    if（i==3）{P20=1, P21=1, P22=1, P23=0; }        // 显示第 4 个数字；
    P1= ~ seg7[_DISP[i]];                           // 字形码；
    delays（20）；
  }
}

/*********************************** 延时子程序 delays*****************************/
// 程序名；delays
// 程序功能：实现时间的延时
// 形式参数：延时时间
// 返回值：无
void delays（unsigned char i）
{
    unsigned char j, k;
    for（j=0；j<i；j + +）
      for（k=0；k<10；k + +）；
}
```

【系统连接与运行】

（1）编译下载：编译程序文件"example8-4.c"，将生成的可执行文件下载到系统运行的两台 STC89C52RC 单片机中（这里称为 A、B 机，一台为 A 机，则另外一台为 B 机）。

（2）线路连接：用 3 条杜邦线将两台单片机进行串行通信的连接：A 机的 TXD 连接 B 机的 RXD，A 机的 RXD 连接 B 机的 TXD，A、B 机的地线 VCC（20 号引脚）互相连接。如图 8.12 所示。（注意，4×3 矩阵键盘电路与插接 J3、J4 连接的 8 个发光二极管电路复用，所以使用键盘时，必须拔掉 8 个发光二极管，否则会导致键盘按键无效）

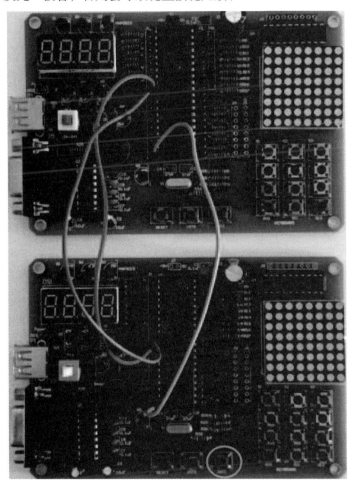

图 8.12　基于串行通信技术的密码输入系统运行连接图

（3）运行调试：A、B 机上电后能观察到，两块单片机实训板的 8×8 点阵 LED 数码显示器上都循环显示"机""电""1""5""D""Y""10""号"8 个字符，同时，4 位 LED 数码显示管循环显示"2018-01-02"10 个字符。

按下 A 机（任意机都可以充当 A 机，为了方便说明，先按下的称为 A 机）的外部中断 1 按钮（图 8.12 中下方圆圈所示），A、B 机进行"握手"通信，完成后双方 4 位 LED 数码显示器同时显示 4 个"."点号以提示输入，同时，8×8 点阵 LED 数码显示器完成该轮显示后暂停。

在 B 机的 4×3 矩阵键盘上输入 4 位数的密码，按回车键结束输入。输入过程中，A、B 机 4 位 LED 数码管动态显示输入的数字。输入过程中，按下 11 号键（4×3 矩阵键盘的第 4 行第 2 列）"DEL" 删除退格键，可以删除前面一个数，并将当前输入向前调整一位。完成 4 个数字的密码输入后，按 12 号键（4×3 矩阵键盘的第 4 行第 3 列）"Enter" 回车确认键结束密码的输入。在未输完 4 位数之前按下 "Enter" 回车确认键为无效输入，系统不接收。

密码输入完成后，系统自动切换至正常显示模式，8×8 点阵 LED 数码显示器与 4 位 LED 数码管继续循环显示。

系统支持多次的密码输入，在正常显示模式时，按任一机的外部中断 1 按钮，可以立即切换进入双机串行通信的密码输入模式。

【任务小结】

（1）系统方案：通过完成"基于串行通信技术的密码输入系统"的任务，掌握单片机串行通信应用系统的设计过程。单片机串行通信可以采用中断和查询的方式，本任务中将中断方式和查询方式综合起来灵活应用。整体上，为了达到随时响应密码输入，采用了串行通信中断的方式，在中断处理程序中，为了通信的准确，又采用了查询的方式进行"握手"的实现。

（2）灵活分配资源：根据编程的需要，灵活将各功能程序段合理分配在主程序和子程序中。在结构化系统编程中，全局变量一般是不建议使用的，但单片机程序一般比较小，为了功能的方便实现，可以不用顾忌这些细节，灵活地使用全局变量和局部变量，使程序功能实现变得容易。基于串行通信技术的密码输入系统程序中，使用了 "_Sending" 和 "_Receiving" 两个全局变量，将中断程序和主程序很好地联合起来，使一个程序既能用于串行数据的发送，也能用于串行数据的接收，既能充当 A 机，也能充当 B 机。

（3）编程与调试相结合：程序编制与程序调试有机的结合，在调试的过程中更改程序的实现。主程序的 8×8 点阵 LED 显示器的循环显示和 4 位 LED 数码管的循环显示，理论上将两个程序块单独放在两个独立的子程序中比较合适，主程序的程序结构会优化很多，但在调试中会发现，因为两个程序段的执行，都要占用很多的 CPU 时间，结果会造成两个显示分时进行。4 位 LED 数码管显示时，8×8 点阵 LED 显示器就停止显示了，而且由于 4 位 LED 数码管动态显示时，片选信号为 4 个，而 8×8 点阵 LED 显示器动态显示时，一个字符的显示都需要 8 个行信号数据进行刷新。因此，调试中会发现，必须将这两部分的显示综合在一起，才能很好地实现动态刷新，如果采用单独显示则都不能获得稳定的显示内容。

（4）系统的缺陷与不足：4 位 LED 数码管和 8×8 点阵 LED 显示器动态显示，是本系统运行的主要内容，都大量占用了单片机的运行时间。虽然系统的密码输入模式是采用了外部中断和串行中断的方式，立即能从"正常显示模式"切换成"密码输入模式"并完成 A、B 机串行通信的"握手"，但后续的密码输入及密码的传送程序段，因为都放置于主程序中，必须将当前一轮的显示内容显示完成后才能执行该程序段，导致可能会有几秒的延迟后才能开始输入密码。

（5）系统扩展：本系统只对密码的输入过程和传送过程进行了处理，没有对输入密码的正确与否进行任何判断和处理，因此，在完成密码输入后，可以在密码接收部分增加程序段进行密码的判断和后续处理。

知识梳理与总结

本项目以 4 个单片机应用系统的综合设计为例，通过对系统的目标、任务、指标要求等进行分析，确定其功能技术指标的软硬件分工方案是设计的第一步；分别进行软硬件设计、制作、编程是系统设计中最重要的内容；软件与硬件相结合对系统进行调试、修改、完善是系统设计的关键所在。

本项目还对单片机应用中的型号选择、硬件设计等技术进行了经验总结。

习题 8

8.1 综合应用设计题

（1）在单片机实训电路板上，设计实现一个简易计算器，并在单片机实训电路板上运行。具体要求为：

① 能实现 2 位数以内的乘法运算。

② 4×3 矩阵键盘的 12 个按键分别为：1 ～ 9、0、*、=。

③ 在 4 位 LED 数码管上显示按键值和运算结果。

④ 可以利用外部中断 0、外部中断 1 按钮、8×8 点阵 LED 显示器，自行定义其他的功能要求。

（2）采用 A、B 机各自编制独立程序的方式，完成任务 8-4 "基于串行通信技术的密码输入系统设计"，并在单片机实训电路板上运行。具体要求为：

① 分别编制双机通信的 A 机和 B 机程序。A 机为主机，B 机为客户机。

② A、B 机均具备 "正常显示模式" 和 "密码输入模式" 两种运行模式。

③ "正常显示模式" 时，A 机的 4 位 LED 数码管上持续显示当前日期（如显示 "20180102"）；B 机的 4 位 LED 数码管上滚动显示当前日期（如显示 "2018-01-02"）；8×8 点阵 LED 显示器上动态循环显示欢迎字符（如显示 "欢迎使用密码输入系统"）。

④ 任意时刻，当 A 机按下外部中断 1 按钮，系统进入 "密码输入模式"。A 机发出密码输入请求后，A 机和 B 机的 4 位 LED 数码管同时切换为输入显示状态——A、B 机都显示为 4 个 "."点号，提示用户输入密码。

⑤ "密码输入模式" 时，B 机通过 4×3 矩阵键盘输入 4 位数密码并在 A、B 机上动态显示出来，按下回车键（键盘右下角的键）确认密码输入。

⑥ 密码输入过程中支持 "DEL" 删除退格、"Enter" 回车确认的功能。

⑦ 密码输入必须为 0 ～ 9 的 4 位数字，如果未输完 4 位数前按 "Enter" 回车确认键为无效输入，系统不进行任何处理。

⑧ 系统支持任意时刻、多次重复进行密码的输入。

参考文献

[1]　汪吉鹏. 微机原理及接口技术 [M]. 北京：高等教育出版社，2013.

[2]　赵全利，张之枫. 单片机原理及应用 [M]. 北京：机械工业出版社，2012.

[3]　林毓梁. 单片机原理及应用 [M]. 北京：机械工业出版社，2009.

[4]　王静霞. 单片机应用技术（C语言版）[M]. 北京：电子工业出版社，2015.

[5]　陈宏希. 51单片机应用技术（C语言版）[M]. 北京：化学工业出版社，2012.

[6]　王静霞. 单片机应用技术（C语言版）[M]. 3版. 北京：电子工业出版社，2015.

[7]　李文华. 单片机应用技术（C语言版）[M]. 北京：人民邮电出版社，2011.

[8]　查鸿山. 单片机技术 [M]. 北京：电子工业出版社，2015.

[9]　刘松. 单片机技术与应用 [M]. 北京：机械工业出版社，2014.

附录　常用的 C51 标准库函数

下面简单介绍 Keil uVision3 编译环境提供的常用 C51 标准库函数，以便在进行程序设计时选用。

1. I/O 函数库

I/O 函数主要用于数据通过串口的输入和输出等操作，C51 的 I/O 库函数的原型声明包含在头文件 stdio.h 中。这些 I/O 函数使用了 51 单片机的串行接口，因此在使用前需要先进行串口的初始化。然后，才可以实现正确的数据通信。

典型的串口初始化需要设置串口模式和波特率，示例如下：

SCON = 0x50;	// 串口模式 1，允许接收
TMOD | = 0x20;	// 初始化 T1 为定时功能，工作方式 2
PCON | = 0x80;	// 设置 SMOD = 1
TL1 = 0xF4;	// 波特率 4 800 b/s，初值
TH1 = 0xF4;	
IE | = 0x90;	// 中断
TR1 = 1;	// 启动定时器

2. 标准函数库

标准函数库提供了一些数据类型转换及存储器分配等操作函数。标准函数的原型声明包含在头文件 stdlib.h 中，标准函数库的函数如附表 1 所示。

附表 1　常用标准函数

函　数	功　能	函　数	功　能
atoi	将字符串 sl 转换成整数型数值并返回该值	srand	初始化随机数发生器的随机种子
atol	将字符串 sl 转换成长整型数值并返回该值	calloc	为 n 个元素的数组分配内存空间
atof	将字符串 sl 转换成浮点数值并返回该值	free	释放前面已分配的内存空间
strtod	将字符串 s 转换成浮点型数据并返回该值	init_mempool	对前面申请的内存进行初始化
strtol	将字符串 s 转换成 long 型数值并返回该值	malloc	在内存中分配指定大小的存储空间
strtoul	将字符串 s 转换成 unsigned long 型数值并返回该值	realloc	调整先前分配的存储器区域大小
rand	返回一个 0 ~ 32 767 的伪随机数		

3．字符函数库

字符函数库提供了对单个字符进行判断和转换的函数。字符函数的原型声明包含在头文件ctype.h中，字符函数库的常用函数如附表2所示。

附表2　常用字符处理函数

函　数	功　能	函　数	功　能
isalpha	检查形参字符是否为英文字母	isspace	检查形参字符是否为控制字符
isalnum	检查形参字符是否为英文字母或数字字符	isxdigit	检查形参字符是否为十六进制数字
iscntrl	检查形参字符是否为控制字符	toint	转换形参字符为十六进制数字
isdigit	检查形参字符是否为十进制数字	tolower	将大写字符转换为小写字符
isgraph	检查形参字符是否为可打印字符	toupper	将小写字符转换为大写字符
isprint	检查形参字符是否为可打印字符以及空格	toascii	将任何字符型参数缩小到有效的ASCII范围之内
ispunct	检查形参字符是否为标点、空格或格式字符	_tolower	将大写字符转换为小写字符
islower	检查形参字符是否为小写英文字母	_toupper	将小写字符转换为大写字符
isupper	检查形参字符是否为大写英文字母		

4．字符串函数库

字符串函数的原型声明包含在头文件string.h中。在C51语言中，字符串应包括2个或多个字符，字符串的结尾以空字符来表示。字符串函数通过接收指针串来对字符进行处理。常用的字符串函数如附表3所示。

附表3　常用的字符串函数

函　数	功　能	函　数	功　能
memchr	在字符串中顺序查找字符	strncpy	将一个指定长度的字符串覆盖另一个字符串
memcmp	按照指定的长度比较两个字符串的大小	strlen	返回字符串中字符总数
memcpy	复制指定长度的字符串	strstr	搜索字符串出现的位置
memccpy	复制字符串，如果遇到终止字符则停止复制	strchr	搜索字符出现的位置
memmove	复制字符串	strpos	搜索并返回字符出现的位置
memset	按规定的字符填充字符串	strrchr	检查字符串中是否包含某字符
strcat	复制字符串到另一个字符串的尾部	strrpos	检查字符串中某字符的位置
strncat	复制指定长度的字符串到另一个字符串的尾部	strspn	查找不包含在指定字符集中的字符
strcmp	比较两个字符串的大小	strcspn	查找包含在指定字符集中的字符
strncmp	比较两个字符串的大小，比较到字符串结束符后便停止	strpbrk	查找第一个包含在指定字符集中的字符
strcpy	将一个字符串覆盖另一个字符串	strrpbrk	查找最后一个包含在指定字符集中的字符

5．内部函数库

内部函数库提供了循环移位和延时等操作函数。内部函数的原型声明包含在头文件 intrins.h 中，内部函数库的常用函数如附表 4 所示。

附表 4　内部函数库的常用函数

函　数	功　能	函　数	功　能
crol	将字符型数据按照二进制循环左移 n 位	_iror_	将整型数据按照二进制循环右移 n 位
irol	将整型数据按照二进制循环左移 n 位	_lror_	将长整型数据按照二进制循环右移 n 位
lrol	将长整型数据按照二进制循环左移 n 位	_nop_	使单片机程序产生延时
cror	将字符型数据按照二进制循环右移 n 位	_testbit_	对字节中的一位进行测试

6．数学函数库

数学函数库提供了多个数学计算的函数，其原型声明包含在头文件 math.h 中，数学函数库的函数如附表 5 所示。

附表 5　数学函数库的函数

函　数	功　能	函　数	功　能
abs	计算并返回输出整列数据的绝对值	sqrt	计算并返回浮点数 x 的平方根
cabs	计算并返回输出字符型数据的绝对值	cos、sin、tan、acos、asin、atan、atan2、cosh、sinh、tanh	计算三角函数的值
fabs	计算并返回输出浮点型数据的绝对值		
labs	计算并返回输出长整形数据的绝对值	ceil	计算并返回一个不小于 x 的最小正整数
exp	计算并返回输出浮点数 x 的指数	floor	计算并返回一个不大于 x 的最小正整数
log	计算并返回浮点数 x 的自然对数	modf	将浮点型数据的整数和小数部分分开
Log10	计算并返回浮点数 x 的以 10 为底的对数值	pow	进行幂指数运算

7．绝对地址访问函数库

绝对地址访问函数库提供了一些宏定义的函数，用于对存储空间的访问。绝对地址访问函数包含在头文件 abcacc.h 中，常用函数如附表 6 所示。

附表 6　绝对地址访问的函数

函　数	功　能	函　数	功　能
CBYTE	对 51 单片机的存储空间进行寻址 CODE 区	PWORD	访问 51 单片机的 PDATA 区存储空间
DBYTE	对 51 单片机的存储空间进行寻址 IDATA 区	XWORD	访问 51 单片机的 XDATA 区存储空间
PBYTE	对 51 单片机的存储空间进行寻址 PDATA 区	FVAR	访问 far 存储器区域
XBYTE	对 51 单片机的存储空间进行寻址 XDATA 区	FARRAY	访问 far 空间的数组类型目标
CWORD	访问 51 单片机的 CODE 区存储空间	FCARRAY	访问 fconst far 空间的数组类型目标
DWORD	访问 51 单片机的 IDATA 区存储空间		